普通高等学校“新形态”规划教材

计算机与程序设计基础

（Python 版）

主　编　朱晴婷

本书资源使用说明

北京邮电大学出版社
·北京·

内 容 简 介

本书是华东师范大学“大学计算机”通识教育课的教学用书。为无缝衔接新课标的高中信息技术，本书以程序设计基础为核心，以数据为线索组织学习内容，穿插程序设计所需要的计算机基础知识，兼顾一些专业的大量数据分析的需求。这样的立体化学习可以加深学生对数据的理解和应用，使学生思考程序的设计模式，加深学生对计算机和程序深层次的理解。本书配有实验指导书，提供丰富的实例和习题，提供所有例题的源码、电子课件、习题素材，并为教师在 http://python123.org 网站上提供可在线自动评阅的习题库。

本书可作为本科院校和高职高专院校的第一门程序设计课程的教学用书，也可供程序设计爱好者自学使用。

图书在版编目(CIP)数据

计算机与程序设计基础 ：Python 版 / 朱晴婷主编.
北京 ：北京邮电大学出版社，2024.(2025 重印).
ISBN 978-7-5635-7263-2

Ⅰ. TP311.561

中国国家版本馆 CIP 数据核字第 2024QT0812 号

策划编辑：张　赞　　**责任编辑**：向　蕾　　**封面设计**：赫　健

出版发行：北京邮电大学出版社
社　　址：北京市海淀区西土城路 10 号(100876)
电话传真：010-82333010　62282185(发行部)　010-82333009　62283578(传真)
网　　址：www.buptpress3.com
电子信箱：buptpress3@163.com
经　　销：各地新华书店
印　　刷：鸿博睿特(天津)印刷科技有限公司
开　　本：787 mm×1 092 mm　1/16
印　　张：17
字　　数：434 千字
版　　次：2024 年 8 月第 1 版
印　　次：2025 年 8 月第 2 次印刷

ISBN 978-7-5635-7263-2　　定价：56.00 元

前　　言

程序设计基础是大学计算机基础教学的核心课程，其目标不是培养开发者，而是让学生理解机器的思考方式，培养学生驾驭机器的能力，同时培养学生的程序设计思维，让学生学会求解问题的基本方法。在程序的设计和编写训练中，学生可以逐渐形成分而治之、循序渐进、试错迭代的思维方式，从而更加适应当前互联网时代的需求。党的二十大报告提出"深入实施科教兴国战略、人才强国战略、创新驱动发展战略"。学好程序设计基础，对于掌握计算机核心技术和培养优秀的计算机专业技术人才，以及解决计算机"卡脖子"问题具有十分重要的意义。

本书是华东师范大学"大学计算机"通识教育课的教学用书。考虑到在高中信息技术课改深入推进的背景下，学生已有一些程序设计语言的体验，因此本书合并了计算机基础和程序设计两门课程的内容。本书以程序设计基础为核心，穿插程序设计所需要的计算机基础知识，兼顾一些专业的大量数据分析的需求。

本书以数据为一条支线组织学习内容，在快速浏览一门程序设计语言的构成要素之后，依次介绍简单数值数据、字符串数据、一维数值数据、二维数值数据、结构化数据，以及高维结构数据的表示、运算、操作方法和典型应用；另一条支线是程序的设计模式，从最简单的 IPO 方法开始，到结构化程序设计、模块化程序设计、面向对象的程序设计，学习如何以模块的方式组织程序。在相应的章节中穿插计算机工作原理、程序和指令、数值数据和文本数据的编码、计算机体系结构、操作系统等计算机基础知识。这样的立体化学习可以加深学生对数据的理解和应用，使学生思考程序的设计模式，加深学生对计算机和程序深层次的理解。

本书选择数据分析利器——Python 语言作为程序设计实现语言。Python 语言语法简洁优美，功能强大，简单易学。更重要的是，它是开源脚本语言，围绕 Python 语言的开放社区提供超过 3 万个不同功能、不同专业领域的开源库，为学生今后在各自专业的继续学习、应用提供强有力的支持。

本书共 7 章，内容包括理解程序设计语言、计算机的问题求解过程、数据的编码和计算、数据容器、程序的模块化设计方法、文件和文件格式、类和对象。本书的讲解注重程序设计基础的核心概念和思想，每节配有相关知识点的练习题，每章配有程序练习题。编程实验、实训及拓展内容放在配套的《计算机与程序设计基础实验指导(Python 版)》中。本书采用 Python 3.11.x 版本，提供所有例题的源码、电子课件、习题素材，并为教师在 http://python123.org 网站上提供可在线自动评阅的习题库。

本书由华东师范大学数据科学与工程学院计算机教学部的一线教师集体编写而成，参加编写的教师有朱晴婷、刁庆霖、王志萍、郑凯、王伟、苏斌、张凌立、裘奋华、陈优广、刘垚,朱晴婷还负责统稿工作。在编写本书的过程中,部分实例使用了教学部的历年试题素材。本书可作为本科院校和高职高专院校的第一门程序设计课程的教学用书。

教学部自 2015 年开始使用自编教材,并得到用书教师们的反馈和指正意见,在此表示诚挚感谢。限于编者水平,本书不足之处在所难免,欢迎读者提出宝贵意见。编者联系邮箱:qtzhu@cc. ecnu. edu. cn。

编　者
2024 年 1 月

目录
CONTENTS

第1章

理解程序设计语言

本章概要

本章主要介绍计算机程序设计语言的基本内容，包括程序设计语言的基本概念、程序设计语言的基本语法要素、程序的基本控制结构和程序开发环境。

学习目标

完成本章的学习后，要求读者达到如下目标：

(1)了解计算机和程序运行的基本方式；

(2)掌握 Python 基本语法要素；

(3)掌握 Python 程序的基本控制结构；

(4)掌握简单 Python 程序的编写、调试和运行。

1.1 计算机和程序

提到计算机，人们想到的是由显示器、主机、键盘构成的机器，而如今大量智能终端（手机、智能手表、平板电脑等）的涌现，使计算机的定义越来越模糊，计算机及智能终端广泛地应用到生产、生活、学习的方方面面，无所不在，无所不能。

1.1.1 冯·诺依曼计算机

时至今日，第一代计算机到第四代计算机无论以何种面目呈现、实现何种功能，都采用二进制，并遵循着冯·诺依曼提出的“存储程序，程序控制”的基本工作方式。计算机本身并不复杂，它的主要功能部件可分为三大部分，如图 1-1-1 所示。

(1)负责执行指令的中央处理器（central processing unit，CPU），由运算器和控制器组成。

(2)负责存放 CPU 执行所需数据的主存储器（主存，又称内存）。

(3)各种外部设备（外设），区分为输入设备和输出设备，如键盘、鼠标、显示器、网卡等。

其中 CPU 是核心，它相当于人的大脑。计算机的指令在 CPU 中一条一条地执行。在执行过程中，CPU 会读写内存中的数据，并调用各种外设的接口（设备驱动程序）完成数据的输入/输出（I/O）操作。

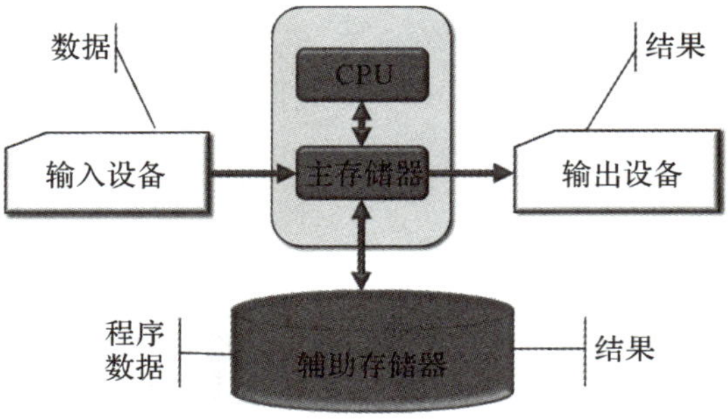

图 1-1-1　计算机的主要功能部件

小练习

1. 计算机硬件大致由三大部分构成,以下选项中(　　)不属于这三大部分。

A. 操作系统和各类软件,如办公软件、游戏软件等

B. CPU,负责执行指令

C. 内存,负责存放 CPU 执行时所需的数据

D. 外设,包括键盘、鼠标、显示器、网卡等

2. 第一代计算机到第四代计算机的体系结构都是相同的,都由运算器、控制器、存储器及输入/输出设备组成。这种体系结构称为(　　)体系结构。

A. 艾休·图灵　　B. 罗伯特·诺依斯

C. 比尔·盖茨　　D. 冯·诺依曼

3. 对计算机的基本结构,冯·诺依曼提出三个思想,以下选项中(　　)不属于此。

A. 硬件三大主要功能部件　　B. 机器人三大定律

C. 采用二进制　　D. 存储程序,程序控制

1.1.2　程序与指令

CPU 是一种计算机芯片,是计算机的核心计算部件,能够解释并执行机器指令,处理数据。每一条机器指令,简称指令(instruction),由一串二进制代码组成,执行特定的操作。指令包括数据传送指令、算术运算指令、位运算指令、程序流程控制指令、串操作指令、处理器控制指令等。

一条指令是计算机的基本操作命令,只能执行一些很简单的操作,例如将一个数累加到寄存器、取一条指令、将数据存入指定的存储单元等。为了解决某一特定问题,计算机需要执行一系列指令。这一系列的指令序列就是程序(program)。程序是计算机能够接受的、指示计算机完成特定功能的一组指令的有序集合。

程序开始执行时,都是存储在主存储器中的。首先,CPU 从主存储器取得待执行的指令,在指令的控制下,从输入设备输入数据,存储在主存储器中;其次,由 CPU 从主存储器中读取待处理的数据;最后,将处理好的数据送回主存储器存储。主存储器中存储的结果也在指令的控制下输出到输出设备上。主存储器的存取速度保证了 CPU 对它的直接访问,但是因为它短暂性存储(断电后存储内容消失)的特性,所以需要长期存储的程序和数据要以文件的形式保存在辅助存储器中。

设计、编制和调试一组控制计算机的指令集的过程，称为程序设计(programming)。程序在计算机中可以以0、1组成的二进制代码来表示，这个代码序列能够被计算机识别。但是，如果直接用二进制代码编写程序，那将是一件令人难以接受的事。所以，人们设计了程序设计语言(programming language)，用这种语言描述程序，同时用一种软件将程序设计语言描述的程序转换成计算机能直接执行的二进制代码指令序列。

小练习

什么是计算机程序

1. 对程序设计语言的理解，以下选项中(　　)是错误的。

A. 程序是人类写出来，交给机器去执行的一系列指令

B. 程序设计语言是书写上述指令时需要遵照的语法规则

C. 程序设计的关键在于理解如何与机器沟通，遵循程序设计语言的规则，写出机器能执行的程序

D. 机器有自己的思想，不会按照人类的要求去办

2. 以下关于指令和程序的说法中，(　　)是正确的。

A. 指令和程序均为二进制代码形式

B. 程序只有先存放在内存中才能被执行

C. 不同CPU的指令都一样

D. 相同CPU、不同操作系统上，程序可以通用

写程序就像写故事　　和计算机交流的语言

1.1.3 程序设计语言

用于描述程序中操作过程的命令、规则的符号集合，称为程序设计语言。它是实现人与计算机交流的工具。为了让计算机按照人们的意愿处理数据，需要用程序设计语言表达要处理的数据和数据处理流程，组成计算机的各种指令(或各种语句)。

程序设计语言包括机器语言(machine language)、汇编语言(assembly language)和高级语言(high - level language)。

1. 机器语言

计算机主要由以电子元器件组成的电路构成。由于电子元器件的特性，计算机只能识别二进制的机器代码。早期的程序设计语言就是由二进制代码指令集表示的，称为机器语言。通常，不同的计算机，其指令系统会有所不同。每一条机器指令一般包含两个主要部分：操作码(规定指令的功能)和操作数(规定被操作的对象)。有的指令没有操作数，如停止指令。在这些指令的控制下，计算机可以实现基本的算术运算和逻辑运算。

以5+12运算为例，若某型号计算机的指令采用16位二进制数表示，用机器语言编写一个完成5+12运算的程序代码如下：

```
① 1011 0000 0000 0101
② 0000 0100 0000 1100
③ 1111 0100
```

指令①把加数字5送到0号寄存器中。指令②把0号寄存器中的内容与另一数字12相加，结果存在0号寄存器中，即完成5+12的运算。指令③停止操作。

用机器语言编写程序有着诸多不便：必须了解机器硬件的组织构成，如5+12运算的程序

中要关心使用哪个寄存器;用二进制数表示的语句冗长费解,不易使用与推广;不相兼容的计算机,其机器语言不同,用机器语言编写的程序在不同型号的计算机上不能通用;等等。

当然,用机器语言编写的程序也有优点。由于指令直接对应着计算机的基本操作,因此用机器语言编写的程序不需要其他辅助程序支撑,机器可以直接执行程序,程序所需要的存储单元少,执行速度快。

2. 汇编语言

由于用机器语言编写程序十分烦琐,且二进制代码编写的程序不易于阅读和修改,因此,20 世纪 50 年代中期,相关人员开始采用一种类似英语缩略词并带有助记符号的语言替代复杂的二进制代码指令来编写程序,这种语言就是汇编语言。

汇编语言仍是一种低级语言,用助记符号代替机器指令的操作码,用地址符号或标号代替指令或操作数的地址。在不同的设备中,汇编语言对应着不同的机器语言指令集,通过汇编过程转换成机器指令。

仍以完成 5+12 运算的程序为例,用汇编语言编写的程序代码如下:

```
① MOV AL,5
② ADD AL,12
③ HLT
```

指令①把加数 5 送到累加器 AL 中。指令②把累加器 AL 中的内容与另一数 12 相加,结果存放在累加器 AL 中,即完成 5+12 的运算。指令③停止操作。累加器是运算器中的一种寄存器,用于存放计算结果。

用汇编语言编写程序比用机器语言要容易很多。但是,由于汇编语言与机器语言之间大多存在一一对应关系,因此除了用助记符号替换二进制代码外,汇编语言保留了机器语言的许多特点。

用汇编语言编写的程序,需用翻译程序将程序中的每条语句翻译成机器语言,计算机才能执行。这种翻译程序称为汇编程序,又称汇编器。

3. 高级语言

用汇编语言编写程序,同样需要了解计算机中运算器的内部组织结构和主存储器的存储结构,这不符合人们的日常思维习惯,需要进一步改进。因此,20 世纪 60 年代中期,接近于人类自然语言的高级语言问世了。

高级语言是相对于低级语言而言的,它是以人类日常语言为基础的一种程序设计语言,使用人们易于接受的文字来表示,从而使程序编写更容易,并且程序具有较高的可读性。仍以完成 5+12 运算的程序为例,用 Python 语言编写的程序代码如下:

```
① 5 + 12
```

如今大家广泛使用的各种软件是伴随着一波又一波的软件危机发展出来的。就像 1972 年图灵奖得主 E. W. 迪杰斯特拉(E. W. Dijkstra)获奖后的感言那样:造成软件危机的主要原因是计算机的计算能力正在呈指数级增长。伴随硬件的进步,软件行业在发展的过程中受主流方法和思路的限制,使得现实中的软件实施变得越来越困难,项目失败的概率也提高了。为了应对软件危机,人们对程序设计语言进行了各种改进和演化,就出现了目前程序设计语言百花齐放的盛况。

第一次软件危机发生在20世纪60—70年代，当时的主流语言是汇编语言，最后是FORTRAN语言和C语言的横空出世，将底层机器指令与用户隔离开，使人们可以在更高层的抽象上思考问题。抽象语言解放了开发者的生产力和想象力，人们可以像写文学小说一样将代码的长度自由发挥下去。

第二次软件危机发生在20世纪80—90年代，一个软件的开发不再是一个人或者3～5人的小团队可以驾驭的事情了，上百万行的大项目日益常见，同时常见的是项目的失控。面向对象设计模式以“救世主”的姿态出现，并且一直风靡到今天。C++、Java、C#等语言都是这个时代的佼佼者。软件生产流水线被建立起来，软件的质量和规模有了长足的进步。

如今，多核时代开启，大数据和人工智能等领域通常涉及大量的模型训练和数据处理，这些计算都需要通过并行化计算来提高计算速度和模型的准确性。并行环境下的软件生产成为第三次软件危机的主旋律。无数种新式的程序设计语言、编程模型、编程范式被发明出来，如MapReduce模型、Scala语言、Julia语言、TensorFlow模式等，都在预示着这种深刻变革的到来。

Python语言是数据科学里的一个后起之秀，但是它的发展速度却最为迅速。如今无论是数据获取、数据迁徙、数据分析、数据建模，还是数据可视化，都可以看到Python语言的身影。Python语言简洁易用，功能强大，而且Python语言的库也特别多，全世界热爱Python语言的开发者都可以为它积极地贡献库，这使得Python语言越来越强大，越来越适用于数据科学与人工智能的开发。

和汇编语言一样，用高级语言编写的程序也不能直接被计算机理解，“自动翻译器”建立了人类和机器之间沟通的桥梁，将用高级语言编写的程序转换为机器语言，然后执行。高级语言按转换方式可分为编译和解释两类。

1)编译

编译是指在程序执行之前，将程序代码通过编译器一次性“翻译”成目标代码（机器语言）文件，因此其目标程序可以脱离其语言环境独立执行，使用比较方便、效率较高。执行编译的程序称为编译器。

编译器可以读懂用程序设计语言编写的程序，经过词法分析(lexical analysis)、语法分析(parsing)、语义分析(semantic analysis)、优化(optimization)和代码生成(code generation)等环节，最终输出机器可以看懂和执行的指令。

程序编译之后，如果需要修改程序，整个模块就需要重新编译。程序在编译时根据对应的运行环境生成机器码，在不同的操作系统之间移植程序就会有问题，需要根据运行的操作系统环境编译不同的可执行文件。

编译类程序设计语言的代表有C、C++、Object-C、Pascal等。

2)解释

解释是将程序代码逐条转换成目标代码(机器语言)的同时逐条执行目标代码的过程。执行解释的程序称为解释器。

解释器的执行方式类似于日常生活中的同声翻译，应用程序源代码一边由相应程序设计语言的解释器“翻译”成目标代码，一边执行。因此应用程序的执行效率比较低，而且不能生成可独立执行的文件，应用程序不能脱离其解释器。但这种方式比较灵活，有良好的平台兼容性，在任何环境中应用程序都可以执行，前提是安装了解释器。可以动态地调整、修改应用程序，并实现实时交互操作，可以快速部署应用程序，不用停机维护。

解释类程序设计语言的代表有 JavaScript、Python、PHP、Perl、Ruby 等。

图 1-1-2 是 Python 语言的 IDLE Shell 窗口,这种输入一行、执行一行的界面有个通用的名字——REPL(read - eval - print loop),意思是这个程序可以读取(read)输入、计算(evaluate)、打印(print)结果,并可将此过程循环进行。

```
IDLE Shell 3.11.4
File  Edit  Shell  Debug  Options  Window  Help
   Python 3.11.4 (tags/v3.11.4:d2340ef, Jun  7 2023, 05:45:37) [MSC v.1934 64 bit (AMD64)] on win32
   Type "help", "copyright", "credits" or "license()" for more information.
>>> print("hello world")
   hello world
>>> a=4
>>> b=9
>>> a+b
   13
>>> print(f"a+b={a+b}")
   a+b=13
>>>
                                                                                  Ln: 11  Col: 0
```

图 1-1-2　Python 语言的 IDLE Shell 窗口

还可以把 Python 程序代码写入一个文件,然后让解释器直接运行这个文件。例如,将图 1-1-2 中的某几条代码写入 hello.py 文件,解释器会读取 hello.py 文件的代码,一行一行地执行并输出对应的结果,如图 1-1-3 所示。

hello.py 文件

```
print("hello world")
a=4
b=9
print(f"a+b={a+b}")
```

运行结果

```
hello world
a+b=13
```

图 1-1-3　Python 文件的编辑与运行示例

小练习

和计算机做朋友

1. (　　)是计算机唯一能够识别并直接执行的语言。

A. 机器语言　　B. 汇编语言

C. 高级语言　　D. 程序设计语言

2. 把用汇编语言编写的程序转换为可执行程序,要经过(　　)过程。

A. 编辑　　B. 汇编　　C. 编译　　D. 解释

3. 用汇编语言或高级语言编写的程序称为(　　)。

A. 用户程序　　B. 源程序　　C. 系统程序　　D. 汇编程序

4. 关于编译器,以下说法中(　　)是错误的。

A. 编译器帮助人类把高级语言写成的代码翻译成机器能懂的指令

B. 程序设计语言有几百种,但编译器只有一种

C. 只要愿意学习,任何人都可以设计自己的程序设计语言并为其实现编译器

D. 编译理论和实现架构经过多年发展,非常成熟

5. 关于解释器,以下说法中(　　)是错误的。

A. 解释器无法把高级语言写成的代码翻译成机器能懂的指令

B. 解释器读入的源代码是逐行处理的,读一行执行一行,实现交互式程序设计

C. 解释器和编辑器的基本架构是相似的,没有明确的界限

D. 可选择多种方式运行 Python 程序,最终都要用到 Python 解释器

6. Python 源代码程序翻译后的中间文件的扩展名是(　　)。

A. exe　　B. py　　C. pyc　　D. pyw

1.1.4 Python 语言概述

Python 语言是一种结合了解释性、编译性和交互式的面向对象语言。Python 语言优雅的语法和动态类型,使其在许多领域成为编写脚本或开发应用程序的理想语言。Python 语言的可读性强,又提供了丰富的内置标准库和第三方库,不需要复杂的算法处理,就能实现丰富的功能。Python 语言简单易学、上手快的特性,使得 Python 语言非常适合程序设计初学者和非计算机专业人士将其作为第一门程序设计语言来学习。

1. Python 语言的发展历史

Python 语言是由荷兰人吉多·范罗苏姆(Guido van Rossum)于 1989 年发明的,第一个公开发行版本于 1991 年上线。Python 语言是开源项目,其解释器的全部代码可以在 Python 官网(http://www.python.org)自由下载。Python 软件基金会是一个致力于 Python 语言发展的非营利组织,成立于 2001 年。基金会拥有 Python 2.1 以后所有版本的 Python 版权。该组织的任务在于促进 Python 社区的发展,并负责 Python 社区的各项工作,包括开发Python 核心版本等。

Python 语言自发明以来,一直在 Python 社区的推动下向前发展。Python 2.0 于 2000 年 10 月正式发布,解决了其解释器和运行环境中的诸多问题,使得 Python 语言得到广泛应用。Python 3.0 于 2008 年 12 月正式发布,这个版本在语法和解释器内部做了很多改进,解释器内部采用完全面向对象的方式,相对于 Python 的早期版本,这是一个较大的升级。为了精简语言,Python 3.0 在设计的时候没有考虑向下兼容。因此,所有基于 Python 2.0 系列编写的代码都要经过修改后才能被 Python 3.0 系列的解释器运行。Python 官方在 2020 年元旦停止对 Python 2.0 系列的支持。

Python 社区一直致力于第三方库的开发,形成一个良好运转的计算生态圈,从游戏制作,到数据处理,再到数据可视化分析、人工智能等计算生态,为 Python 语言用户提供了更加便捷的操作,以及更加灵活的程序设计方式。

2. Python 语言的特点

Python 语言是一种被广泛使用的高级通用脚本语言,有很多区别于其他语言的特点。

1)面向对象

Python 语言既支持面向过程的程序设计,也支持面向对象的程序设计。Python 语言支持继承、重载,有益于代码的复用性。

2)数据类型丰富

在 C 语言和 C++语言中,数据处理经常采用数组(array)或链表的方式,但数组只能存储同一种类型的变量;链表虽然存储的内容可变,但结构死板,插入、删除等操作都需要遍历链表,非常不方便。针对这点,Python 语言提供了丰富的数据结构,包括列表(list)、元组(tuple)、字典(dict),以及 NumPy 库提供的数组、Pandas 库提供的 DataFrame(数据框)等。这些数据类型各有特点,可以极大地减小程序的篇幅,使程序的逻辑更加清晰,提高可读性。

3)功能强大的库

Python 语言是一款免费、开源的程序设计语言,也是自由/开源软件(FLOSS)之一,许多优秀的开发者为 Python 语言开发了无数功能强大的第三方库,所有有需要的用户都能免费使用,极大地节省了开发程序的时间。

Python 语言提供功能丰富的标准库,包括正则表达式、文档生成、单元测试、数据库、GUI(图形用户界面)等,还有许多其他高质量的库,如 Python 图像库等。

4)可拓展性(可嵌入性)

Python 语言的底层是用 C 语言和 C++语言写的,Python 语言的强大之处在于对程序中某些关键且运算量巨大的模块,设计者可以运用 C 语言和 C++语言编写,并在 Python 语言中直接调用。这样可以极大地提高程序的运行速度,同时还不影响程序的完整性。因此,Python 语言又被称为“胶水”语言。

5)易读、易维护性

Python 语言的这些优点,使得 Python 程序相较其他语言编写的程序更加简洁和美观,逻辑也更加清晰。因此,Python 程序的易读性极大地提高,其维护成本也极大地降低。

6)可移植性

基于开源本质,Python 程序没有系统依赖性,Python 程序无须修改就可以在支持 Python 语言的平台上运行。

3. Python 集成开发环境

集成开发环境(integrated development environment,IDE)是用于提供程序开发环境的应用程序,一般包括代码编辑器、编译器、调试器和图形用户界面等工具,是集成了代码编写功能、分析功能、编译功能、调试功能等一体化的开发软件服务套组。所有具备这一特性的软件或者软件套组都可以叫作集成开发环境,如微软的 Visual Studio 系列,该程序可以独立运行,也可以和其他程序并用。

Python 语言常见的 IDE 包括 Python 官方发布的内置 IDE(Python IDLE)、Anaconda、PyCharm、PyScript 等,此外微软发布的 Visual Studio Code 也可以搭建 Python 开发环境,供熟悉 Visual Studio 风格的开发者使用。Python 集成开发环境如图 1-1-4 所示。

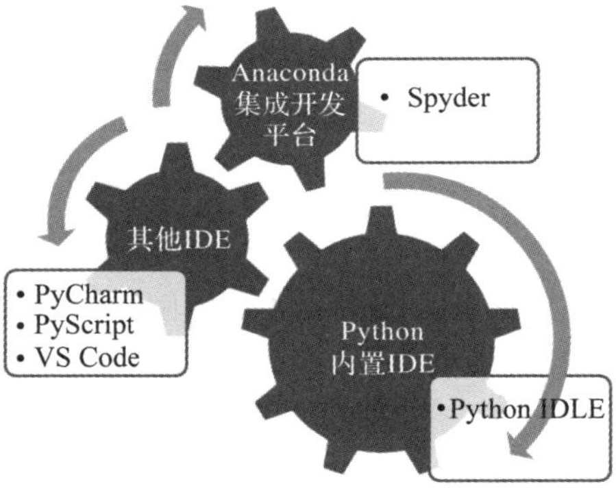

图 1-1-4　Python 集成开发环境

1)Python 自带的集成开发环境

Python IDLE 是开发 Python 程序的集成开发环境,具备 IDE 的基本功能,是非商业 Python 开发的不错选择。可以在 Python 官网免费获得它的最新版本。

Python IDLE 包括一个交互式命令(IDLE Shell)窗口和一个程序文件窗口。IDLE Shell 窗口可运行单个语句,便于单行代码的学习和调试,这是 Python 特有的功能。也可将 IDLE Shell 窗口当作计算器使用,即时计算表达式的结果。启动 IDLE Shell 窗口,等待主提示符(>>>)出现,如图 1-1-5 所示。

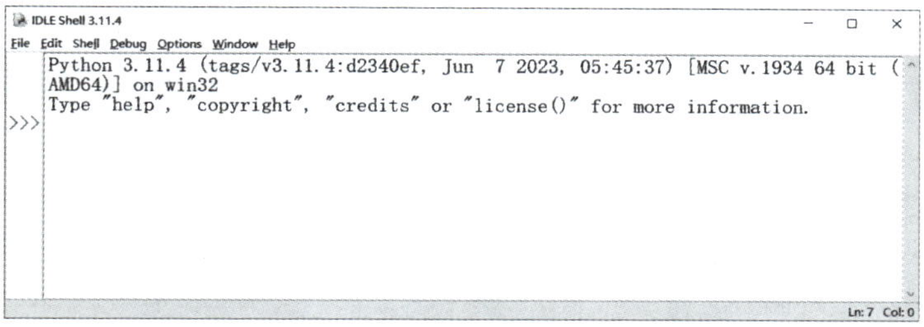

图 1-1-5 Python IDLE 的 IDLE Shell 窗口

在 IDLE Shell 窗口中执行 File 菜单的 New File 命令，打开程序文件窗口，如图 1-1-6 所示，可以全屏幕编辑、调试和运行代码。

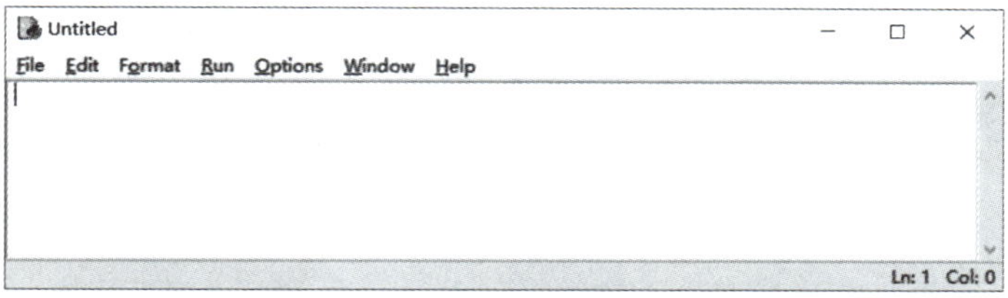

图 1-1-6 Python IDLE 的程序文件窗口

执行 Run 菜单的 Check Module 命令，可以检查语法错误；执行 Run 菜单的 Run Module 命令，可以运行程序，程序的运行结果显示在 IDLE Shell 窗口。

2）JupyterLab

JupyterLab 是一个基于 Web 的交互式集成开发环境，是一个强大的 Python 数据科学平台。它可以编写 Notebook（一种包含代码、文本、可视化数据或其他输出的交互式文档）或其他文件（如 HTML、TXT、Markdown 等）。JupyterLab 的目标是把 REPL 做得更好用，让用户可以在浏览器中使用 JupyterLab，有更好的语法高亮显示；还可以保存交互式程序设计的过程，与其他人共享。JupyterLab 的内核是 Python 解释器，和命令行界面下运行 Python 没有本质区别，但是它支持按模块执行，比 IDLE Shell 窗口的逐条执行更加方便，降低了程序调试难度和程序设计门槛。

JupyterLab 通过一个可扩展的架构正在支持越来越多的文档类型和程序设计语言，因此可以用它学习其他程序设计语言。

要使用 JupyterLab，需要在命令提示符（CMD）窗口中，先用 Python 的包管理工具 pip 安装 JupyterLab：

```
pip install jupyterlab
```

然后在命令提示符窗口运行如下命令：

```
jupyter lab
```

打开 JupyterLab 的网页窗口，如图 1-1-7 所示，创建 Notebook 文件，尝试交互式程序设计。

3）Anaconda

Anaconda 是一个跨平台的科学计算集成环境，支持 Windows、Linux、macOS 等操作系统，包括近 200 个工具包，常见的 NumPy、SciPy、Pandas、Matplotlib、Scikit-learn 等第三方库都已经包含在其中，可以满足数据分析的基本需求。Anaconda 包含多个开发工具包，如 Spyder、Jupyter Notebook 等，如图 1-1-8 所示。

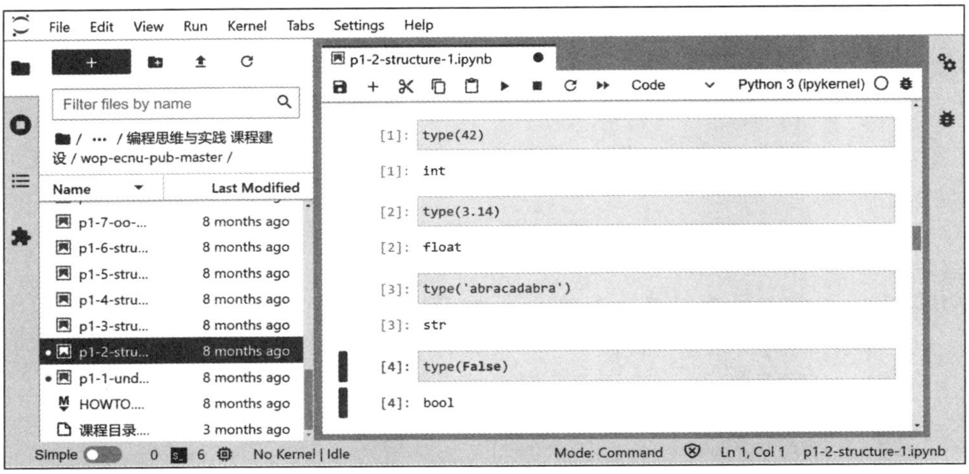

图 1-1-7 JupyterLab 的网页窗口

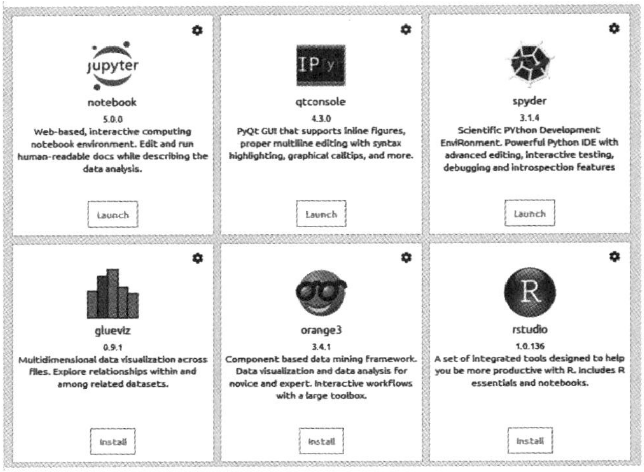

图 1-1-8 Anaconda 的开发工具包

Spyder 是一个强大的交互式 Python 集成开发环境，提供高级的代码编辑、交互测试、调试等功能，支持 Windows、Linux 和 macOS 系统。单击【开始】按钮，执行 Anaconda3 菜单的 Spyder 命令，打开 Spyder，界面布局如图 1-1-9 所示，左侧为文件代码编辑区，右上方为辅助功能区，右下方为 IPython 控制台区。与 IDLE 类似，Spyder 既提供了在文件代码编辑区中编写并执行代码的方式，也提供了在 IPython 控制台中逐行执行 Python 代码的方式。

Jupyter Notebook 是一个基于 Web 的交互式计算环境，可以编辑易于人们阅读的文档，用于展示数据分析的过程。单击【开始】按钮，执行 Anaconda3 菜单的 Jupyter Notebook 命令，打开 Jupyter Notebook。Jupyter Notebook 的运行分为服务器端和浏览器端，首先会弹出服务器端的 Anaconda Prompt 窗口，在其中自动启动 Jupyter Notebook 服务，并显示一系列 Jupyter Notebook 的服务器信息；同时浏览器会自动打开，并跳转到地址为 http://localhost:8888/tree 的本机 Web 地址，访问刚刚启动的 Jupyter Notebook 服务。接下来，就可以在浏览器中使用 Jupyter Notebook 编写代码了，如图 1-1-10 所示。

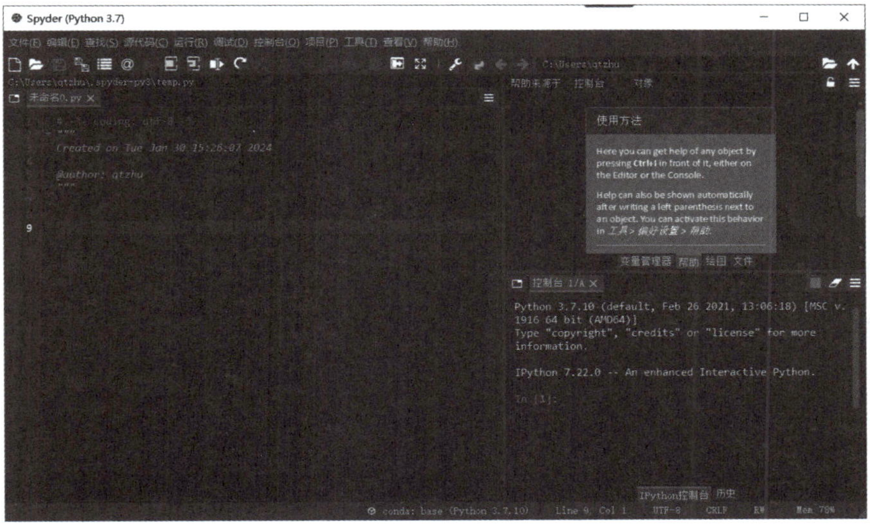

图 1-1-9　Spyder 界面布局

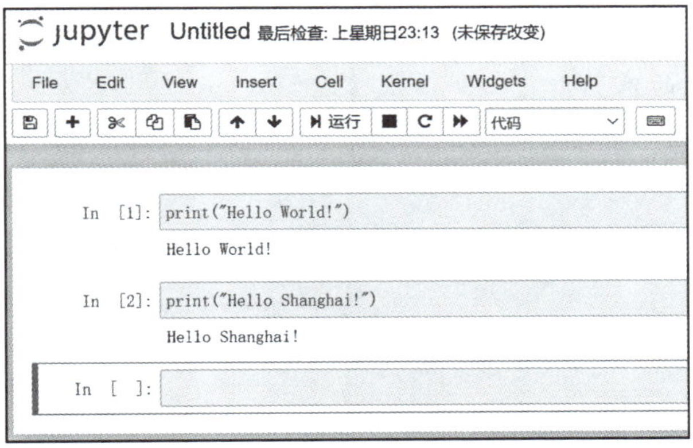

图 1-1-10　使用 Jupyter Notebook 编写代码

此外，也可以打开 Anaconda 安装的 Python IDLE 环境，在这个环境中，可以直接使用 Anaconda 已安装好的第三方库。

单击【开始】按钮，执行 Anaconda3 菜单的 Anaconda Prompt 命令，打开 Anaconda Prompt(anaconda3)窗口，再执行 idle 命令，如图 1-1-11 所示，即可打开 Anaconda 安装的 Python IDLE 环境。

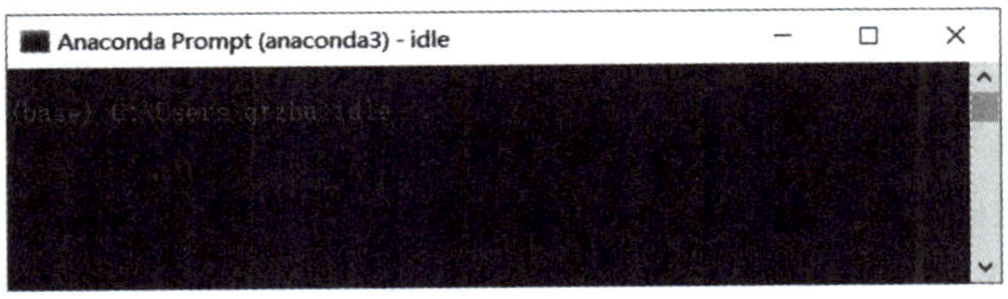

图 1-1-11　打开 Anaconda 安装的 Python IDLE 环境

说明：由于 Python 版本几乎按月更新，并考虑到实验环境的稳定性，因此本书的讲解和示例的截图画面都基于 Python 自带的集成开发环境 IDLE 3.11.x 版本，所有程序的运行结果在Python 3.8.x 以上版本的环境下无差别。

小练习

1. 在 Python 官网下载适合自己计算机环境的 Python IDLE 的最新版本,安装时注意勾选 Add Python 3. x to PATH 复选框。

2. 运行 IDLE,打开 IDLE Shell 窗口。

(1)在 IDLE Shell 窗口中输入 import this,了解 Python 语言的设计哲学。

(2)编写并运行第一个程序 hello world,如图 1-1-12 所示。

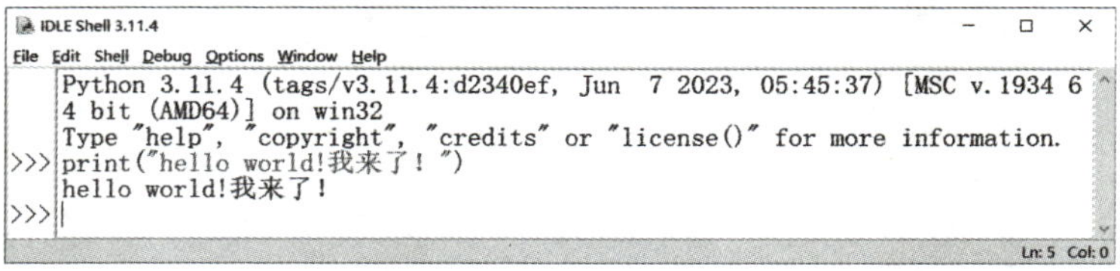

图 1-1-12　编写并运行第一个程序 hello world

3. 在 IDLE Shell 窗口,执行 File 菜单的 New File 命令,创建一个 Python 文件,输入以下程序代码,再执行 Run 菜单的 Run Module 命令,运行程序。注意观察程序文件的保存位置和运行结果出现的位置。

```
#--------------------------------
# This is my second Program
#--------------------------------
a = input("请输入一个数字:\n")
print(a)
print(a + a)
```

4. 打开命令提示符窗口,执行 pip install jupyterlab 命令,安装 JupyterLab;执行 jupyter lab 命令,打开 JupyterLab 页面。在 JupyterLab 页面中,使用窗口命令创建“.ipynb”文件,在 Lab 中测试Python代码或代码段。请读者自行上网查询 JupyterLab 的使用方法。

1.2　程序设计语言的基本语法要素

程序设计语言一方面要能够描述数据,包括直接书写的字面常量和定义用于表示数据存储的变量;另一方面还要能够描述数据处理的控制过程,包括语句级控制和由函数实现的模块级控制。为了让计算机能够理解在程序中所描述的这些工作,开发者所写的程序必须符合相应语言的语法。一个程序的基本语法要素包括标识符、字面常量、变量、运算符、表达式、语句、函数和模块等。本节将以 Python 语言为例,讨论构成程序设计语言的基本语法要素。

Python 程序可以分解为模块、语句、表达式和对象。Python 语言是面向对象的语言,所有的数据都是对象。Python 程序由模块构成,一个模块即一个以.py 为后缀的源文件,一个 Python 程序可以由一个或多个模块构成。模块是由语句构成的,执行程序时,会由上而下顺序地执行模块中的语句。语句是用来处理数据、实现算法的基本单位。语句包含表达式,表达式用于创建和处理对象。

1.2.1 基本字符、标识符和关键字

1. 基本字符

一般把用程序设计语言编写的、未经编译的程序称为源程序。源程序实际上是一个字符序列。Python 语言的源程序是以.py 为后缀的文件，Python 语言的基本字符如下。

(1)数字字符：0,1,2,3,4,5,6,7,8,9。

(2)大小写英文字母：a～z,A～Z。

(3)中文字符。

(4)其他一些可打印字符，如!,@,#,$,%,&,(,),*,?,:,<,>,+,-,=,\,[,],{,}。

(5)控制字符，如空格、换行符(\n)、制表符(\t)等。

2. 标识符

程序中有很多需要命名的对象，标识符是指程序书写中一些特定对象的名称，包括变量名、函数名、类名等。

Python 语言的标识符的命名规则如下。

(1)由大小写英文字母、汉字、数字、下画线组成。

除上述字符之外，包含其他字符的标识符是不合法的，如 abc$def、*py、@PikachuP。合法的标识符如 Python_、_hello_world、a3、你好、你好 Python。

(2)首字符只能是英文字母、汉字、下画线，标识符的长度任意，大小写敏感。

以数字开头的标识符不合法，如 3c、135792468、233 次列车。Python 语言对大小写敏感，也就是说，对于标识符，Python 语言区分其大小写，所以 Python 和 python 是两个不同的标识符。

(3)不能与 Python 语言的关键字同名。

关键字是具有特殊功能的标识符，如 while、True、except 都是 Python 语言的关键字，不能作为标识符使用。

在实际使用中，为了增加程序的可读性，标识符的选择通常采用“见名知意”的原则，最好是英文单词或单词的缩写，例如，userName、userAge 分别作为姓名、年龄变量的标识符。尽量避免使用汉字作为标识符。

3. 关键字

每一种程序设计语言都会定义一些具有特殊功能的标识符，称为关键字。Python 语言的关键字随版本不同而有一些差异，可以在 IDLE Shell 窗口中按如下所示的方法查阅关键字(注意：版本不同，可能存在差异)。

```
>>> help()
    help> keywords
    Here is a list of the Python keywords. Enter any keyword to get more help.
    False          class          from           or
    None           continue       global         pass
    True           def            if             raise
    and            del            import         return
    as             elif           in             try
```

```
assert          else            is              while
async           except          lambda          with
await           finally         nonlocal        yield
break           for             not
help> quit
```

小练习

1. 以下选项中,合法的 Python 语言的标识符有(　　)。

A. Day　　B. e10　　C. 2n　　D. a[10]

E. False　　F. aAbB　　G. a+b　　H. _ifdef

I. day_of_year

2. 以下选项中,(　　)不是 Python 语言的关键字。

A. list　　B. for　　C. from　　D. dict

E. False　　F. print　　G. or　　H. in

I. and

1.2.2 数据类型和对象

1. 数据和数据类型

数据是计算机处理的对象,在计算机中存储和处理数据是区分数据类型的,不同的数据类型的表示方式和运算机制都是不同的。

按接近人的习惯设计并以不同数据类型区别的对象,称为数据的值(value),这是数据的书写形式。如整数 389,浮点数 23.56,字符串"hello",这些数据是不会改变的,称为常量,又称字面常量。

例如,1 和 1.0 在计算机的表示中,一个是整数(int)类型,一个是浮点数(float)类型。浮点数相对于整数有着复杂的存储机制,在执行运算时也使用不同的 CPU 运算逻辑部件。整数运算比浮点数运算要快得多。

又如,同样是由数字构成,"129"表示字符串(str)类型,129 表示整数类型。当执行"+"运算时,对"+"运算符的解释也是不同的,字符串执行的是连接操作,整数执行的是加法操作。一个字符串和一个整数执行"+"运算,由于数据类型不同会报错。

【例 1-2-1】 不同数据类型的"+"运算。

```
>>> "129" + "1"
    '1291'
>>> 129 + 1
    130
>>> "129" + 1
    Traceback (most recent call last):
      File "<pyshell#6>", line 1, in <module>
        "129" + 1
    TypeError: must be str, not int
```

一般来说，一些数据具有以下特性时，就构成一类数据类型：

(1)采用相同的书写形式；

(2)在具体实现中采用同样的编码形式(内部的二进制编码)；

(3)能做同样的运算操作。

学习利用计算机解决实际问题，要从学习数据类型入手，了解某一种程序设计语言提供了哪些数据类型。学习每一种数据类型时，要学习这种数据类型能表示怎样的数据，对这些数据能做怎样的操作。

2. Python 对象

Python 语言是面向对象的程序设计语言，数据存储在内存后被封装为一个对象，每一个对象都由对象 ID、类型和值来标识。

对象 ID 用于唯一标识一个对象，使用 id()函数可以查看对象的 ID 值。

Python 语言用类(class)定义数据类型，一个数据类型就是一个类，类名用于表示对象的数据类型，通过 type()函数可以查看对象的类名。使用字面常量可以创建对象实例。

【例 1-2-2】 查看 Python 对象。

```
>>> 123
    123
>>> id(123)
    1711129472
>>> type(123)
    <class 'int'>
```

说明：字面常量 123 创建了一个 int 类型的对象，其值为 123，其 ID 值为 1711129472。

数据对象创建后，将数据对象存储在内存中，并用一个名称来指向该存储空间，供以后再次访问，该名称称为变量名。变量的值是可以改变的。

【例 1-2-3】 Python 语言的变量。

```
>>> a = 3.1415926      # 变量 a 被赋值
>>> a
    3.1415926
>>> type(a)
    <class 'float'>
>>> a = "变了吗?"       # 变量 a 被再次赋值,用新值取代旧值
>>> a
    '变了吗?'
>>> type(a)      # 变量 a 的类型也被改变
    <class 'str'>
```

类定义了一个数据类型能够表示的数据特征，以及这些数据能够用哪些方法(method)处理。

【例 1-2-4】 在 IDLE Shell 窗口中查询 int 类的帮助文档。

```
>>> help(int)
    Help on class int in module builtins:


    class int(object)
```

```
 |  int([x]) -> integer
 |  int(x,base=10) ->integer
 |  ......
 |  >>> int('0b100',base=0)
 |  4
 |
 |  Methods defined here:|
 |
 |  _abs_(self,/)
 |      abs(self)
 |
 |  _add_(self, value, /)
 |      Return self + value.
 |  ......
```

例如,int 类中定义了 int()函数,这种与类型名同名的函数称为类型构造器,支持该类型对象的创建和类型转化。

【例 1-2-5】 int 类的 int()函数。

```
>>> x = int()    # 创建整数对象,默认值为 0
>>> x
    0
>>> y = int(2.5)    # 将浮点数对象转化为整数对象
>>> y
    2
>>> z = int("10a",base=16)    # 将字符按十六进制转化为整数对象
>>> z
    266
```

3. Python 语言的数据类型

1)Python 语言的内置数据类型

Python 语言的内置数据类型如图 1-2-1 所示,数据分为简单数据和组合数据。简单数据包括 Python 语言提供的 4 种基本数据类型。组合数据相当于数据容器,用于表示一组数据,包括序列类型和其他类型。

基本数据类型	序列类型	其他类型
• 整数(int) • 浮点数(float) • 复数(complex) • 布尔值(bool)	• 字符串(str) • 元组(tuple) • 列表(list)	• 集合(set) • 字典(dict)

基本数据类型

图 1-2-1 Python 语言的内置数据类型

基本数据类型包括整数(int)、浮点数(float)和复数(complex)3 种数值类型,以及表示逻辑真和逻辑假的布尔值(bool)。

【例 1-2-6】基本数据类型的常量。

```
>>> 100,type(100)    # 整数(int)
    (100, <class 'int'>)
>>> 100.0,type(100.0)    # 浮点数(float)
    (100.0, <class 'float'>)
>>> 3.14,type(3.14)    # 浮点数(float)
    (3.14, <class 'float'>)
>>> 2.5 + 7.25j,type(2.5 + 7.25j)    # 复数(complex)
    ((2.5 + 7.25j), <class 'complex'>)
>>> True,False,type(True)    # 布尔值(bool)
    (True, False, <class 'bool'>)
```

序列类型包括字符串(str)、元组(tuple)、列表(list)。序列对象由多个元素组合而成,因为元素在内存中是顺序存储的,所以每一个元素可以用下标来标识。在访问时,可以使用下标访问其中一个或多个元素。Python 语言支持正向下标和逆向下标两种索引体系,如图 1-2-2 所示。

	P	y	t	h	o	n	!
正向下标	0	1	2	3	4	5	6
逆向下标	-7	-6	-5	-4	-3	-2	-1

图 1-2-2　序列对象的下标示例

字符串是常用的数据类型之一,由多个字符组合而成。可以通过字面常量创建字符串对象,Python 语言的字符串常量使用单引号或双引号括起来。

【例 1-2-7】字符串的操作。

```
>>> # 创建一个字符串
>>> s1 = "Python!"
>>> s1
    'Python!'
>>> # 通过连接操作构建字符串
>>> s2 = "Hello  " + s1
>>> s2
    'Hello  Python!'
>>> # 通过下标访问字符串中的字符
>>> s1[0]      # 访问第一个字符
    'P'
>>> s1[-1]     # 访问最后一个字符
    '!'
>>> s2[6:12]    # 切片操作,给出子串的首字符下标和末字符的下标
    'Python'
```

元组和列表通常将多个数据组合为一个整体。和字符串一样,通过下标可以访问其中一个或多个元素,配合循环结构可以完成批量数据的通用计算。

【例 1-2-8】元组和列表的操作。

```
>>> L1 = [1,2,3,4,5,6,7,8,9]      #创建列表
>>> L1
    [1, 2, 3, 4, 5, 6, 7, 8, 9]
>>> L1[0]     #访问第一个元素
    1
>>> L1[-1]     #访问最后一个元素
    9
>>> L2 = L1+[0]     #连接列表
>>> L2
    [1, 2, 3, 4, 5, 6, 7, 8, 9, 0]
>>> T1 = (1.1,1.2,1.3,1.4,1.5)      #创建元组
>>> T1
    (1.1, 1.2, 1.3, 1.4, 1.5)
>>> i = 3     #使用整数变量作下标访问元组
>>> T1[i]
    1.4
```

除序列类型外,组合数据类型还有集合(set)和字典(dict)。集合和字典中元素的存储不是连续有序的,与序列类型的区别在于,集合和字典的元素不能按下标索引。字典是 Python 语言中唯一的内置映射数据类型,字典元素由键(key)和值(value)构成,可以通过指定的键从字典中访问值。

【例 1-2-9】字典和集合的操作。

```
>>> d = {"Mon":"Monday","Tue":"Tuesday","Wed":"Wednesday"}     #创建字典
>>> d["Mon"]     #通过键访问值
    'Monday'
>>> S = {12,56,35,-23,99}     #创建集合
>>> S
    {35, 99, -23, 12, 56}     #元素的顺序与其输入顺序不同
>>> S - {12}     #集合的差运算
    {99, -23, 56, 35}
```

2)其他来源的数据类型

内置数据类型可以在 Python 环境中直接使用,但数据类型的种类有限。Python 语言还通过标准库和第三方库提供了很多实用的数据类型。

例如,标准库的 decimal 库可以提供高精度浮点数运算功能,string 库提供 str 类型的数据和函数,array 库提供 array 类型的数据。

使用标准库中的数据类型之前,需要使用 import 语句导入标准库。例如,导入 string 库的语句如下:

```
import string
```

又如,第三方库的 NumPy 库,其中的 ndarray 类型提供多维数组的表示和运算,Pandas 库提供的 Series 类型和 DataFrame 类型表示结构化数据。

使用第三方库的数据类型之前，首先要使用 pip 命令安装第三方库到当前的集成开发环境，然后使用 import 命令加载库。pip 命令需要结合不同的集成开发环境在命令环境下执行，此处不做介绍。

开发者还可以根据需要解决的问题中数据的描述特征和运算特征，通过自定义类来创建新的数据类型。

本节简单概述了 Python 语言的数据类型，第 3 章将介绍基本数据类型和字符的编码、字符串的运算和典型算法；第 4 章将介绍组合数据类型，如列表、元组、字典、集合的表示、运算和典型算法；第 7 章将介绍自定义类的方法和应用。

4. 变量和对象引用

只有值写不出真正的程序，因为程序应该能被用户反复使用，用户每次输入一些数据，程序都进行处理，然后给出用户想要的结果。每次输入的数据可能是同一类型的，但因为无法确定具体的值，所以需要用变量代替值写在程序中，在程序运行时变量根据用户的输入对实际的值进行处理。

变量是可以变化的，在其他程序语言如 C 语言中，变量是一个分配给程序的存储空间的别名，如果其中存储的值发生变化，变量的值也会改变，但变量的类型是不能改变的。这点与 Python 中的变量有所不同。

Python 中的变量描述的是存储空间的概念，Python 语言使用动态类型技术管理变量的数据类型。将数据存储在内存中，封装产生一个数据对象，用一个名称来访问数据对象，这个名称就是变量名。通过变量名访问对象称为对象引用。

Python 中的变量不需要声明。在对象引用之前，需要通过赋值语句将对象赋值给变量，即将对象绑定到变量。一个对象的书写形式决定了对象的数据类型，当一个对象赋值给一个变量时，变量自动获取对象的值、类型和对象 ID。

Python 中的变量实质是对一个数据对象的引用。变量在程序的运行过程中是可以改变的，赋值语句的作用是创建一个变量或者修改变量的对象引用。

【例 1-2-10】变量的创建和修改。

```
>>> x = 354
>>> type(x)
    <class 'int'>
>>> id(x)
    34539888
>>> x = "word"
>>> type(x)
    <class 'str'>
>>> id(x)
    33407296
```

变量

说明：当对变量 x 赋值整数 354 时，Python 在内存中创建整数对象 354，并使 x 指向这个数据对象，x 为 int 类型，此时 x 所指向对象的 ID 值为 34539888。再次对 x 赋值"word"时，Python 在内存中创建字符串对象"word"，并使 x 指向这个数据对象，x 变为 str 类型，x 所指向对象的 ID 值为 33407296，如图 1-2-3 所示。

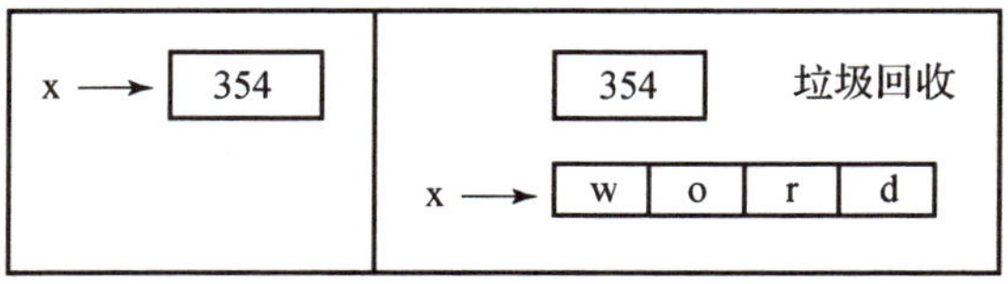

图 1-2-3　Python 语言的动态类型技术示例

变量的输出

也就是说,并不是变量 x 所代表的存储空间的内容发生了改变,而是 x 重新指向了存储在其他存储空间的对象。当 x 从引用整数对象 354 转向引用字符串对象"word"后,没有变量引用整数对象 354,它成了某种意义上的“垃圾”,Python 会启动“垃圾回收”机制,回收存储垃圾数据的存储空间,供其他数据使用。

如果想删除一个变量,可以使用 del 语句:

```
del x
```

此时,变量 x 不再存在,再使用它就会报错。

5. 可变对象和不可变对象

Python 3 的对象分为不可变(immutable)对象和可变(mutable)对象。不可变对象一旦创建,其值就不能被修改;可变对象创建后,它的值可以被修改。

在 Python 语言中,大部分对象都是不可变对象,例如 int、float、str、tuple 等类型的对象。

【例 1-2-11】不可变对象。

```
>>> x = 10      # x 引用整数对象 10
>>> y = x      # y 获取 x 引用的对象
>>> y     # y 的值与 x 的值相同
    10
>>> id(y) == id(x)      # y 的对象 ID 与 x 的对象 ID 相同,x 和 y 引用同一个对象
    True
>>> y = 20      # y 重新赋值,引用新的整数对象 20
>>> x,y      # y 的值与 x 的值不相同
    (10, 20)
>>> id(x),id(y)      # y 的对象 ID 与 x 的对象 ID 不相同
    (1702671712, 1702672032)
>>> x = x + 50      # 表达式的计算也会产生新的对象
>>> x      # x 指向新的数据对象
    60
>>> id(x)
    1870183328
```

在【例 1-2-11】中,要注意区分变量和对象,变量是对某个对象的引用,多个变量可以引用同一个对象。给变量重新赋值,并不改变原始对象的值,而是创建一个新对象,该变量引用新的对象。

本身的值可以改变的对象称为可变对象,例如 list、dict、set 等类型的对象。可变对象首先都是组合数据类型的,由若干个元素构成。改变可变对象的值是指改变构成对象的元素,需要注意的是,一个可变对象,同样可以有多个变量引用它,无论通过哪个变量修改对象的值,所有变量的值都会改变。

【例 1-2-12】可变对象。

```
>>> x = [1,2,3,4]        # 创建列表对象[1,2,3,4],变量 x 引用列表对象
>>> y = x                # 变量 y 引用同一个列表对象
>>> y
    [1, 2, 3, 4]
>>> x[2] = 0             # 通过 x 修改列表中第 3 个元素
>>> y                    # 使用 y 访问列表对象,查看修改列表后的结果
    [1, 2, 0, 4]
>>> id(x) == id(y)       # x 和 y 的对象 ID 相同
    True
```

说明:【例 1-2-12】只创建了一个列表对象[1,2,3,4],但有两个变量 x 和 y 引用它,每个变量都可以读取、修改列表对象的元素。

小练习

1. 以下选项中,(　　)类型在 Python 中是不支持的。

A. char　　B. int　　C. float　　D. dict

2. 执行以下两行代码后,变量 x 的值和数据类型分别是(　　)。

```
y = 10
x = "1" + str(y)
```

A. 11,int　　B. 11,str　　C. 110,int　　D. 110,str

3. 表达式 'a' + 'b' 的值是(　　)。

A. 'ab'　　B. True　　C. False　　D. ab

4. 执行代码 s='Python',则 s[2:-1]的值为(　　)。

A. "ytho"　　B. "th"　　C. "tho"　　D. "yt"

5. 以下选项中,(　　)不是 Python 语言中的序列类型。

A. list 类型　　B. array 类型　　C. tuple 类型　　D. str 类型

6. 关于 Python 语言中的组合数据类型,以下说法中(　　)是错误的。

A. 组合数据类型包括序列类型、set 类型和 dict 类型

B. Python 语言中的组合数据类型能够将多个同类型或不同类型的数据组织起来,通过整体表示使数据操作更有序、更容易

C. Python 语言中的 str 类型、tuple 类型和 list 类型都属于序列类型

D. 序列类型是二维元素向量,元素之间存在先后关系,通过序号访问

7. 已知:

```
a = 50
b = 3.14
c = 'ab'
d = [10,20]
```

以下赋值语句中,(　　)是错误的。

A. a = a+10　　B. b = b+10

C. c[0] = 'A'　　　　D. d[0] = 0

8.“del 语句用来删除 Python 的对象”的说法是(　　)的。

A. 正确　　　　B. 错误

9. 将一个浮点数转化为整数可以使用(　　)。

A. int 命令　　　　B. int()函数　　　　C. eval()函数　　　　D. eval 命令

10. 下面 4 个表达式依次执行,(　　)中的变量 x 没有引用新的对象。

A. x=3　　　　B. x=x+2　　　　C. x=[1,2,3,4]　　　　D. x[2]=4

11. 请在 IDLE Shell 窗口中尝试输入以下常量,并使用 type()函数查看数据的类型,注意每种常量的字面表示方式。

①128　　　　②128.0　　　　③2+5j　　　　④True

⑤(1,2,3,4,5)　　　　⑥{1,2,2,3,4}　　　　⑦{"a":94,"c":96,"A":65,"C":67}

1.2.3 表达式和语句

1. 运算符和表达式

Python 语言提供了丰富的运算符,例如算术运算符、关系运算符、逻辑运算符等。表 1-2-1 列出了以优先级由高到低排序的 Python 语言的常用运算符。

表 1-2-1　Python 语言的常用运算符

优先级	运算符	描述
1	**	指数/幂
2	单目+ ,单目-	正/负号
3	* , / , // ,%	乘、除、整除、求余
4	+, -	加、减
5	<, <=, >, >=, ==, !=	关系比较运算
6	is,is not	同一性测试
7	in, not in	成员测试
8	not	逻辑非
9	and	逻辑与
10	or	逻辑或

表达式是数据对象和运算符按照一定的规则写出的式子,用于描述计算过程。与表 1-2-1 中的运算符对应的表达式可以分为算术表达式、关系表达式、逻辑表达式等。最简单的表达式可以是一个常量或一个变量。

程序设计语言中的运算符很多来源于数学计算中的运算符,但要注意它们在书写形式上的区别。由于计算机中的数据细分为不同的数据类型,因此程序设计语言中的运算符与数学运算符有一些差别,在学习时要仔细甄别,第 3 章将讨论这个问题。

【例 1-2-13】表达式示例。

```
>>> x = 3
>>> y = 12
>>> x ** 2 + y * 10/3      # 算术表达式示例
```

```
    49.0
>>> x+10 >= y                # 关系表达式示例
    True
>>> x != y                   # 关系表达式示例
    True
>>> (x != y) and (x+10 >= y)    # 逻辑表达式示例
    True
>>> (x != y) or ( x > y)        # 逻辑表达式示例
    True
>>> (x != y) and ( x > y)       # 逻辑表达式示例
    False
```

表达式

算术运算符　比较运算符　逻辑运算符　运算的优先级

2. 语句

语句是程序最基本的执行单位，程序的功能就是通过执行一系列语句来实现的。Python 语言中的语句分为简单语句和复合语句。

简单语句包括表达式语句、赋值语句、输入/输出语句、函数调用语句、return 语句、break 语句、continue 语句、import 语句等。

复合语句包括 if 选择语句、while 循环语句、for 循环语句、函数定义语句等。

1)语句书写规则

(1)Python 语言通常一行写一条语句，使用回车符换行。

(2)语句从第一列开始顶格书写，前面不能有多余空格。

(3)复合语句的结构体必须缩进一个制表符(\t)或 4 个空格。

(4)如果语句太长，可以使用反斜杠(\)来书写成多行语句。

(5)分号(;)可以用于在一行中书写多条语句。

【例 1-2-14】多行语句和多条语句示例。

```
>>> #多行语句示例
>>> print("Python is a programming language that \
    lets you work quickly \
    and integrate systems more effectively.")
    Python is a programming language that lets you work quickly and integrate systems more
    effectively.
>>>
>>> #多条语句示例
>>> a=0;b=0;c=0
```

2)注释

在【例 1-2-14】中，以#开始的部分称为注释。注释是代码中加入的一行或多行信息，对程序的语句、函数、数据结构等进行说明，提升代码的可读性。注释是一种辅助性文字，会被解释器或编译器忽略，不会被计算机执行。

当程序的代码变得复杂时，不管程序设计语言本身多么易懂或者多么接近自然语言，都会难以阅读或理解。所以，开发者需要有在代码中写重要注释的好习惯，方便别人阅读和理解代码。有不少程序设计语言还提供配套的工具，可以自动分析 Python 代码，获取 docstring 对象，生成帮助文档，如 Python 语言的 pydoc 模块。

Python 语言中只提供了单行注释符号。单行注释用 # 开始，Python 程序在执行代码的时候会默认忽略 # 和该行中 # 后的所有内容。

要在 Python 程序中实现多行注释，可以使用多行字符串常量。多行字符串常量用三个单引号开始，三个单引号结束，或者用三个双引号开始，三个双引号结束，单引号和双引号不可混用。如果在调试程序时想删去大段代码，可以使用多行注释方式将这些代码注释掉。想重新加入这段代码运行时，只要将注释符号去掉即可，十分方便。

3. 赋值语句

Python 语言的赋值语句通过赋值符(=)实现，赋值符右边的数据对象与赋值符左边的变量名建立引用关系，语句格式如下，其中尖括号的内容表示具体使用时需要替换：

```
<变量> = <表达式>
```

1)连续赋值

Python 语言支持多个变量连续赋值，连续赋值的实质是多个变量引用同一个数据对象。

【例 1-2-15】 多个变量连续赋值。

```
>>> x = y = 10
>>> id(x),id(y)
    (1619899744, 1619899744)
>>> x,y
    (10, 10)
```

赋值运算
与其他运算符

在【例 1-2-15】中，查看 x、y 两个变量的对象 ID，其对象 ID 值都是 1619899744，说明两个变量引用了同一个数据对象 10。

2)同步赋值语句

如果要在一条语句中同时给多个变量赋值，可以使用同步赋值语句，语句格式如下：

```
<变量 1>, <变量 2>, … , <变量 N> = <表达式 1>, <表达式 2>, … , <表达式 N>
```

Python 语言在处理同步赋值语句时，先计算右边的 N 个表达式，然后一次性把右边所有表达式的值赋给左边的 N 个变量。

【例 1-2-16】 同步赋值语句的使用。

```
>>> x,y = 10,20
>>> x,y
    (10, 20)
>>> x,y = y,x
>>> x,y
    (20, 10)
>>> x,y = y*3,x**2
>>> x,y
    (30, 400)
```

在【例 1-2-16】中，交换 x、y 两个变量的值可以使用同步赋值语句实现。赋值语句“x,y=y,x”中，先计算右边的两个表达式，再将结果同时赋值给左边的变量 x 和 y。

3）复合赋值语句

将运算符和赋值符结合起来的运算符称为复合赋值符，使用复合赋值符连接的语句称为复合赋值语句，使用复合赋值语句可以简化代码，提高效率。Python 语言的常用复合赋值符如表 1-2-2 所示。

表 1-2-2　Python 语言的常用复合赋值符

符号	描述
+=	x+=y　等价于　x=x+y
-=	x-=y　等价于　x=x-y
*=	x*=y　等价于　x=x*y
/=	x/=y　等价于　x=x/y
//=	x//=y　等价于　x=x//y
%=	x%=y　等价于　x=x%y
**=	x**=y　等价于　x=x**y

【例 1-2-17】复合赋值语句示例。

```
>>> i = 9
>>> i + = 1
>>> i % = 2
>>> i
    0
```

4. 输入与输出语句

程序都是为了执行一个特定的任务，通过用户的输入获取所需的信息，运行程序，再将结果输出给用户。

1）输入语句

Python 语言提供内置的 input()函数，用于在程序运行时接收用户的键盘输入。input()函数的语句格式如下，其中方括号表示内容可选，提示文本串不是必需的：

```
<变量> = input([<提示文本串>])
```

【例 1-2-18】输入语句，返回 str 类型的数据。

```
>>> s = input("请输入:")
    请输入:Google
>>> print("你输入的内容是：", s)
    你输入的内容是：Google
```

input()函数只能返回 str 类型的数据，当需要返回数值类型的数据时，可以使用内置函数 int()和 float()将 str 类型的数据强制转换为相应的数值类型。在强制转换过程中，有可能遇到因输入不合法而转换失败的情况,在【例 1-3-16】中给出了解决方法。

【例 1-2-19】输入语句,返回相应数值类型的数据。

```
>>> num = int(input("请输入整数:"))    #转换成 int 类型
    请输入整数:45
>>> type(num)
    <class 'int'>
>>> dig= float(input("请输入浮点数:"))    #转换成 float 类型
    请输入浮点数:1.23
>>> type(dig)
    <class 'float'>
```

input()函数允许用户在程序运行时输入数据,和变量一起作用于该函数,可以增强程序功能的通用性。

【例 1-2-20】根据三角形的三条边的长度求三角形的面积。

问题描述 1:求解三条边的长度分别为 3 cm、4 cm、5 cm 的三角形的面积。因为三条边的长度为常量,所以可以使用海伦公式直接列出表达式计算:

```
>>> (((3+4+5)/2) * (((3+4+5)/2)-3) * (((3+4+5)/2)-4) * (((3+4+5)/2)-5))\
    ** 0.5
    6.0
```

但这个表达式不够简练,可读性差。因此增加变量 a、b、c,分别表示三条边的长度,可以写出以下代码:

```
>>> a,b,c = 3,4,5
>>> p = (a+b+c)/2
>>> (p*(p-a)*(p-b)*(p-c)) ** 0.5
    6.0
```

问题描述 2:求解任意一个三角形的面积。只需在代码中增加 input()函数,在运行时输入三角形的三条边的长度即可。

```
>>> a = float(input("a="))
    a=3
>>> b = float(input("b="))
    b=4
>>> c = float(input("c="))
    c=5
>>> p = (a+b+c)/2
>>> (p*(p-a)*(p-b)*(p-c)) ** 0.5
    6.0
```

从【例 1-2-20】中可以看到,变量能够进行"数据的抽象",配合输入语句,每次程序运行时获取不同的数据进行处理,程序就可以反复使用,成为一个通用程序。

2)输出语句

Python 语言提供内置的 print()函数,用于输出数据。print()函数的语句格式如下:

```
print(value, …, sep = ' ', end = '\n')
```

(1)参数 value 表示输出对象,可以是变量、常量、字符串等。value 后的…表示可以列出多个输出对象,并以逗号分隔。

(2)参数 sep 表示多个输出对象显示时的分隔符,默认值为空格。

(3)参数 end 表示 print()函数的结束符,默认值为换行符,也就是说,print()函数默认输出对象后换行。

【例 1-2-21】输出多个对象。

```
>>> x,y,z = 10,20,30
>>> print(x,y,z)        #输出多个对象,默认间隔一个空格
10 20 30
>>> print(x,y,z,sep = ",")        #输出多个对象,设置间隔一个逗号
10,20,30
```

3)输出的格式控制

通过格式控制字符串、str 类的 format()方法、格式字符串字面值(f-string)可以构建形式丰富的输出字符串,使输出内容更符合用户需求。

格式控制字符串通过格式控制符将变量的值按一定的输出格式加入字符串。一般的使用格式如下:

```
'格式控制串'%(值序列)
```

格式控制字符串包括普通字符和格式控制符,普通字符包括所有可以出现在字符串对象中的中英文字符、标点符号、转义字符等。格式控制符按数据类型分类,如表 1-2-3 所示。

表 1-2-3 格式控制符

格式控制符	表示类型	格式控制符	表示类型
%f,%F	浮点数	%o	八进制整数
%d,%i	十进制整数	%x,%X	十六进制整数
%s	字符串	%e,%E	科学记数
%u	无符号十进制整数	%%	输出%

此外,还可以使用±m.n 修饰符,其中 m 表示输出宽度,n 表示小数点后的位数,+表示右对齐,-表示左对齐。

【例 1-2-22】使用格式控制符构造输出对象。

```
>>> #输出格式日期时间
>>> y,m,d = 2022,1,26
>>> hh,mm,ss = 9,32,29
>>> s='%d-%d-%d %d:%d:%d'%(y,m,d,hh,mm,ss)
>>> s
'2022-1-26 9:32:29'
```

```
>>> print('%d-%d-%d  %d:%d:%d'%(y,m,d,hh,mm,ss))
    2022-1-26 9:32:29
>>> #计算指定边长的矩形的面积
>>> a,b = 12.36,31.792
>>> c=a*b
>>> print('边长%.3f和%.3f的矩形的面积是:%10.4f'%(a,b,c))
    边长12.360和31.792的矩形的面积是:  392.9491
```

说明:%d 表示相应数据以十进制整数形式显示;%.3f 表示相应数据以浮点数,保留 3 位小数的形式显示;%10.4f 表示相应数据以浮点数,宽度为 10,保留 4 位小数的形式显示。宽度 10 是整个输出宽度,包括小数点,不足时左边补空格。

从 Python 2.6 版本开始,新增了一种格式化字符串的方法 str.format(),它增强了字符串格式化的功能。format()方法的基本语法是通过{}表示一个需要的格式,一般使用格式如下:

```
"<输出字符串>".format(参数列表)
```

(1)输出字符串:由{}和输出的具体文字组成。其中{}表示替换参数值的位置。

(2)参数列表:包含一个或多个参数,参数之间用逗号分隔。

输出字符串的格式如下:

```
{字段名:格式说明符}
```

其中,字段名可以省略,默认顺次,对应参数列表中的参数;字段名也可以是整数,对应参数列表中参数的序号,第一个参数的序号为 0,依次递增;字段名还可以是变量名,在此不作介绍。

格式说明符的完整格式如下,其中方括号表示可选:

```
[[填充]对齐方式][正负号][#][0][宽度][分组选项][.精度][类型码]
```

(1)宽度:指定输出的最小宽度,不设置时,输出数据的实际宽度。数据实际宽度小于最小宽度时,填充字符,默认填充空格。数据实际宽度大于最小宽度时,按实际宽度输出。

(2)精度:指定浮点数中小数点后的位数,四舍五入。整数不能指定精度。

(3)对齐方式:一个修饰符,取值有三种,<表示左对齐,>表示右对齐,∧表示居中。

(4)填充:一个字符,表示数据长度不足宽度时用于填充的字符。

(5)正负号:该选项仅对数字类型生效,取值有三种,+表示正数前面添加正号,负数前面添加负号;-表示仅在负数前面添加负号(默认行为);空格表示正数前面需要添加一个空格,以便与负数对齐。

(6)#:表示添加前缀符。给二进制数加上 0b 前缀;给八进制数加上 0o 前缀;给十六进制数加上 0x 前缀。

(7)分组选项:该选项为逗号(,)时,使用逗号对数字以千为单位进行分隔;该选项为下画线(_)时,使用下画线对浮点数和 d 类型的整数以千为单位进行分隔。对于 b、o、x 和 X 类型,每 4 位插入一个下画线,其他类型都会报错。

(8)类型码:如表 1-2-4 所示,用于描述输出数据的数据类型。

表 1-2-4 类型码

类型码	表示类型	类型码	表示类型
f,F	浮点数	o	八进制整数
d	十进制整数	x,X	十六进制整数
b	二进制整数	%	百分数
s	字符串	e,E	科学记数
c	ASCII 字符	g	通用格式

【例 1-2-23】 使用 format()方法构造格式输出对象。

```
>>> name = input("你的名字：")
    你的名字：李白
>>> print("你好，{}！ ".format(name)) #省略方式
    你好，李白！
>>> #计算指定边长的矩形的面积
>>> a,b = 12.36,31.792
>>> c = a * b
>>> print('边长{:.3f}和{:.3f}的矩形的面积是:{:10.4f}'.format(a,b,c))
    边长 12.360 和 31.792 的矩形的面积是：  392.9491
```

说明：{:.3f}表示相应数据以浮点数，保留 3 位小数的形式显示，{:10.4f}表示相应数据以浮点数，总宽度为 10，保留 4 位小数的形式显示，宽度不足 10 位时左边补空格。更多格式设置方法读者可自行查阅。

f-string 是 format()方法的改进形式，从 Python 3.6 版本开始使用。输出字符串的格式如下：

```
{参数:格式说明符}
```

其中，format()方法的参数直接写在冒号的前面，不再需要调用 format()方法列出参数。

使用 f-string 改写【例 1-2-23】的代码。

【例 1-2-24】 使用 f-string 构造输出对象。

```
>>> #计算指定边长的矩形的面积
>>> a,b = 12.36,31.792
>>> c = a * b
>>> print(f'边长{a:.3f}和{b:.3f}的矩形的面积是:{c:10.4f}')
    边长 12.360 和 31.792 的矩形的面积是：  392.9491
```

小练习

1. 表达式 4 * 3 ** 2//6%7 的计算结果是(　　)。

A. 6　　B. 5　　C. 4　　D. 3

2. 以下表达式中，(　　)的运算结果是 False。

A. 10 is 10　　B. 'a' < 'A'

C. 3<4 and 7<5 or 9<10　　D. 24 != 32

3. (　　)在 Python 中是非法的。

A. x = y = z = 1　　B. x = (y = z + 1)

C. x, y = y, x　　D. x += y

4. 要输入一个身高变量 height,正确的输入语句为(　　)。

A. height=input()　　B. input(height)

C. height=int(input())　　D. height=float(input())

5. 设有变量定义 x=7,则(　　)的输出结果与其他语句不同。

A. print("你是第",x,"位")

B. print("你是第{}位".format(x))

C. print("你是第"+str(x)+"位")

D. print(f"你是第{x}位")

6. 执行如下程序代码,屏幕显示为(　　)。

```
area = 1963.4375000000002
print("{:.2f}".format(area))
```

A. 19　　B. 1963　　C. 1963.43　　D. 1963.44

1.2.4 模块和函数

1. 函数的基本概念

数学里定义一个函数,函数有一些自变量,也就是一些输入,定义函数是定义如何通过这些输入计算出函数值的过程,函数值就是输出。典型函数的定义如下:

$$f(a,b)=\sqrt{a^2+b^2}$$

函数定义好之后,可以用具体的值计算出一个具体的函数值,例如:

$$f(1,2)=\sqrt{1^2+2^2}=\sqrt{5}$$

$$f(3,4)=\sqrt{3^2+4^2}=5$$

$$f(2,6)=\sqrt{2^2+6^2}=2\sqrt{10}$$

程序中的函数也是这样,先要定义函数,也就是定义它的名字(称为函数名,function name)、若干输入变量(称为参数,argument),以及如何通过输入变量计算出函数值(称为返回值,return value)。当定义函数完成后,可以在程序的其他地方随时调用这个函数,设置具体的参数值,函数会给出具体的返回值。

虽然程序使用了函数这个名词,但程序中函数的应用范围要比数学中的函数更为宽泛。数学中的函数强调的是定义域和值域的一种映射关系。程序中的函数更强调一段通用程序代码的复用,它是可以没有定义域(输入)和值域(输出)的。

2. 模块

Pyhton 程序的组织结构示例如图 1-2-4 所示。在组织一个规模较大的 Python 程序时,包对应一个文件夹,模块对应一个.py 文件。一个模块(程序文件)可以是一个或多个类的定义,也可以是一组函数的定义。对初学者来说,可以从一个简单的只包含主程序代码的模块开始学习。

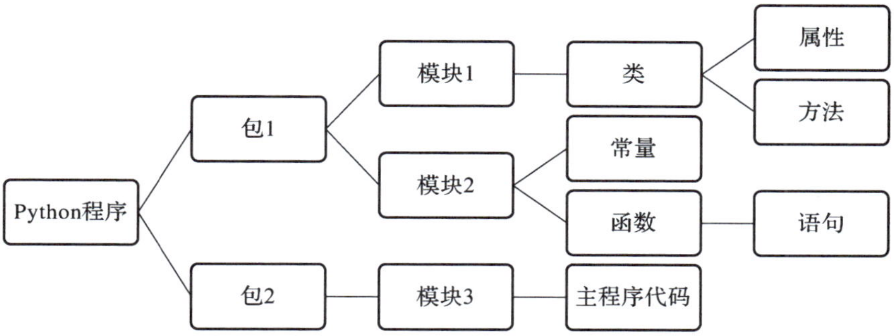

图 1-2-4 Python 程序的组织结构示例

Python 语言也以模块的形式提供丰富的功能。模块分为标准模块、第三方模块和用户自定义模块。一般把具有通用性的模块称为库，所以标准模块和第三方模块分别又称为标准库和第三方库。

Python 标准库提供了网络通信、文本处理、文件处理、数学运算等基本的功能，如 random（随机数）库、math（数学运算）库、time（时间处理）库、file（文件处理）库、os（与操作系统交互）库、sys（与解释器交互）库等。

Python 社区还提供了海量的第三方库，其使用方式和标准库类似。第三方库的功能覆盖了科学计算、Web 开发、大数据、人工智能、图形系统等领域。

用户自定义模块是指用户根据需求自己开发的模块。

3. 系统函数

一般的高级语言都提供功能丰富的系统函数。Python 语言以模块的形式组织系统函数。Python 标准库中的模块提供了丰富的系统函数和一些常用的数据常量。

标准库中的模块又分成内置模块（__builtins__）和非内置模块，内置模块中的函数和常量可以直接使用，非内置模块要先导入再使用。

1）内置函数

Python 语言中的内置函数是通过内置模块提供的，启动 Python 环境时系统会自动导入内置模块，任何程序都可以直接使用它们。内置模块定义了一些软件开发中常用的函数，这些函数实现了数据类型转换、数据计算、序列处理、常用字符串处理等功能。Python 语言的常用内置函数如表 1-2-5 所示。

表 1-2-5 Python 语言的常用内置函数

函数名	功能	函数名	功能
abs()	获取绝对值	set()	创建一个可变集合
chr()	返回十进制数对应的 Unicode 字符	tuple()	创建元组
dict()	创建字典	max()	返回给定对象中的最大值
int()	将一个数值字符串转换为整数	min()	返回给定对象中的最小值

续表

函数名	功能	函数名	功能
eval()	将字符串当成有效的表达式来求值并返回计算结果	ord()	返回某个 Unicode 编码对应的十进制数
float()	将一个数值字符串或整数转换为浮点数	pow()	幂函数
len()	返回对象的元素个数	print()	输出函数
list()	创建列表	range()	生成一个指定范围的数列
round()	四舍五入	sum()	求和
type()	返回数据类型	isinstance(x,c)	判断参数 x 是不是 c 类型

内置函数的调用方式与数学函数类似,都是在函数名后加上相应的参数值,多个参数值之间以逗号分隔,语句格式如下:

```
<函数名>(参数序列)
```

【例 1-2-25】内置函数的使用。

```
>>> round(78.3456,2)    #按四舍五入对 78.3456 保留 2 位小数
    78.35
>>> len("Good morning")    #计算字符串的长度
    12
>>> pow(3.0,2)    #计算 3.0 的 2 次方
    9.0
>>> isinstance('abracadabra', str)    #判断第一个参数是不是 str 类型
    True
```

读者可以在 IDLE Shell 窗口中通过 dir(__builtins__)语句查阅当前版本中提供的内置函数有哪些,再通过 help(<函数名>)语句查阅函数的使用方法。

2)非内置函数

标准库中的非内置模块已经安装在 Python 的本地文件夹中,但启动时不会加载到内存中,因此不能直接使用。非内置模块提供了丰富的功能函数,包含在各种库中,例如,支持数学运算的 math 库、random 库、decimal 库,处理日期和时间的 datetime 库、time 库,处理文字的 re 库,描述数据对象的 array 库、queue 库,与操作系统相关的 sys 库、os 库,支持网络应用的 socket 库等。

非内置函数在使用前要先导入其所在模块,Python 语言中使用 import 语句来导入模块:

```
import <模块名>
```

其中,模块名可以有多个,多个模块名之间用逗号分隔。该语句通常放在程序的开始部分。模块导入后,可以在程序中使用模块中定义的函数或常量。语句格式如下:

```
<模块名>.<函数>(<参数>)
<模块名>.<常量>
```

【例 1-2-26】math 库的使用示例 1。

```
>>> import math        # 导入 math 库
>>> math.pi        # 查看圆周率 π 常数，调用时需要将 math 模块名作为前缀
    3.141592653589793
>>> math.pow(math.pi,2)        # math.pow(x,y)函数表示求 x 的 y 次方
    9.869604401089358
>>> # 计算边长为 8.3 和 10.58，两边夹角为 37°的三角形的面积
>>> 8.3 * 10.58 * math.sin(37.0/180 * math.pi)/2
    26.423892221536985
```

还可以通过 import 语句明确导入模块中的函数，导入多个函数时，函数名之间用逗号分隔：

```
from <模块名> import <函数名 1>, <函数名 2>,…
```

使用这种方法导入指定的函数，调用时函数名前不需要加模块名作为前缀，语句格式如下：

```
<函数>(<参数>)
```

也可以使用星号（*）导入模块中的所有函数或其他对象：

```
from <模块名> import *
```

调用函数时，同样在函数名前不需要加模块名作为前缀，但要注意所导入模块中的函数名与现有系统中的函数名不能产生冲突。

【例 1-2-27】math 库的使用示例 2。

```
>>> from math import sqrt        # 只导入 math 库中的 sqrt()函数
>>> sqrt(16)        # 调用 sqrt()函数时，无须 math 模块名作为前缀
    4.0
>>> from math import *        # 导入 math 库中所有的函数及其他对象
>>> sqrt(16)
    4.0
```

4. 自定义函数

除了使用系统函数，用户还可以定义自己需要的函数，这种函数称为用户自定义函数。

1）函数的定义

函数的定义包括函数名称、形参及函数体，定义函数的语句格式如下：

```
def 函数名(形参列表):
    函数体
```

【例 1-2-28】定义一个函数来实现数学函数 $f(a,b)=\sqrt{a^2+b^2}$。

```
>>> # 函数的定义
>>> from math import sqrt
>>> def f(a, b):
...     return sqrt(a ** 2 + b ** 2)
>>> # 函数的调用
>>> result = f(3, 4)
>>> print(result)
```

函数的简单定义与调用

f(a,b)函数的定义中包括函数头和函数体。

(1)函数头。函数头从关键字 def 开始,接着是函数名 f,函数名后的一对圆括号是函数的标志符,括号中定义参数,多个参数间以逗号分隔。函数定义处的参数称为形式参数,简称形参。f()函数有两个形参 a 和 b。函数头的最后有一个冒号。

(2)函数体。函数体是实现函数功能的程序语句块,可以写多行代码。return 语句指明函数的返回值。注意,Python 语言的函数可以没有返回值(return 后面什么都不写),也可以返回多个值(return 后面写多个值,用逗号隔开)。

因为【例 1-2-28】很简单,只用一句话就能实现:函数返回值等于 a 的平方加 b 的平方再开方。注意,函数体的代码有缩进,和其他行的书写样式不一样,这是 Python 语言的缩进规则。本节后续会给出解释。

函数分为有返回值的函数和无返回值的函数。有返回值的函数需要通过 return 语句返回一个值,无返回值的函数中可以有一个没有返回值的 return 语句,也可以没有 return 语句。执行到 return 语句,意味着函数执行的终止。同样,没有 return 语句的函数,当函数体执行到结尾时,也会终止该函数的执行。

2)函数的调用

函数定义后,未经调用,函数是不会执行的。需要执行函数时,使用函数调用语句。在函数调用时,要求传递对应的值给形参,传递的这个值称为实际参数,简称实参。函数的参数是可选的,也就是说,函数可以不包含参数,例如 random. random()函数就不包含参数。

根据函数是否有返回值,函数的调用也是不同的。如果函数有返回值,函数调用时需要安排接收返回值。

【例 1-2-29】 f()函数的调用(在【例 1-2-28】的基础上继续操作)。

```
>>> # 可以是赋值语句,将返回值赋值给一个变量
>>> z = f(2,6)
>>> z
    6.324555320336759
>>> # 可以是表达式语句,将返回值作为表达式的一个数值,继续参加运算
>>> z = f(3,4) * 10
>>> z
    50.0
>>> # 可以作为函数调用的实参
>>> z = f(f(3,4),10)
>>> z
    11.180339887498949
```

无返回值的函数的调用形式是函数语句。函数语句就是一个函数调用,从函数名开始,紧接一对圆括号,圆括号中是实参列表。print()函数的调用是一个典型的无返回值的函数调用,执行一个输出操作。例如,“print("a=10")”语句,这里 print()函数没有返回值,而是直接输出字符串。

Python 语言传参的实质是传递对象的引用,对于可变对象和不可变对象会有区别,这一点将在第 5 章中介绍。

3)函数的执行过程

当程序调用一个函数时,程序的控制权就会转移到被调用的函数,当执行到函数结尾或执

行到一个 return 语句时，函数将程序的控制权归还给函数调用处。

【例 1-2-28】的执行过程如下：

(1)执行主程序的第一句 result = f(3,4)，常量 3 和 4 作为实参；

(2)f()函数开始执行，把常量 3 赋给形参 a，把常量 4 赋给形参 b，然后执行函数体；

(3)函数体计算出返回值 5.0 并返回；

(4)返回 5.0 到 f()函数的调用位置，相当于执行赋值 result= 5.0；

(5)继续执行主程序第二句，即 print 语句，用 result 的值作为参数值来调用内置的 print() 函数，输出 5.0，print()函数没有返回值。

在 Python 语言中，所有的函数定义语句在执行时都被 Python 解释器读入内存中，函数定义的书写顺序和函数的执行顺序是无关的。也就是说，多个函数定义的顺序是可前可后的。

4)代码缩进

Python 程序要求顶格书写，顶格书写的语句是第一层代码，称为主程序代码，程序的执行从主程序的第一条语句开始。

所谓代码缩进，就是一行代码不顶格写，而在行首空若干格再写。缩进可以有很多层，比如，Python 程序中可以第一层缩进 4 格，第二层缩进 8 格，第三层缩进 12 格，以此类推。

缩进是为了让代码层次更加鲜明地呈现出来。例如，在【例 1-2-28】中函数定义的代码，函数体的部分是“隶属于”函数定义的 def 语句的，是它的组成部分，所以缩进一层来表示这个从属关系；后面的函数调用则不是，所以最后两行不缩进，和 def 语句齐平，代表是同一层级的代码。在 1.3 节介绍的控制语句中，也需要使用缩进的层次来决定语句的分组。

在 Python 程序中，缩进是强制的，如果函数体没有正确缩进，解释器会因为找不到必需的部分而报错。

可以使用单个制表符、2 个空格或 4 个空格表示一个缩进层次，可以选择 3 种缩进风格之一，但不要混合使用制表符和空格来缩进，因为在跨越不同的平台时，程序会无法正常工作。

目前主流的程序编辑器都提供自动缩进、自动排版的功能。在编写程序代码时，在需要缩进的语句块前的行末按回车键，会自动确定缩进的位置。

小练习

1. 查看数据类型的内置函数是(　　)。

A. type()　　B. print()　　C. id()　　D. ord()

2. 可以计算一个列表中元素个数的内置函数是(　　)。

A. sum()　　B. len()

C. length()　　D. count()

3. 要在程序中合法使用语句“y = sqrt(123)”，需要先执行的语句是(　　)。

A. import math　　B. import math from sqrt

C. import sqrt from math　　D. from math import sqrt

4. 在 Python 语言中定义函数的关键字是(　　)。

A. def　　B. return　　C. if　　D. function

5. 函数要返回一个数据到调用处，使用(　　)语句。

A. 函数名=　　B. goto　　C. return　　D. 赋值

6. 以下关于 return 语句的说法中，(　　)是错误的。

A. 一个函数中必须包含一个 return 语句

B. return 语句可以返回多个函数计算的结果给函数被调用处的多个变量

C. 一个函数中可能有多个 return 语句

D. return 语句返回的多个值以 tuple 类型保存

7. 以下关于 Python 程序与缩进的说法中,(　　)是正确的。

A. 缩进统一为 4 个空格

B. 缩进是非强制性的,仅仅是为了提高代码的可读性

C. 缩进在程序中长度统一且强制使用

D. 缩进可以用在任何语句之后,表示语句间的包含关系

8. 在 IDLE Shell 窗口中定义下面的函数,并测试函数执行的正确性。

(1)定义 isValid(score)函数,功能为判断 score 是不是[0,100]区间上的一个数,返回布尔值。

(2)定义 getArea(length,width)函数,计算长为 length、宽为 width 的矩形的面积。

1.3　程序的控制结构

1.3.1　结构化流程控制概述

一个好的程序不但能正确地解决问题,还应该执行效率高、结构清晰、易于理解、易于维护。机器语言的程序由指令构成,在机器指令的层面上有两种流程控制方式:一种最基本的流程控制方式是顺序执行,一条指令执行完毕后执行下一条指令,其实现的基础是 CPU 指令计数器;另一种流程控制方式是分支指令,分支指令可以实现控制转移,程序转到某个特定位置继续执行。这两种流程控制方式的组合可以实现复杂的流程。

早期的高级语言也延续使用这两种流程控制方式,并使用 goto 语句实现控制转移,但这导致程序的流程经常是一团乱麻,难以控制。随着人们对程序设计技术研究的不断深入,人们认识到随意的流程控制方式会给程序开发带来麻烦。荷兰计算机科学家 E. W. 迪杰斯特拉在 1965 年提出“goto 有害论”。1966 年,伯姆(Böhm)和贾科皮尼(Jacopini)提出包含 goto 语句的程序可以不使用 goto 语句,而只使用顺序语句、选择语句和循环语句实现。这些思想奠定了结构化程序设计的基础。人们逐渐意识到,程序设计是一门科学,只有建立良好的程序设计方法,才能编写出良好的程序。

结构化流程控制以顺序结构、选择结构和循环结构这三种基本控制结构作为一个良好算法的基本单元,可以实现任何复杂的功能。简单的程序直接使用三种基本控制结构组合而成,复杂的程序可以通过三种基本控制结构的嵌套来完成。三种基本控制结构的共同特点如下:

(1)只有一个入口;

(2)只有一个出口;

(3)结构内的每一部分都有机会被执行到;

(4)结构内应避免出现“死循环”(无终止的循环)。

流程图是算法的图形表示法,采用标准的图形符号来描述程序的执行步骤。流程图所使用的符号遵循国家标准《信息处理　数据流程图、程序流程图、系统流程图、程序网络图和系统资源图的文件编制符号及约定(GB/T 1526—1989)》。常用的流程图符号如表 1-3-1 所示。

表 1-3-1　常用的流程图符号

符号	名称	解释
	起止框	表示一个算法的开始和结束
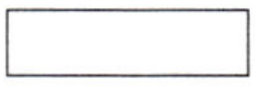	处理框	表示要处理的内容，该框有一个入口和一个出口
	输入/输出框	表示数据的输入或结果的输出
	判断框	表示条件判断的情况。满足条件，执行一条路径；不满足条件，执行另外一条路径
○	连接符	用于连接因画不下而断开的流程线
↓　→	流程线	指出流程控制方向，即动作的次序

三种基本控制结构的流程图如图 1-3-1 所示。其中矩形框表示语句，菱形框表示判断条件，箭头表示程序执行的方向。流程图中每一个矩形框表示算法的一个步骤。一个步骤可以是一条简单的语句，也可以是由一组语句构成的语句块，包括控制结构语句。

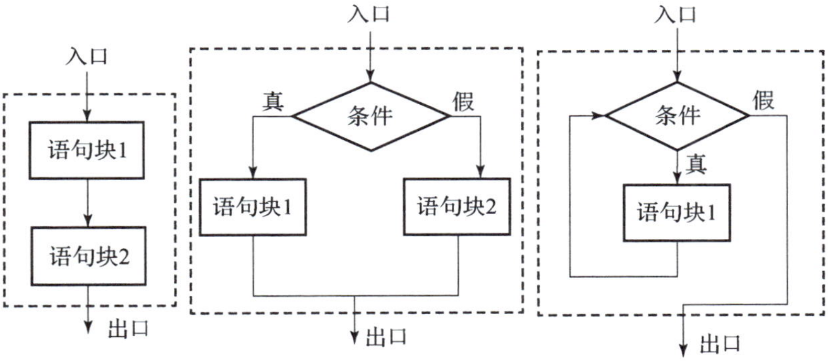

(a) 顺序结构　(b) 选择结构　(c) 循环结构

图 1-3-1　三种基本控制结构的流程图

代码块

基本控制结构

小练习

1. 程序的三种基本控制结构不包括(　　)。

A. 顺序结构　B. 选择结构　C. 循环结构　D. 递归结构

2. 以下不是流程图的基本符号的是(　　)。

A. 系统框　B. 输入/输出框　C. 处理框　D. 判断框

1.3.2　顺序结构

顺序结构是最简单、最直观的控制结构。任何一个程序的结构都可以看作一个顺序结构，程序中的语句按照它们出现的先后顺序逐条执行，一条语句执行结束后，自动执行下一条语句。

【例 1-3-1】已知一个圆的半径，求其内接正五边形的面积。

这是一个典型的用数学公式求解的问题。已知圆的半径 r，可以通过公式求其内接正五边形的边长 a；已知正五边形的边长 a，可以再通过公式求正五边形的面积 S。计算公式如下。

计算内接正五边形的边长：$a=2r\sin\frac{\pi}{5}$

计算内接正五边形的面积：$S=\dfrac{5a^2}{4\tan\frac{\pi}{5}}$

程序实现的算法流程图如图 1-3-2 所示。

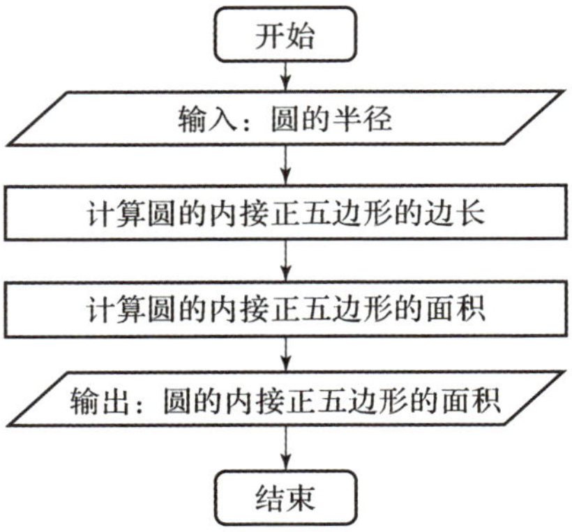

图 1-3-2 【例 1-3-1】的算法流程图

程序实现代码如下：

```
import math
r = float(input("请输入圆半径:"))
a = 2 * r * math.sin(math.pi/5)
S = (5 * a * a)/(4 * math.tan(math.pi/5))
print("内接正五边形的面积:{:.2f}".format(S))
```

运行结果如下：

```
请输入圆半径:5.5
内接正五边形的面积:71.92
```

简单的顺序结构程序一般包括输入/输出语句、赋值语句、函数调用语句。由于每一种基本控制结构都只有一个入口和一个出口，因此顺序结构的每一步还可以是一组语句或是由复杂控制结构的组合或嵌套而成的。如图 1-3-3 所示，右边流程图中的第二步是将左边流程图中的一个顺序结构看作一个整体，由一组语句组合而成。基于这样的思想，任何一个程序都可以看作一个顺序结构，结构化程序的执行也正是遵循顺序结构的原则从第一条语句执行到最后一条语句。

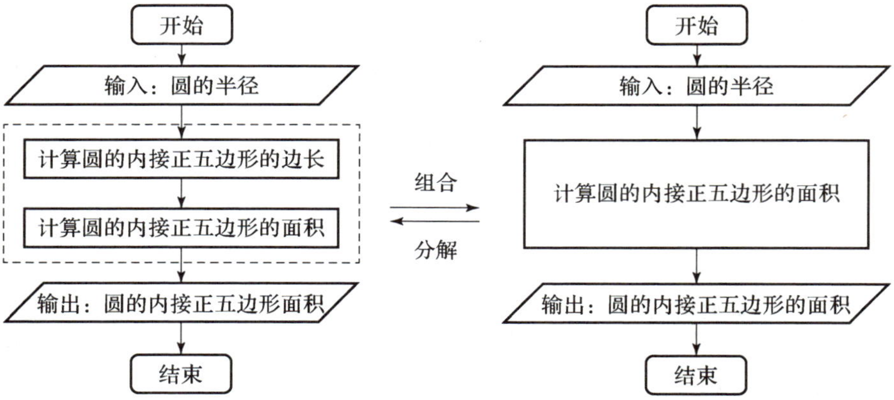

图 1-3-3 顺序结构的组合与分解

小练习

求圆的内接正 n 边形的面积公式为 $S=\dfrac{na^2}{4\tan\frac{\pi}{n}}$，其中 a 为正多边形的边长，n 为边的数目。为实现上述功能，应该如何修改【例 1-3-1】中的代码呢？

1.3.3 选择结构

选择结构又称分支结构，是指程序的执行中出现了分支，需要根据某一特定的条件选择其中的一个分支执行。如果一个程序只能按顺序逐条执行指令，则其实现的功能有限。因此，程序需要根据输入的不同，选择执行不同的指令，给出相应的结果，这样的程序才有价值。所有的程序设计语言都会提供逻辑判断和分支执行的功能。

常见的选择结构有单分支、双分支和多分支三种形式。Python 语言使用 if 语句实现选择结构，分别为 if 语句、if…else 语句和 if…elif…else 语句。

1. 双分支结构

用 Python 语言的 if 语句实现双分支结构，其语句格式如下：

```
if <条件表达式>:
    <语句块 1>
else:
    <语句块 2>
```

计算条件表达式的值，如果条件表达式的值为 True，则执行语句块 1，否则执行语句块 2。语句块 1 和语句块 2 向里缩进，表示与上一行语句有隶属关系。

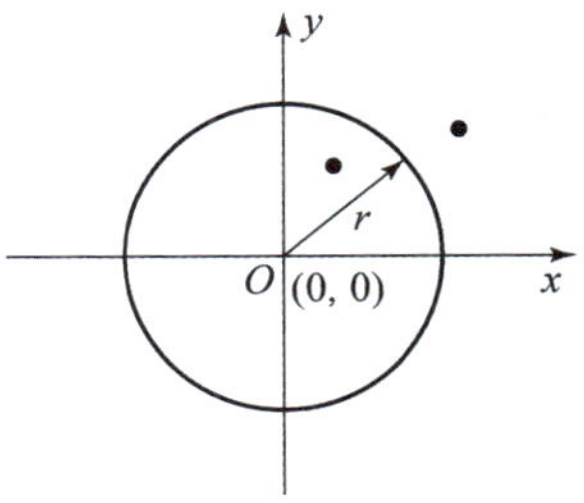

图 1-3-4 点和圆的位置

【例 1-3-2】 如图 1-3-4 所示，判断一个点在圆内还是圆外。

问题分析：在平面直角坐标系中，求一个点到圆心的距离，如果点到圆心的距离小于或等于圆的半径，则该点在圆内，否则该点在圆外。

输入：圆的半径 r，点的坐标(x,y)。

处理：计算点到圆心的距离 d，公式如下，假定圆心坐标为$(0,0)$。

$$d=\sqrt{x^2+y^2}$$

输出：将点到圆心的距离 d 与半径 r 进行比较，输出结论。

程序实现的算法流程图如图 1-3-5 所示。

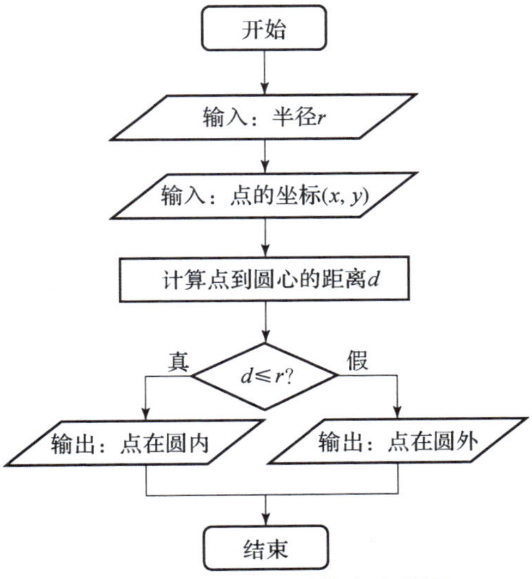

图 1-3-5 【例 1-3-2】算法流程图

由图 1-3-5 所示的算法流程图可知,根据计算得到的点到圆心的距离 d,与圆的半径 r 比较,有两个结果,因为不同的分支对应的输出结果不一样,所以使用双分支结构进行处理。

程序实现代码如下:	运行结果如下:

#判断一个点在圆内还是圆外
from math import sqrt
r = float(input("请输入圆半径:"))
print("请输入点的坐标:")
x = float(input("x:"))
y = float(input("y:"))
d = sqrt(x * x + y * y)
if d<=r:
    print("点在圆内")
else:
    print("点在圆外")
	请输入圆半径:5
	请输入点的坐标:
	x:3
	y:4
	点在圆内

在该选择结构中,根据条件表达式的计算结果是 True 还是 False,决定选择哪一条分支语句继续执行。

此外,Python 语言还提供选择表达式语句来实现简单的 if 双分支结构,其语句格式如下:

```
<表达式 1> if <条件> else <表达式 2>
```

执行流程为:如果条件为真,则语句取表达式 1 的值;如果条件为假,则语句取表达式 2 的值。

例如,如果变量 x 大于或等于 0,则变量 y 的值为 1,否则 y 的值为-1 ,可以表示如下:

```
y = 1 if x>=0 else -1
```

【例 1-3-3】使用选择表达式语句判断一个点在圆内还是圆外。

程序实现代码如下:

```
from math import sqrt
r = float (input("请输入圆半径:"))
print("请输入点的坐标:")
x = float(input("x:"))
y = float(input("y:"))
d = sqrt(x * x + y * y)
print("点在圆内" if d<=r else "点在圆外")
```

2. 单分支结构

单分支结构的语句格式如下:

```
if <条件表达式>:
    <语句块>
```

当条件表达式的值为 True 时,执行语句块,即只有在满足条件的情况下才执行语句块。

【例 1-3-4】求一个整数的绝对值。当这个整数小于零时,取它的相反数。其他情况都不需要处理。

程序实现代码如下：

```
x = int(input("x = "))
if x<0:
    x = - x
print("x 的绝对值是",x)
```

3. 多分支结构

多分支结构的语句格式如下：

```
if <条件表达式 1>:
    <语句块 1>
elif <条件表达式 2>:
    <语句块 2>
elif <条件表达式 3>:
    <语句块 3>
…
else:
    <语句块 n+1>
```

与双分支结构不同的是，多分支结构增加了若干个 elif 语句，elif 是 else if 的缩写形式。当前一个条件表达式为 False 时，进入 elif 语句，继续计算 elif 语句的条件表达式，如果此条件表达式为 True，则执行 elif 后的语句块。最后一条是 else 语句，当前面所有的条件表达式都不成立时，执行 else 后的语句块。注意，else 语句没有条件表达式。

【例 1-3-5】 用多分支结构实现下面的符号函数，根据任意一个实数 x 的取值，决定 y 的值是−1、0 还是 1：

$$y=\begin{cases}-1, & x<0,\\ 0, & x=0,\\ 1, & x>0\end{cases}$$

程序实现代码如下：

```
x = float(input("x =  "))
if x<0:
    y = - 1
elif x == 0:
    y = 0
else:
    y = 1
print("y = ",y)
```

4. 条件表达式

逻辑判断是指最终给出一个逻辑真值或逻辑假值的判断，大致分类如下：

(1) bool 类型的变量或值，取值为 True 或 False；

(2) 关系操作符的运算结果，如 a <= 6，a + b == c；

(3)返回布尔值的函数,如 isinstance()函数;

(4)通过逻辑运算符将多个条件组合起来,如(a > 1) and (a <= 6),isinstance(x, int) or isinstance(x, float)。

这些统称条件表达式,因为其结果最终都是一个逻辑真值或者逻辑假值,所以根据其真假值,if…else 语句执行相应的分支。

【例 1-3-6】 定义一个 type_0()函数,判断变量 x 的类型。

```
>>> def type_0(x):
        if isinstance(x, bool):
            return 'bool'
        elif isinstance(x, int):
            return 'int'
        elif isinstance(x, float):
            return 'float'
        elif isinstance(x, str):
            return 'str'
        else:
            return 'unknown'

>>> type_0(42)
    'int'
>>> type_0('abracadabra')
    'str'
>>> type_0([1, 2, 3])
    'unknown'
```

说明:【例 1-3-6】实现一个用户自定义的 type_0()函数,该函数和官方 type()函数的功能相似,即返回一个变量或者值的数据类型,当然该函数的功能还不全面,比如还不能识别列表类型。type_0()函数的 if 语句的条件表达式中调用了 isinstance()函数,该函数的返回值是一个布尔值。

上面列出了几类逻辑表达式,它们都可以放在 if 后面做逻辑判断,但可以放在 if 后面的远不止这些,Python 语言中的几乎任何值都能转换为布尔值(True 或 False)。因为 Python 语言提供了一组规则来判断一个值"相当于"逻辑真值还是逻辑假值,比如:

(1)数字 0"相当于"假,而其他数字都"相当于"真;

(2)空字符串"相当于"假,非空的字符串"相当于"真;

(3)空列表"相当于"假,非空的列表"相当于"真。

其他很多情形也类似,一般来说,0、空值都"相当于"假,其他"相当于"真。如果搞不清楚某个东西"相当于"真还是假,可以借助内置函数 bool(),这个函数可以把任何类型的数据对象转换为布尔值。

【例 1-3-7】 万物皆为布尔值。

```
>>> bool(42)      # 非零整数
    True
```

```
>>> bool(0)      #整数 0
    False
>>> bool('')      #空字符串
    False
>>> bool([])      #空列表
    False
>>> bool([1,2])      #非空列表
    True
>>> bool('0')      # 这是一个非空字符串,不要和 bool(0) 搞混
    True
```

小练习

1. 判断以下说法是否正确。

(1)跟在 if 和 elif 后的表达式,布尔值必须为 True,才会执行其下的代码。 (   )

(2)一个 if 语句的 if、elif 和 else 子句中,只能有一个子句的代码被执行。 (   )

(3)同一层级的多个 if 语句,若第一个 if 语句执行,则后面的 if 语句不再执行。 (   )

2. Python 程序通过(   )来判断操作是否在分支结构中。

A. 引号　　B. 缩进

C. 大括号　　D. 冒号

3. 在 Python 程序中适合实现多分支结构的语句是(   )。

A. try　　B. if…elif…else

C. if　　D. if…else

4. 判断并求一个数的绝对值,用(   )实现最简单。

A. 多分支结构　　B. 双分支结构

C. 单分支结构　　D. 循环结构

5. 分析下面的程序,如果输入的 score 为 80,则输出的 grade 是(   )。

```
if score>90:
    grade = 'A'
elif score > 80:
    grade = 'B'
elif score >70:
    grade = 'C'
else:
    grade = 'D'
```

A. A　　B. B　　C. C　　D. D

6. 修改【例 1-3-2】的代码,完成以下功能:如果点正好在圆的边线上($d==r$),则显示“点在圆上”。

1.3.4 循环结构

循环结构也是一种常见的控制结构,它代表一种常见的模式:批处理。在现实生活中也经

常面对批处理这种模式：

(1)乘坐地铁，到目的地要坐 10 站，就是把“乘坐一站地铁”循环 10 遍；

(2)要洗一大串葡萄，就是把“洗一颗葡萄”循环 N 遍；

(3)要学完一本书，就是不断循环“学习下一章”直到“本书没有更多章”。

程序也是如此，计算机特别擅长的就是重复劳动，不知疲倦而且始终如一。程序经常一次处理一组数据，对其中的每个数据做一些操作，然后处理下一个数据……直到这组数据都处理完，这就是循环的基本概念。

循环结构是指程序中满足某一条件时要重复执行某些语句，直到条件为假才终止的结构。循环结构的关键是：满足什么条件时执行循环，重复执行哪些步骤。

Python 语言提供了两种循环语句：while 语句和 for 语句，其中 for 语句是迭代循环语句。

1. while 语句

while 语句的格式如下：

```
while <条件表达式> :
    <语句块>
```

当条件表达式为真时，执行缩进格式中的语句块，然后再次计算条件表达式的值，若其值为 True，则继续执行语句块，若其值为 False，则退出循环结构。

【例 1-3-8】 用 while 语句实现计数。

程序实现代码如下：

```python
count = 0
while count < 5:
    print(count)
    count += 1
print('Loop ends.')
```

运行结果如下：

```
0
1
2
3
4
Loop ends.
```

说明：变量 count 的初值为 0，然后开始一个 while 循环，循环条件是一个条件表达式 count<5，只要这个条件成立就会反复执行它下面缩进的代码段，每执行完一次都会重新检查一下循环条件，如果循环条件不成立(条件表达式的值为 False)，则循环不会继续，直接跳出循环结构，执行后续代码。

在【例 1-3-8】中，循环结构先输出变量 count 的值，然后对 count 执行加 1 的操作，这样循环多次之后，count 的值达到 5，使得循环条件 count<5 不再成立，于是循环结束，跳出循环结构，输出“Loop ends.”。

2. for 语句

for 语句的格式如下：

```
for <循环控制变量> in <可迭代对象> :
    <语句块>
```

迭代(iteration)是访问一组数据集的一种方式。从数据集的第一个元素开始访问，重复执行相同的操作，一次执行结束后返回下一个元素，直到所有的元素被访问完。支持迭代的对象统称为可迭代对象(iterable object),Python 语言的组合数据类型都是可迭代对象,如 list、tuple、dict、set、str 等类型。

for 循环就是依次访问这个可迭代对象的第一个元素到最后一个元素,并赋值给循环变量,又称遍历。

【例 1-3-9】将 str 类型对象 s 中的字符以一列的形式显示。

程序实现代码如下:	运行结果如下:
s = "Python" for c in s: print(c)	P y t h o n

说明:每循环一次,变量 c 依次取字符串 s 中的一个字符,并执行一次 print(c)语句,print()函数执行后会自动换行,因此输出一列字符。

Python 语言提供一个内置函数 range(),可以构造整数等差数列,该函数经常和 for 循环一起使用。range()函数的定义如下:

```
range(stop)
range(start, stop[, step])
```

range()函数有两个版本:第一个版本接收一个参数;第二个版本接收三个参数,其中最后一个参数的默认值为 1。

(1)第一个版本中,唯一的参数 stop 是 range()函数要构造数列的上限,range(stop)函数返回从 0 到 stop−1 的整数序列。

(2)第二个版本中,前两个参数分别是 range()函数要构造数列的下限和上限,range(start, stop)函数返回从 start 到 stop−1 的整数序列;第三个参数 step 用于设置等差数列的公差,range(start,stop,step)函数输出[start,start+step,start+step * 2,…]这样一列整数,最大不超过 stop−1。

【例 1-3-10】range()函数使用示例。

```
>>> list(range(6))
    [0, 1, 2, 3, 4, 5]
>>> list(range(2, 10))        # 输出到 stop-1 结束,不包含 10
    [2, 3, 4, 5, 6, 7, 8, 9]
>>> list(range(2, 10, 1))     # step 的默认值是 1,所以这条语句和上一条语句完全等价
    [2, 3, 4, 5, 6, 7, 8, 9]
>>> list(range(2, 10, 3))     # 指定 step 为 3
    [2, 5, 8]
```

注意:range()函数外面套了一个 list()函数,作用是将 range()函数的输出结果转换为一个列表,这样方便显示结果。

【例 1-3-11】使用 for 语句求 1~100 的整数的累加和。

程序实现代码如下：

```
total = 0
for i in range(1,101):
    total = total + i
print("1～100 的累加和为：", total)
```

说明:total 是一个累加变量,初值为 0。range()函数生成一个 1～100 的整数序列,循环控制变量 i 顺序地每次从整数序列取一个整数,累加到 total,完成 1～100 的整数的累加求和。

3. break 和 continue 语句

在循环过程中,可使用 break 和 continue 语句控制循环的执行。

当 break 语句在循环结构中执行时,它会忽视后面的代码块,立即跳出其所在的最内层的循环结构,转而执行该层循环结构后面的语句。

与 break 语句不同,当 continue 语句在循环结构中执行时,并不会退出循环结构,而是立即结束本次循环,重新开始下一轮循环,也就是说,跳过循环结构中在 continue 语句之后的所有语句,继续下一轮循环。

【例 1-3-12】使用 break 语句控制循环。

程序实现代码如下：	运行结果如下：

`n = 1`
`while n < 10:`
`    n = n + 1`
`    if n % 2 != 0:`
`        break`
`    print(n)`
	2

说明:if 语句的作用是,如果变量 n 是奇数,则执行 break 语句,退出循环。n 的初值为 1,当 n 小于 10 时,进入循环结构,n 增 1 为 2,条件 n%2!=0 用于判断 n 是不是奇数,n 为 2 不符合条件,执行 print 语句输出 2,继续循环。第 2 次循环,n 增 1 为 3,符合 if 语句的条件,执行 break 语句,结束循环。

【例 1-3-13】使用 continue 语句控制循环。

程序实现代码如下：	运行结果如下：

`n = 1`
`while n < 10:`
`    n = n + 1`
`    if n % 2 != 0:`
`        continue`
`    print(n)`
	2
	4
	6
	8
	10

说明:if 语句的作用是,如果变量 n 是奇数,则执行 continue 语句,继续下一次循环,不执行 print 语句。当 n 为偶数时,执行 print 语句,输出 n。

【例 1-3-14】while True 的循环模式示例。

```
from random import randrange
while True:
    n = randrange(-2, 5)    # randrange()函数返回一个给定范围的随机整数
    if n < 0:
        break
    elif n % 2 == 0:
        print(n, 'is even')
    else:
        print(n, 'is odd')
```

说明：首先导入 random 模块中的 randrange()函数，然后在循环结构中调用这个函数生成一个−2～4 范围内的随机整数并赋给变量 n。这里 while 的循环条件固定是真值，所以循环体会一直执行，但当遇到 break 语句时循环就会终止。在循环结构中，如果 randrange()函数生成的整数是负数，就执行 break 语句，终止循环，否则判断 n 是奇数还是偶数，并执行相应的 print 语句。

4. 循环结构中使用 else 语句

Python 语言提供了 for…else 语句和 while…else 语句，它们的执行与普通的 for 语句和 while 语句没有区别，else 分支中的语句会在循环正常执行完的情况下执行。也就是说，如果循环结构中有 break 语句，则循环的执行是通过 break 语句结束的，程序开始执行下一条语句，不会进入 else 分支；若循环的执行是通过循环条件判断正常结束的，则进入 else 分支，执行 else 的语句块。

【例 1-3-15】输入并计算 5 个正整数的和。

```
s = 0
for i in range(5):
    x = int(input("输入一个正整数:"))
    if x<0 :
        print("{}不是正整数",format(x))
        break
    else:
        s = s + x
else:
    print("5 个正整数的和为:{}",format(s))
```

说明：通过 for…else 语句实现了只有正确地输入 5 个正整数，才能输出累加和的功能。如果输入过程中输入了负数，则执行 break 语句，跳出整个 for 语句，else 分支属于 for 语句的一部分，执行 break 语句后跳出循环，不会进入 else 分支，就不会执行 print 语句，程序结束。当 for 语句中的循环正常执行结束时，进入 else 分支，执行 print 语句输出结果，程序结束。

从【例 1-3-15】可以看出，在循环正常结束和通过 break 语句结束后，如果要有不同的处理，可以使用 else 语句实现。

小练习

1. 判断以下说法是否正确。

(1)for 循环中包含变量赋值,循环结束后,变量不会被删除。 (　　)

(2)如果仅仅需要控制循环次数,那么使用 for i in range(20)和 for i in range(20, 40)的作用是等价的。 (　　)

(3)for 循环中,else 分支只在遍历对象中的所有项被访问后才会执行。 (　　)

2. 循环结构可以使用 Python 语言的(　　)语句实现。

A. print　　B. while　　C. loop　　D. if

3. 下面语句块执行结束后,i 的值为(　　)。

```
for i in range(1,6):
    print(i)
```

A. 5　　B. 6　　C. 1　　D. 不确定

4. 表达式 len(range(1,10))的值为(　　)。

A. 1　　B. 10　　C. 9　　D. 11

5. continue 语句用于(　　)。

A. 退出循环程序　　B. 结束本轮循环

C. 空操作　　D. 根据 if 语句的判断进行选择

6. 在循环语句中,(　　)语句的作用是结束当前所在的循环。

A. while　　B. for

C. break　　D. continue

7. 执行下面语句块后,变量 sum 和 i 的值分别为(　　)。

```
sum = 0,i = 1
while i <= 5 :
    sum += i
    i = i + 1
```

A. sum = 15,i = 4　　B. sum = 15,i= 5

C. sum = 15,i = 6　　D. sum = 15,i= 1

8. 执行下面语句块后,变量 sum 和 i 的值分别为(　　)。

```
sum = 0,i = 1
while i < 5 :
    sum += i
    i = i+2
```

A. sum = 4,i = 4　　B. sum = 4,i = 5

C. sum = 9,i = 5　　D. sum = 9,i = 4

9. 执行下面语句块后,变量 sum 和 i 的值分别为(　　)。

```
sum = 0
for i in range(1,5) :
    sum += i
```

A. sum = 15,i = 5

B. sum = 10,i = 4

C. sum = 10,i = 5

D. sum = 15,i = 4

10. 修改【例 1-3-11】的程序,分别实现以下功能:

(1)求 2+4+6+8+…+100 的结果;

(2)求(−1)+(−2)+(−3)+…+(−100)的结果;

(3)求 m~n 范围内所有整数之和($m<n$)。

11. 若不使用 break 语句,仍然在 while 后写条件,则如何修改【例 1-3-14】的程序?

1.3.5 异常处理

在运行程序的过程中,时常会出现非预期的情况,导致屏幕上出现一些专业化的错误信息,显示错误名称和错误原因,以及发生错误的代码行,甚至是错误发生时调用的堆栈跟踪情况,接着正在运行的程序就此终止运行。这就是非常典型的错误或异常情况,而且这种错误或异常已经被系统中的一种错误监测处理机制(异常处理机制)捕捉,并得到处理——输出相关的出错信息,导致程序被终止运行(程序崩溃)。

写程序时没有报错,运行程序时出现异常状况,这些运行程序时出现的异常状况叫作运行时错误(runtime error)或者运行时异常(runtime exception)。

如今程序设计语言一般都提供标准的异常控制方案来处理这类异常。使用异常控制方案的最主要的目的就是避免程序崩溃。

对于程序设计者来说,发生异常时所看到的这些专业化的错误信息是非常有用的,它可以帮助程序设计者快速定位错误的出处,并改正错误。但对于程序的最终用户来说,这些信息无法看懂,并且毫无意义,最直观的感受就是程序运行到中途突然崩溃,用户数据丢失,不知该如何处理,这是极为糟糕的用户体验。因此,一个好的程序设计者通常要用一种特殊的手段,在程序中设法捕捉可能发生的错误和异常,并用通俗的、直接面对应用功能的、最终用户能够理解的语言,非常亲切友好地告知用户发生了什么情况,同时给出对异常的相应处理,防止程序崩溃,提高程序的健壮性。甚至可以提供多种处理方案让用户选择,让用户自己决定应该如何处理。这就是异常处理的主要目的之一。

Python 语言提供的异常处理机制可以用下面的模板来说明:

```
try:
    # 把有可能出现异常的代码放在 try 后面
    # 当出现异常时解释器会捕获异常
    # 并根据异常的类型执行后面对应的代码块
    do_something_nasty()
except ValueError:
    # 如果发生 ValueError 类型的异常,则执行这个代码块
    pass
except (TypeError, ZeroDivisionError):
    # 可以一次指定几个不同类型的异常一起处理
    # 如果出现 TypeError 或者 ZeroDivisionError 类型的异常,则执行这个代码块
    pass
```

异常处理

```
except:
    # 上面没有专门处理的所有异常类型会在这里处理
    pass
else:
    # 当且仅当 try 代码块里无异常发生时,这个代码块才会被执行
    pass
finally:
    # 无论发生了什么,这个代码块都会被执行
    # 通常这里是清理性的代码,如在 try 中打开一个文件时进行处理
    # 无论过程中有没有异常出现,最后都应该关闭文件释放资源
    # 这样的操作就适合在这里执行
```

关键字 pass 的意思是“什么也不做”,当 Python 语法需要出现语句,但是暂时什么都不需要做的时候,就可以使用 pass 语句。

以 try 语句开始的异常处理结构可以包含所有这些模块,虽然并不是必须都有,但至少应该有一个 except 分支或者 finally 分支。

Python 语言有很多内置的运行时错误类型可以直接使用。

(1)TypeError:当一个操作或者函数收到的参数类型不对,或者一个类型的对象不支持某个被请求的操作时,抛出这个异常。

(2)ValueError:当一个操作或者函数收到的参数类型对但是值不合法时,抛出这个异常。

(3)ZeroDivisionError:出现 0 作除数的情况时,抛出这个异常。

下面看几个 Python 官方指引中的例子并稍作解释。

【例 1-3-16】输入一个整数的异常处理。

程序实现代码如下:

```
while True:
    try:
        x = int(input('Please enter a number: '))
        break
    except ValueError:
        print('Not a valid number. Try again...')
print('Your number is:', x)
```

运行结果如下:

```
Please enter a number: 123g
Not a valid number. Try again...
Please enter a number: 12.345
Not a valid number. Try again...
Please enter a number: 42
Your number is: 42
```

说明:使用 while True 循环模式,循环结构中 input()函数用于获取用户输入,然后把输入的字符串用 int()函数转换为一个整数;如果用户没有输入一个整数,那么 int()函数就会抛出一个 ValueError 类型的异常,并执行 except ValueError 后面的代码块,输出一个提示,然

后继续执行下一次循环，再次提示用户输入；如果 try 代码段里第一句执行成功（用户输入的内容转换为整数并赋值给变量 x），就执行 break 语句，终止循环，接着执行最后的 print 语句，输出结果。

在【例 1-3-16】中，异常处理确保用户的输入可以转换为整数并赋值给变量 x，否则就会不断重复执行输入操作。经过这样的处理，在这段代码之后，x 是一个合法的整数值；同时不管用户怎样输入也不会对程序构成“致命”影响。异常处理的意义就在于能预计到可能出现的问题，并做合理的操作。

【例 1-3-17】除数为 0 的异常处理。

程序实现代码如下：

```
def this_fails():
    a,b = 10,0
    x = a/b

try:
    this_fails()
except ZeroDivisionError as err:
    print('Handling runtime error:', err)
```

运行结果如下：

```
Handling runtime error: division by zero
```

说明:【例 1-3-17】展示了用 except ZeroDivisionError as err 语句取得一个 err 对象，它是系统定义的 Exception 类或者其子类的对象，里面存放着发生异常时的具体上下文信息，可以打印出来也可以做其他处理。

Python 语言还支持从 Exception 类派生出用户自定义的异常类，并使用 raise 关键字在出现某种情况时抛出定义的异常，并在调用端捕获异常并处理。

【例 1-3-18】接收用户输入的年龄，输出用户出生年份，当输入的年龄是负数时，做异常处理。

```
import datetime
class BadAgeException(Exception):
    '''一个用户自定义异常类.'''
    def __init__(self,age):
        Exception.__init__(self)
        self.age = age
    def showMessageyourAge(self):
        print(f'你来自未来世界吗? 连年龄{self.age}都是负数 ! \
请仔细考虑一下,重新输入!')

while True:
    try:
        yourAge = int(input('输入你的年龄 --> '))
```

```
        if yourAge <0:
            raise BadAgeException(yourAge) # 抛出自定义异常类的匿名实例
    except BadAgeException as x: # 给抛出的自定义匿名实例设置一个变量名
        x.showMessageyourAge()
    else:
        print(f'你的年龄是{yourAge}岁,你生于{datetime.date.today().year - yourAge}年')
        break
    finally:
        print('加油! ')
```

运行结果如下:

```
输入你的年龄 --> -10
你来自未来世界吗? 连年龄 -10 都是负数 !请仔细考虑一下,重新输入!
加油!
输入你的年龄 --> 25
你的年龄是 25 岁,你生于 1999 年
加油!
```

说明:【例 1-3-18】中涉及类的定义,在第 7 章将详细介绍,这里只需了解自定义异常类的使用即可。程序中预先定义了一个异常类 BadAgeException,用于在发生错误时被实例化并抛出。它是系统内置异常类 Exception 的子类,并在该类中定义了一个实例变量 self. age,存储输入的 yourAge 变量的值,showMessageyourAge()方法用来显示错误信息(输入的数字小于 0)。

try 子句中判断年龄,如果年龄小于 0,就用 raise 语句抛出一个刚建立的 BadAgeException 类的匿名实例,并传递年龄值给实例变量。在 except 子句中捕捉该异常类,同时用 as x 给抛出的匿名实例设置一个变量名,然后就可以用该实例的变量名引用自定义异常类中的 showMessageyourAge()方法。

程序中用到了 datetime 模块,datetime. date. today(). year 语句的结果是:先利用 datetime 模块中 date 对象的 today()方法得到系统当前日期对象,再通过该对象的 year 属性得到系统当前日期的年份。

建议读者自行学习 Python 官方的异常处理教程,了解更多关于异常处理的使用方法。

小练习

1. 判断下面的说法是否正确。

(1)编写函数时,一般建议先对参数进行合法性检查,然后再编写正常的功能代码。 (　　)

(2)try 语句的 finally 子句,无论什么情况都会执行,因此用于定义必须在所有情况下都执行的清理操作。 (　　)

(3)异常处理结构不是万能的,处理异常的代码也有引发异常的可能。 (　　)

(4)程序中的异常处理结构在大多数情况下是没必要的。 (　　)

2. Python 语言中所有异常类的基类是(　　)。

A. Exception　　B. Error　　C. Test　　D. Exam

3. 如果没有自定义异常，则代码运行报告的错误都是内置异常，在下列错误中，(　　)不是内置异常。

A. NameError 名称未定义　　B. SyntaxError 语法错误

C. PrintError 打印错误　　D. TypeError 类型错误

1.4 程序练习题

1. 程序改错题

(1)程序功能：按照下面的分段函数，输入整数 x，输出对应的 y 值。对于超出范围的整数 x，输出"ERROR"。

$$y=\begin{cases}2x^3+4x^2+3, & -10\leqslant x<0,\\ x+14, & 0\leqslant x<6,\\ 6x, & 6\leqslant x\leqslant 10\end{cases}$$

运行结果如下：

```
输入:12   输出:ERROR
输入: 6   输出:36
输入:-1   输出:5
输入: 5   输出:19
```

下面的程序有三处错误，请找出并修改，使程序能够正常运行。

程序实现代码如下：

```
x = input()
if x > 10 or x < -10:
    print("ERROR")
else:
    if x < 0:
        y = 2 * x * x * x + 4 * x * x + 3
    elif x < 6:
        y = x + 14
    else x <= 10:
        y = 6 * x
print(y)
```

(2)程序功能：从键盘获取用户输入的整数 n，求 $n!$。

运行结果如下：

```
5
120
```

下面的程序存在三处错误，请找出并修改，使程序能够正确运行。

程序实现代码如下：

```
n = int(input())
term = 0
```

```
for i in range(1,n):
    term = term * i
    print(term)
```

2. 程序设计题

(1)两数相乘。

程序功能:求任意两个整数的乘积并输出,且满足以下要求。

①用变量 a 和 b 表示乘法运算的两个操作数,写出乘法的表达式。

②变量 a 和 b 的值由用户输入,必须输入两个整数。

③输出计算结果,输出格式如 3 * 5=15。

(2)计算球体的表面积和体积。

程序功能:从键盘上输入球的半径,计算并输出球的表面积和体积(小数点后保留两位数字)。要求输入/输出时给出适当的用户提示,π 使用 math 模块的常量 pi 表示。

提示:球体的表面积的计算公式为 $S=4\pi R^2$;球体的体积的计算公式为 $V=(4/3)\pi R^3$。

(3)求三角形面积。

程序功能:输入三个浮点数 a、b、c,判断能否以它们为边长构成三角形。若能,则输出"YES"和三角形的面积,否则输出"NO"。

(4)求奇数的平方根及偶数的立方根。

程序功能:输入一个整数,若该数为奇数,则输出其平方根,否则输出其立方根。要求分别用单分支结构、双分支结构及条件运算实现,小数点后保留两位数字。

(5)分段函数。

程序功能:输入一个浮点数 x,完成以下分段函数的计算并输出结果。

$$y=\begin{cases} x+3, & x<0, \\ -2x^2+5, & 0\leqslant x<3, \\ 6-\dfrac{x}{3}, & x\geqslant 3 \end{cases}$$

(6)重要的事情说 n 遍。

程序功能:输入 n,输出"重要的事情说 n 遍"及 n 行字符串"Hello Python World!"。

运行结果示例如下:

```
n = 3
重要的事情说 3 遍
Hello Python World!
Hello Python World!
Hello Python World!
```

(7)累加算法。

原程序功能:计算 6+66+666+…+6666666666。

请对程序作适当修改,使程序能够计算 $a+aa+aaa+\cdots+\underbrace{aaa\cdots a}_{N个}$ 的值,a 和 N 由键盘输入。

原程序实现代码如下:

```
d = 0
sum = 0
for i in range(10):
    d = d * 10 + 6
    sum = sum + d
print('和为:',sum)
```

(8)求 2 的 n 次方。

程序功能:n 由用户输入,计算并输出 2 的 n 次方,且满足以下要求。

①输入一个整数 n,若输入错误则报异常处理,直至输入一个整数。

②计算 2 的 n 次方。

③输入/输出格式如运行结果示例所示。

提示:使用 while True 循环模式和 try 语句完成输入。

运行结果示例如下:

运行示例一:

```
n:q
请输入一个整数!
n:2.5
请输入一个整数!
n:5
2 的 5 次方是 32。
```

运行示例二:

```
n:0
2 的 0 次方是 1。
```

(9)求矩形面积。

程序功能:输入矩形的长和宽,计算并输出矩形的面积,且满足以下要求。

①定义一个函数 getArea(length,width),计算长为 length、宽为 width 的矩形的面积。

②输入两个浮点数,表示矩形的长和宽。

③调用 getArea()函数计算矩形的面积并输出,小数点后保留两位数字。

运行结果如下:

```
length = 13.6
width = 7.398
矩形面积为:100.61
```

(10)两个数的商。

程序功能:输入两个实数 x、y,输出 x 除以 y 的商,且满足以下要求。

①编写函数 divid(x,y),返回 x/y 的值,若除数为 0 则抛出异常,函数返回值为 0。

②在主程序中输入两个实数,调用 divid()函数计算两个数的商。

③输入/输出格式如运行结果示例所示。

运行结果示例如下:

运行示例一：

```
x = 25.19
y = 0
Handling run time error: float division by zero
x/y =  0
```

运行示例二：

```
x = 74.55
y = 0.25
x/y =  298.2
```

本章范例与参考答案

第 2 章

计算机的问题求解过程

本章概要

本章以计算思维为核心，讲述什么是问题求解，如何进行问题求解，什么是计算思维，程序解决问题的过程是怎样的，如何通过 IPO(input-process-output，输入-处理-输出)方法开启一个程序算法的设计。最后讲解求解平方根的方法，希望读者能够由此体会到计算与数据的美妙之处。

学习目标

完成本章的学习后，读者应达到如下目标：

(1)了解问题求解的过程；

(2)了解计算思维；

(3)掌握编写程序的基本方法。

2.1 问 题 求 解

2.1.1 问题求解的步骤

问题求解是计算机科学的一个核心内容，与算法密切相关。波利亚(Polya)在他所著的 *How to Solve It*(见图 2-1-1)这本书里讲到：每个算法都有设计、证明和应用的一个过程，而学习算法其实也对这三个方面有着不同的侧重。

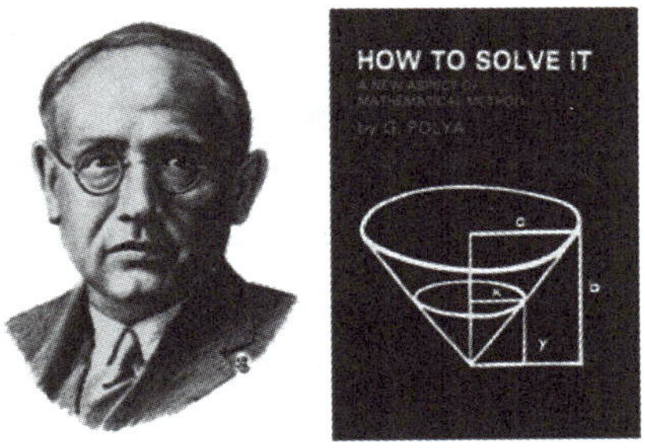

图 2-1-1　波利亚及其著作 *How to Solve It*

从问题求解的角度看，波利亚认为当遇到一个问题时，一般采取下面几个步骤求解：

①理解这个问题；

②针对这个问题，设计一个解决方法；

③执行这个解决方法；

④评估这个解决方法的准确性，以及这个方法是否能够被当作一个普适方法推广。

波利亚解决问题的思路给程序设计带来非常大的启示，如今算法的设计也是按照类似的步骤完成的：首先，要理解与算法相关的问题；其次，要设计一个算法步骤来解决这个问题；再次，要形成自己的算法，并运用一种具体的语言来写出这个算法程序；最后，评估这个程序的准确性如何，以及这个程序是否可以用来解决其他问题。简单来说，就是问题理解、算法设计、数学模型构建和应用这几个步骤。

2.1.2　什么是计算思维?

计算思维(computational thinking)又称构造思维，是指从具体的算法设计规范入手，通过算法过程的构造与实施来解决给定问题的一种思维方法。它以设计和构造为特征，以计算机学科为代表。

那么，什么不是计算思维呢？计算机文化课程中的“遇到问题上百度”，算不上是计算思维；计算机专业课程中的“了解操作系统的功能与结构”，也不应该算是计算思维。计算思维关注的是怎样能让计算机帮助人们解题。

从计算机的视角来看，人们把一个要解决的问题构造成一个模型(也称算法)，用计算机理解的语言(通常要通过编译)编程(描述该模型)，再让计算机执行程序，最终得出结果，这个过程就是计算思维的过程，这有点像平面几何中的“已知—求—解”。人类的认知规律是从实践到理论，从现象到本质，即从问题出发，通过解决问题总结出规律，再用总结出的规律解决新的问题。

实际上，即使一些人从事的不是计算机专业的工作，对他们来说计算思维也非常重要。有了计算思维，就会知道如何将一个问题抽象，变为计算机可“理解”的计算模型，这个计算模型能够收敛并在有限的时空内得出结果。有了计算思维，就会了解如何把一个大的问题分解成一个个小问题，再把一个小问题分解成一个个更小的问题，直到不再需要分解，这就是自顶向下的结构化设计方法。有了结构化设计思想，就会简化问题，从而“分而治之，各个击破”。有了计算思维，就会明白正确性和可行性的关系与区别，就会明白解决问题的方案不仅要在理论上正确，还要在实际中可行。

计算思维的本质是抽象(abstract)和自动化(automation)。计算思维反映了计算的根本问题，即什么能被有效地自动执行。计算是抽象的自动执行，自动化需要某种计算机去解释抽象。从操作层面上讲，计算就是如何寻找一台计算机去求解问题，其含义是要确定合适的抽象，选择合适的计算机去解释执行该抽象，后者就是自动化。

常见的计算思维方法包括以下几种。

(1)分而治之：把数据、过程或问题分解成更小的、易于管理或解决的部分。

分而治之的思想将复杂的问题拆解成小问题，把复杂的物体拆解成较容易处理和理解的小物件，通过解决小问题而解决复杂的问题，使问题变得更加简单。

(2)模式识别：观察问题的模式、趋势和规律。

任何事物之间都有相似性，模式识别可以寻找到事物之间的共同特点，利用这些相同的规律解决问题。当把复杂的问题分解成小问题时，经常会在小问题中找到模式，同一模式在小问题中有相似点。

(3)抽象：识别模式形成背后的一般原理。

抽象化能力是将重要的信息提炼出来，去除次要信息的能力。掌握了抽象化能力，就可以将一个解决方案应用于其他事物中，确定解决方案的总体思路。从学科的角度看，抽象主要包括问题抽象、数据抽象和系统抽象。

(4)算法设计：为解决某一类问题撰写一系列的详细步骤。

算法设计就是设计出解决问题的步骤的过程，无论是谁，按照所设计的步骤顺序操作，就能完成相关任务。

运用计算思维进行问题求解的步骤总结如下：

(1)把实际问题抽象为数学问题并建模，将人们对问题的理解用数学语言描述出来；

(2)进行映射，把数学模型中的变量和规则等用特定的符号代替，用符号一一对应数学模型中的变量和规则等；

(3)通过程序设计给出解决问题的逻辑分析过程，把过程变成计算机指令，也就是写成算法；

(4)计算机根据算法一步步完成相应指令，求出结果。

总之，计算思维是把现实问题变成计算机可计算的模型并产生结果的思维过程，是与计算实践密切相关的。从认识论的角度来说，实践是人类对客观世界的认识和理论的来源，计算思维也不例外。建立这样一个与计算实践密切相关的思想方法，必然离不开计算实践，而程序设计实践就是现代计算技术中规模最大、最普及的计算实践。

思考题

1. 问题求解分为哪几个步骤？
2. 什么是计算思维？
3. 典型的计算思维方法有哪些？分别是什么？

2.2 程序的基本设计方法

想使用计算机解决问题，却无从下手，这是每个初学者都会遇到的问题。本节将告诉初学者，设计程序的基本步骤是什么，计算机解决问题的基本过程是什么。

程序的基本设计方法

2.2.1 IPO 程序设计方法

使用计算机执行一个计算过程，包括以下三个基本步骤。

1 将数据输入计算机(input)
2 计算机处理数据(process)
3 计算机输出数据(output)

图 2-2-1 给出了个人所得税的计算过程。从输入设备(键盘)输入“月薪”数据，存储在内存中；CPU 逐条取内存中“计算所得税”的指令和“月薪”数据，执行指令后，将计算结果“所得税”数据存放在内存；最后将结果输出到输出设备(显示器)上。

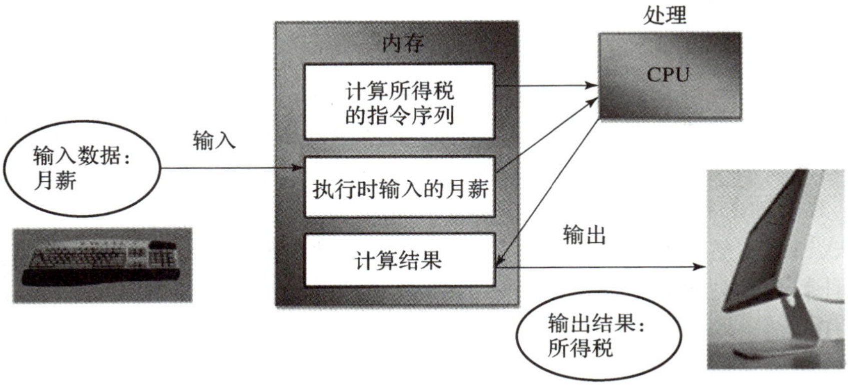

图 2-2-1　个人所得税的计算过程

在设计一个程序时,可以从三个基本步骤入手:数据的输入,数据的处理,数据的输出。无论面对的问题是简单问题还是复杂问题,都可以从这三个基本步骤出发,开始程序设计。这种基本的程序设计方法称为 IPO 方法。例如,一个计算个人所得税程序的设计,用 IPO 方法描述如下。

```
1 输入:月薪 salary
2 计算个人所得税:通过个人所得税税率表计算
3 输出:所得税 tax
```

IPO 描述的作用是厘清问题的功能需求,明确问题的输入、输出,以及从输入到输出要实现的功能。

输入通常是一个程序的开始。程序所需的数据有很多种输入方式,可以从文件中获得输入、从网络中获得输入、从程序的控制台获得输入、从交互界面获得输入,甚至可以在程序中给出一些全局的内部参数作为输入。

程序经过一定的计算之后,将程序的结果输出,可以输出到控制台,输出为图形界面,输出为文件,通过网络输出,或者输出给操作系统的内部变量,这些都是程序的输出方式。输出是程序展示运算结果的方式。只有输入,没有输出的程序是没有意义的。

处理就是将输入的数据进行计算,产生输出结果的过程,这种通用的处理方法统称为算法。算法是程序最重要的部分,它描述了程序处理逻辑的步骤。

使用 IPO 方法开始思考,就迈出了程序设计之旅的第一步。

2.2.2　程序设计的一般过程

计算机的所有操作都是按照人们预先设计好的程序进行的。因此,若要运用计算机帮助人们解决问题,必须把具体问题转化为计算机可以执行的程序。在问题提出之后,从分析问题、设计算法、编写程序,直到调试运行的整个过程,称为程序设计的一般过程,如图 2-2-2 所示。在程序设计的一般过程中,设计算法、编写程序和调试运行是一个不断重复的过程。

2.2.1 节已经给出了个人所得税计算问题的 IPO 描述,下面通过该问题来讲解程序设计的一般过程。首先,从分析问题开始,确定问题的输入是什么,要求的输出是什么,如何处理;其次,使用自然语言写出解决问题的算法;再次,使用 Python 语言,编写程序;最后,测试程序运行是否正确,并修改发现的错误。

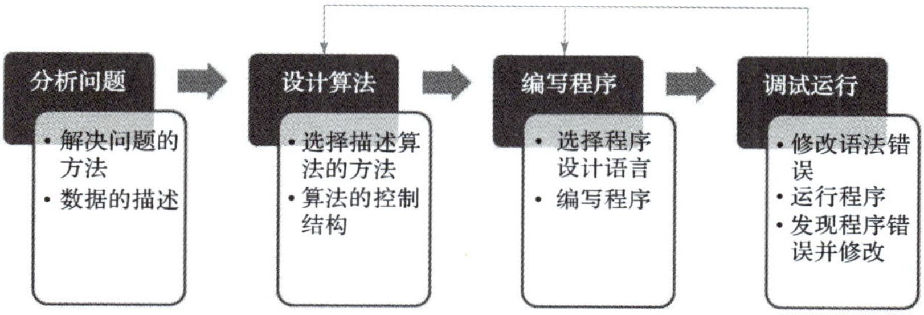

图 2-2-2　程序设计的一般过程

1. 分析问题

分析问题的核心任务是明确问题的计算部分，计算机只能解决计算问题，即解决一个问题的计算部分。

对问题的不同理解会产生不同的计算需求。例如，获取一个人的体重指数(BMI)，可以有不同的形式。简单的方式是先通过体重与身高测量仪器测量其身高和体重，编程解决 BMI 的计算问题。高级的形式是一个人站在一台人工智能计算机面前，立即显示他的 BMI。该问题的计算部分就是计算机通过传感器获取一个人的体型，利用人工智能来求解他的 BMI。

根据具体的问题，分析问题的计算部分。运用 IPO 方法描述：问题是什么？解决问题的基本方法是什么？输入数据是什么？输出数据是什么？

问题：计算个人所得税。

解决方法：

应纳个人所得税税额＝应纳税所得额×适用税率－速算扣除数

个人所得税的税率根据 2018 年调整后的个税法，按应纳税所得额分为 7 级超额累进。个人所得税的税率和各级速算扣除数如表 2-2-1 所示，个税起征点为 5 000 元。应纳税所得额是每个月的收入(去除单位缴纳的养老金、社保个人缴纳金、住房公积金等费用)减掉 5 000 元之后的余额。

表 2-2-1　个人所得税的税率和各级速算扣除数(综合所得适用)

级数	应纳税所得额(含税)	税率/%	速算扣除数/元
1	不超过 3 000 元的部分	3	0
2	超过 3 000 元至 12 000 元的部分	10	210
3	超过 12 000 元至 25 000 元的部分	20	1 410
4	超过 25 000 元至 35 000 元的部分	25	2 660
5	超过 35 000 元至 55 000 元的部分	30	4 410
6	超过 55 000 元至 80 000 元的部分	35	7 160
7	超过 80 000 元的部分	45	15 160

例如，某人应纳税所得额为 13 500 元，需要缴纳的个人所得税：(13 500－5 000)×10%－210＝640(元)。

输入：应纳税所得额。

输出：应纳个人所得税税额。

2. 设计算法

算法是一组明确地解决问题的步骤，可以在有限的时间内结束运行，得到结果。

一个问题的算法需要考虑三个基本步骤：输入、计算、输出。本例是一个典型的 IPO 问题，分三步，顺序执行每一个步骤。每一个算法无论简单还是复杂，都是一个顺序结构的算法，体现了程序从上至下、逐条执行的特点。

计算个人所得税的算法步骤还需要进一步细分：首先，计算应纳税所得额；其次，根据应纳税所得额确定税率和速算扣除数；最后，计算应纳个人所得税税额。

算法可以用多种方法描述，包括自然语言、伪代码或流程图。下面给出求个人所得税的问题的自然语言算法。

```
1 输入月收入 income
2 计算应纳税所得额 tIncome
3 如果 tIncome 不大于 3 000:个税税率 tax = 3 % ,速算扣除数为 0
  否则,如果 tIncome 不大于 12 000:个税税率 tax = 10 % ,速算扣除数为 210
  否则,如果 tIncome 不大于 25 000:个税税率 tax = 20 % ,速算扣除数为 1 410
  否则,如果 tIncome 不大于 35 000:个税税率 tax = 25 % ,速算扣除数为 2 660
  否则,如果 tIncome 不大于 55 000:个税税率 tax = 30 % ,速算扣除数为 4 410
  否则,如果 tIncome 不大于 80 000:个税税率 tax = 35 % ,速算扣除数为 7 160
  否则(tIncome 大于 80 000):个税税率 tax = 45 % ,速算扣除数为 15 160
4 计算应纳个人所得税税额
5 输出应纳个人所得税税额
```

3. 编写程序

确定了解决问题的算法后，就可以选择一门程序设计语言，对照算法，编写程序。使用 Python 语言编写计算个人所得税的源程序如下，可以对照算法逐条阅读理解。

```
income = float(input("请输入你的月薪(扣金后):"))
tIncome = income - 5000
if tIncome< = 3000 :
    rate,deduction = 0.03,0
elif tIncome< = 12000:
    rate,deduction = 0.1,210
elif tIncome< = 25000:
    rate,deduction = 0.2,1410
elif tIncome< = 35000:
    rate,deduction = 0.25,2660
elif tIncome< = 55000:
    rate,deduction = 0.3,4410
elif tIncome< = 80000:
    rate,deduction = 0.35,7160
else:
    rate,deduction = 0.45,15160
tax = tIncome * rate - deduction
print("你的个人所得税是:",tax)
```

说明：input 语句是 Python 语言的输入语句，可以输入一个字符串，float()函数将输入的字符串转化为浮点数。if 语句是一个选择语句，根据所求的应纳税所得额，得到不同的个税税率和速算扣除数。print 语句是输出语句，将结果显示在屏幕上。

4. 调试运行

使用程序设计语言编写的程序，应符合所用程序设计语言的语法，如果程序中出现语法错误，编译器或解释器将报错并给出错误提示，而不能执行程序。Python IDLE 提供了菜单命令 Check Module，用于检查程序的语法错误。

消除了语法错误的程序就可以运行了。执行 Python IDLE 的 Run Module 菜单命令可以运行程序。可以运行的程序还可能存在逻辑错误和运行错误，输入数据后，不能得到正确的输出。

程序测试是用设计好的测试数据找出可运行的程序中可能存在的错误。测试用例是指预先设计好的输入和正确的输出。例如，为计算个人所得税程序提供的测试用例如表 2-2-2 所示，每一个级别都对应一个测试用例。

表 2-2-2 为计算个人所得税程序提供的测试用例

序号	输入：月收入（扣金后）/元	输出：税额/元	测试数据级别：应纳税所得额
1	7 500	75	不超过 3 000 元
2	13 500	640	3 000 元至 12 000 元
3	18 000	1 190	12 000 元至 25 000 元
4	38 660	5 755	25 000 元至 35 000 元
5	45 000	7 590	35 000 元至 55 000 元
6	67 850	14 837.5	55 000 元至 80 000 元
7	98 500	26 915	超过 80 000 元

按照测试用例，运行程序，运行结果如图 2-2-3 所示。

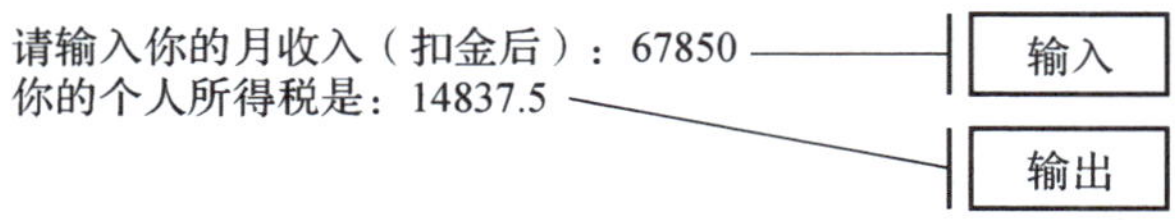

图 2-2-3 计算个人所得税程序的运行结果

如果运行程序时，程序的输出与测试用例的预设结果不符，或程序运行时发生系统错误，就需要启动程序调试。程序调试用来在发生逻辑错误或运行错误时，确定产生错误的位置。程序调试可以通过追踪分析程序执行过程中变量值的变化，发现产生错误的位置，一些程序开发工具还提供了专门的程序调试工具，帮助开发者确定错误位置。

思考题

1. IPO 方法中的三个步骤是不是缺一不可？如果不是，哪个步骤可以没有？哪个步骤必须有？

2. 程序设计第一步的分析问题结束后,可以得到的成果是什么?
3. 你知道哪些算法的描述方法? 试用一种方法改写本节的算法。
4. 如何区分语法错误、逻辑错误和运行错误?

2.3 问题求解的 Python 实例

公元前 5 世纪,古希腊毕达哥拉斯(Pythagoras)学派的希勃索斯(Hippasus)发现了一个惊人的事实:边长为 1 的正方形的对角线长度不是有理数。无理数的存在说明数轴上存在不能用有理数表示的“空隙”,这和毕达哥拉斯学派的“万物皆为数(有理数)”的哲理大相径庭。根据勾股定理(在西方叫作毕达哥拉斯定理),边长为 1 的正方形的对角线长度为$\sqrt{2}$,也就是说,希勃索斯是第一个发现$\sqrt{2}$是无理数的人。

$\sqrt{2}$的计算看似简单,大部分程序设计语言中都有一个类似 sqrt()的函数,但实际上如果让用户自己计算$\sqrt{2}$的值的话,是不太容易的,如果还要设计一个高效的算法,那就更难了。下面介绍几种求解平方根问题的典型方法。

2.3.1 解平方根算法一:循环迭代,逐步逼近

求解平方根问题的 IPO 描述如下:

```
输入:一个任意实数 c
处理:求 c 的算术平方根g
输出:c 的算术平方根g
```

【例 2-3-1】使用逼近法求解平方根。

根据以往所学的知识,能想到的是采用趋近方法求解,先选取一个接近$\sqrt{c}$的整数,然后根据所需要的精度一步一步地逼近真实的$\sqrt{c}$。通用的算法步骤如下:

```
1 输入一个任意实数 c
2 从 0 到 c 的区域里选取一个整数g,满足 g²<c 且(g+1)²>c 的条件
3 如果 g² - c 足够接近 0, g 即为所求算术平方根,g = c^(1/2)
  否则,g 以步长 h 增加: g = g + h,其中,h 为设定精度下的步长(如 0.000 1),即每次对 g 做出的调整值
4 重复步骤 3 直到满足条件,此时输出 g,并终止计算
5 输出 c 的算术平方根g
```

这个算法所得到的计算结果的精度,也就是最终输出的平方根值 g 接近于真实值的程度,取决于给定的值 0.000 1。在该算法中,当$|g^2-c|\leqslant 0.0001$时,所得到的估计值可以作为 c 的算术平方根。算法第 3 步中的步长是指每次改变 g 值的跨度,以使得结果渐渐接近精确解。这个步长决定了解的精确度,步长越小,精确度越高。但是,如果步长太小,会使得 g 达到可接受范围的速度变慢;如果步长过大,有可能找不到范围内的精确解。

Python 程序的运行结果如图 2-3-1 所示。

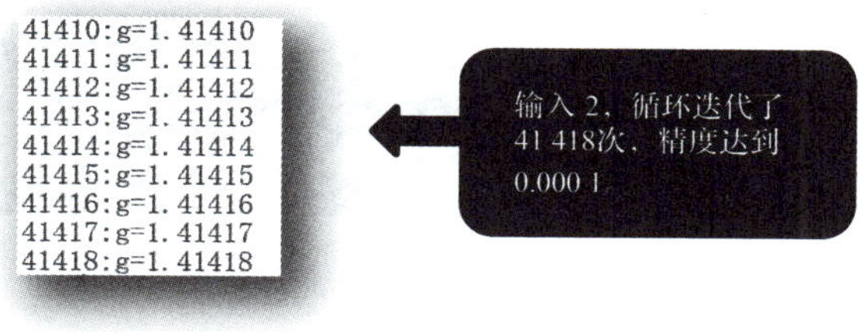

图 2-3-1　用逼近法计算$\sqrt{c}$的运行结果

程序实现代码如下：

```
c = float(input("c = "))
i = 0
g = 0
#寻找第一个 j,满足 j*j 大于 c
for j in range(0,int(c) + 1):
    if (j * j > c ):
        break
g = j - 1
#循环迭代 g,每次递增 0.0001,当 g 的平方足够接近 c 时,循环停止
while (abs(g * g - c) > 0.0001):
    g += 0.0001
    i += 1
    print("{}:g = {:.5f}".format(i,g))
```

如果用 Python 语言编程，并且设定精度是 0.000 1，这个算法的循环迭代次数是 41 418 次，效率实在太低了。

2.3.2　解平方根算法二：二分查找，折半返回

【例 2-3-2】 使用二分查找法求解平方根。

二分查找是计算机科学中一个常用的算法思路，其基本思想是，每次将求解值域的区间减少一半，因此可以快速缩小查找范围。在一个有序的集合中，实际上不需要逐个查找，而是每次查看整个集合中间的数是不是要找的数，如果不是，则只在其中一半的集合中重复这个步骤，目标集合有序是其中的关键因素。

假设 c 的平方根为 x，令 $f(x)=x^2-c$，求 c 的平方根 x 就是求该式为 0 的解。

用二分查找法求解$\sqrt{c}$ 的算法如下：

```
1 输入一个任意实数 c
2 令 min = 0,max = c
3 令 g = (min + max)/2
4 如果 g² - c 足够接近于 0, g 即为所求算术平方根,g = c^(1/2)
  否则,如果 g < c, min = g, 否则,max = g
5 重复步骤 3,直到满足条件,输出 g,终止程序
6 输出 c 的算术平方根 g
```

Python 程序的运行结果如图 2-3-2 所示。

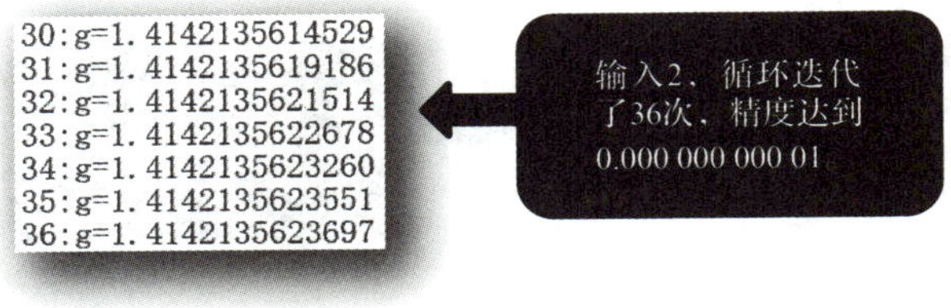

图 2-3-2　二分查找法计算$\sqrt{c}$的运行结果

程序实现代码如下：

```
c = float(input("c = "))
i = 0
m_max = c
m_min = 0
g = (m_min + m_max)/2
while abs(g * g - c) > 0.00000000001:
    if(g * g < c):
        m_min = g
    else:
        m_max = g
    g = (m_min + m_max)/2
    i += 1
    print("{}:g = {:.13f}".format(i,g))
```

如果用 Python 语言编程，并且设定精度是 0.000 000 000 01，这个算法的循环迭代次数是 36 次，效率提高了很多。同样一个问题，不同的求解方法，效率是不一样的。

2.3.3　解平方根算法三：曲线切线，线性逼近

【例 2-3-3】使用线性逼近法求解平方根。

本例利用牛顿迭代法，线性逼近近似解。理解牛顿迭代法的关键在于理解切线是曲线的线性逼近。图 2-3-3 中，抛物线为 $f(x)=x^2$ 的图像，然后随便选一点作它的切线，直线便是 A 点处的切线，可以看出放大之后 A 点的切线和 $f(x)$ 非常接近，越放大图像，A 点的切线就越接近 $f(x)$。因为切线是一条直线(也就是线性的)，所以可以说，A 点的切线是 $f(x)$ 的线性逼近。与 A 点的距离越近，这种逼近效果越好，也就是说，切线与曲线之间的误差越小。所以，可以说在 A 点附近“切线≈$f(x)$”。

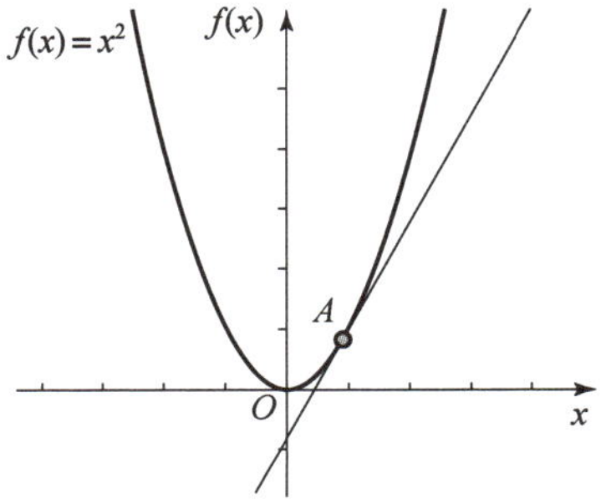

图 2-3-3　切线的示意图

牛顿迭代法又称牛顿-拉弗森方法，实际上是由牛顿、拉弗森各自独立提出来的。牛顿-拉弗森方法的思路就是利用切线是曲线的线性逼近这个思想。方法是：在一条曲线的 A 点（任意选取）作一条切线，切线的根（就是和 x 轴的交点）与曲线的根还有一定的距离。然后从这条切线的根出发，作一条垂线，和曲线相交于 B 点，继续重复刚才的工作，经过多次迭代后切线的根会越来越接近曲线的根，如图 2-3-4 所示。

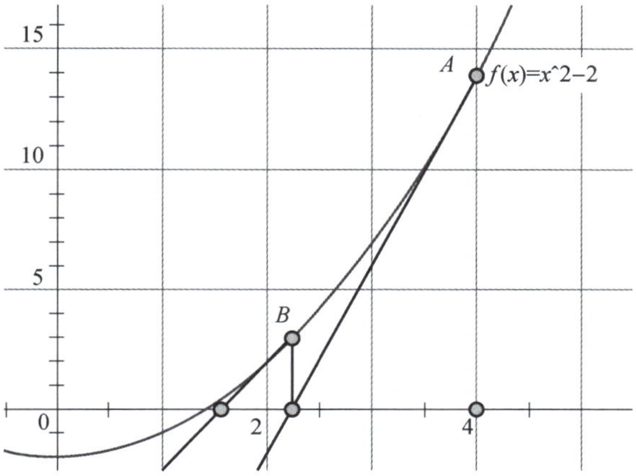

图 2-3-4　牛顿迭代法的示意图

用线性逼近法求解$\sqrt{c}$的算法如下：

1 输入一个任意实数 c

2 设 $g=c/2$

3 如果 g^2-c 足够接近 0，g 即为所求

　否则，$g=\left(g+\dfrac{c}{g}\right)/2$

4 重复步骤 3，直到条件满足，并终止计算

5 输出 c 的算术平方根 g

Python 程序的运行结果如图 2-3-5 所示。

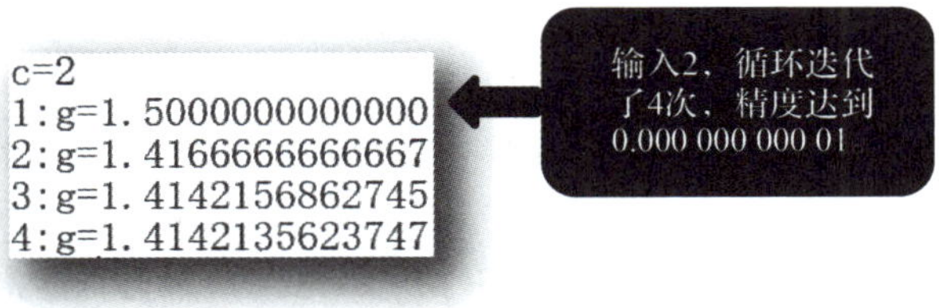

图 2-3-5　线性逼近法计算$\sqrt{2}$的运行结果

程序实现代码如下：

```
c = float(input("c = "))
i = 0
g = c/2
while abs(g * g - c) > 0.00000000001:
    g = (g + c/g)/2
```

```
    i += 1
    print("{}:g = {:.13f}".format(i,g))
```

通过程序运行结果可以发现，该算法仅循环 4 次，精度就可以达到 0.000 000 000 01。

对上面的三种算法进行如下总结：

(1)解决同一个问题可以设计出各种不同的算法，不同算法之间的执行效率差别很大；

(2)不是获得解就结束了，而是要进一步分析不同算法对程序执行效率的影响，然后选择最好的算法；

(3)“设计”就是算法研究中最重要的问题，针对一个问题，尽可能设计出高效的算法，而不单单是解决给定的一个问题；

(4)算法设计是计算思维的一个核心内容，也是计算的美好和魅力所在。

小练习

1. 用 while 循环实现用逼近法求解$\sqrt{2}$，一旦找到所要的平方根，g 就跳出循环。这样可以减少不必要的循环次数。

2. 在用线性逼近法求解$\sqrt{2}$ 的程序中，把 c 设为 2 或 2 000 等不同值，观察运行结果。

3. 在用线性逼近法求解$\sqrt{2}$ 的程序中，如果把初值 $g = c/2$ 改为 $g = c$ 或者 $g = c/4$，对结果有影响吗？

4. 给出 c 的三次方根的牛顿迭代式，并使用 Python 语言编写程序，假设 $c = 10$。

2.4 程序练习题

BMI(身体质量指数)是反映人体内脂肪总量的指标，等于体重(kg)除以身高(m)的平方。BMI 值常作为衡量人体胖瘦程度和健康的标准。人体胖瘦程度分为以下 4 个等级。

(1)轻体重：BMI<18.5。

(2)健康体重：18.5≤BMI<24.0。

(3)超重：24.0≤BMI<28.0。

(4)肥胖：BMI≥28.0。

该指标考虑了体重和身高两个因素，比单一按体重衡量人体胖瘦程度及是否健康更加客观准确。例如，一个人的身高为 1.75 m，体重为 70 kg，他的 BMI=70/(1.75 * 1.75)≈22.86。查阅 BMI 的指标分类表，当 BMI 指数为 18.5～24.0 时，属于“标准”。最理想的 BMI 值是 22。

下面讨论求解 BMI 问题的三个子任务：计算 BMI 值、判断人体胖瘦程度、打印 BMI 对照表，从 BMI 实例开始了解 IPO 程序编写方法，体验程序设计的一般过程。

1. 编写程序，根据体重和身高计算 BMI 值(顺序结构)

(1)分析问题。

该问题的 IPO 描述如下。

输入：身高 height 和体重 weight。
处理：计算 BMI = 体重(kg) ÷ 身高的平方(m^2)。
输出：体重指数 BMI。

(2)设计算法。

算法描述如下：

```
1 输入身高 height 和体重 weight
2 计算 BMI = weight / height²
3 输出 BMI
```

(3)编写程序。

按运行示例，编写 Python 程序。

运行示例一：

```
请输入你的身高(m):1.65
请输入你的体重(kg):52.5
你的 BMI 值为 19.28
```

运行示例二：

```
请输入你的身高(m):1.71
请输入你的体重(kg):78
你的 BMI 值为 26.67
```

(4) 调试运行。

请思考在哪些情况下程序运行会出错。以下提示可供读者参考。

①输入一些非数值型的数据，如字符串。

②输入一些特殊数据，如身高是 0。

③输入很大的数据，如 100 万、1 000 万、1 亿、10 亿等。

④不输入数据，直接按回车键。

现阶段似乎还不能解决部分输入问题和数据类型不符问题，但是随着学习的深入，就会掌握足够的知识去处理这些异常。

2. 编写程序，根据体重和身高判断人体胖瘦程度(选择结构)

(1)分析问题。

该问题的 IPO 描述如下。

输入：身高 height 和体重 weight。
处理：
　　STEP1：计算 BMI = weight/$height^2$；
　　STEP2：根据计算得到的 BMI 值判断人体胖瘦程度。
输出：体重指数 BMI、人体胖瘦程度。

(2)设计算法。

算法描述如下：

```
1 输入身高 height
2 输入体重 weight
3 计算 BMI = weight / height²
4 如果 BMI≥28.0,则 人体胖瘦程度 = 肥胖
  如果 BMI<18.5,则 人体胖瘦程度 = 轻体重
  如果 18.5≤BMI<24.0,则 人体胖瘦程度 = 健康体重
  如果 24.0≤BMI<28.0,则 人体胖瘦程度 = 超重
5 输出 BMI 指标等级
```

(3) 编写程序。

按运行示例,编写 Python 程序。

运行示例一:

```
请输入你的身高(m):1.65
请输入你的体重(kg):52.5
你的 BMI 值为 19.28,健康体重
```

运行示例二:

```
请输入你的身高(m):1.71
请输入你的体重(kg):78
你的 BMI 值为 26.67,超重
```

(4)调试运行。

当程序编写完成,并消除了语法错误后,程序可以运行,但并不代表程序是正确的,还要通过测试来检查程序的正确性,需要设计测试用例来检查程序的运行是否达到预期的设计目标。

本题中包含多分支语句,在对多分支语句的测试用例的设计中,测试用例至少包含所有的分支和节点值。本题中多分支的测试包含 4 个分支和 3 个节点值,测试用例设计如表 2-4-1 所示。前 4 个测试用例测试进入的分支是否正确,后三个测试用例测试节点值进入的分支是否正确。

表 2-4-1 测试用例设计

序号	测试目标	测试用例	BMI 值	指标
1	value < 18.5	身高:1.58 体重:44.9	17.83	轻体重
2	value < 24.0	身高:1.71 体重:62	21.20	健康体重
3	value < 28.0	身高:1.73 体重:75	25.06	超重
4	value >= 28.0	身高:1.61 体重:74.3	28.66	肥胖
5	value == 18.5	身高:1.75 体重:56.66	18.50	健康体重
6	value == 24.0	身高:1.65 体重:65.35	24.00	超重
7	value == 28.0	身高:1.64 体重:75.33	28.00	肥胖

3. 编写程序，打印如表 2-4-2 所示的 BMI 对照表（循环结构）

表 2-4-2 BMI 对照表

体重/kg		40	43	46	49	52	55	58	61	64	67	70	73	76	79	82	85	88	91	94	97	100
身高/m	1.45	19.0	20.5	21.9	23.3	24.7	26.2	27.6	29.0	30.4	31.9	33.3	34.7	36.1	37.6	39.0	40.4	41.9	43.3	44.7	46.1	47.6
	1.48	18.3	19.6	21.0	22.4	23.7	25.1	26.5	27.8	29.2	30.6	32.0	33.3	34.7	36.1	37.4	38.8	40.2	41.5	42.9	44.3	45.7
	1.51	17.5	18.9	20.2	21.5	22.8	24.1	25.4	26.8	28.1	29.4	30.7	32.0	33.3	34.6	36.0	37.3	38.6	39.9	41.2	42.5	43.9
	1.54	16.9	18.1	19.4	20.7	21.9	23.2	24.5	25.7	27.0	28.3	29.5	30.8	32.0	33.3	34.6	35.8	37.1	38.4	39.6	40.9	42.2
	1.57	16.2	17.4	18.7	19.9	21.1	22.3	23.5	24.7	26.0	27.2	28.4	29.6	30.8	32.0	33.3	34.5	35.7	36.9	38.1	39.4	40.6
	1.60	15.6	16.8	18.0	19.1	20.3	21.5	22.7	23.8	25.0	26.2	27.3	28.5	29.7	30.9	32.0	33.2	34.4	35.5	36.7	37.9	39.1
	1.63	15.1	16.2	17.3	18.4	19.6	20.7	21.8	23.0	24.1	25.2	26.3	27.5	28.6	29.7	30.9	32.0	33.1	34.3	35.4	36.5	37.6
	1.66	14.5	15.6	16.7	17.8	18.9	20.0	21.0	22.1	23.2	24.3	25.4	26.5	27.6	28.7	29.8	30.8	31.9	33.0	34.1	35.2	36.3
	1.69	14.0	15.1	16.1	17.2	18.2	19.3	20.3	21.4	22.4	23.5	24.5	25.6	26.6	27.7	28.7	29.8	30.8	31.9	32.9	34.0	35.0
	1.72	13.5	14.5	15.5	16.6	17.6	18.6	19.6	20.6	21.6	22.6	23.7	24.7	25.7	26.7	27.7	28.7	29.7	30.8	31.8	32.8	33.8
	1.75	13.1	14.0	15.0	16.0	17.0	18.0	18.9	19.9	20.9	21.9	22.9	23.8	24.8	25.8	26.8	27.8	28.7	29.7	30.7	31.7	32.7
	1.78	12.6	13.6	14.5	15.5	16.4	17.4	18.3	19.3	20.2	21.1	22.1	23.0	24.0	24.9	25.9	26.8	27.8	28.7	29.7	30.6	31.6
	1.81	12.2	13.1	14.0	15.0	15.9	16.8	17.7	18.6	19.5	20.5	21.4	22.3	23.2	24.1	25.0	25.9	26.9	27.8	28.7	29.6	30.5
	1.84	11.8	12.7	13.6	14.5	15.4	16.2	17.1	18.0	18.9	19.8	20.7	21.6	22.4	23.3	24.2	25.1	26.0	26.9	27.8	28.7	29.5
	1.87	11.4	12.3	13.2	14.0	14.9	15.7	16.6	17.4	18.3	19.2	20.0	20.9	21.7	22.6	23.4	24.3	25.2	26.0	26.9	27.7	28.6
	1.90	11.1	11.9	12.7	13.6	14.4	15.2	16.1	16.9	17.7	18.6	19.4	20.2	21.1	21.9	22.7	23.5	24.4	25.2	26.0	26.9	27.7
	1.93	10.7	11.5	12.3	13.2	14.0	14.8	15.6	16.4	17.2	18.0	18.8	19.6	20.4	21.2	22.0	22.8	23.6	24.4	25.2	26.0	26.8
	1.96	10.4	11.2	12.0	12.8	13.5	14.3	15.1	15.9	16.7	17.4	18.2	19.0	19.8	20.6	21.3	22.1	22.9	23.7	24.5	25.2	26.0
	1.99	10.1	10.9	11.6	12.4	13.1	13.9	14.6	15.4	16.2	16.9	17.7	18.4	19.2	19.9	20.7	21.5	22.2	23.0	23.7	24.5	25.3

（1）分析问题。

该问题的 IPO 描述如下。

输入：无。
处理：从 1.45 m、40 kg 开始，到 1.99 m、100 kg 终止，分别以 0.03 m、3 kg 为步长，计算 BMI 值。
输出：BMI 对照表。

（2）设计算法。

算法描述如下：

```
1 打印 BMI 对照表的第一行
2 循环 从 1.45 m 到 1.99 m，步长为 0.03 m
    2.1 打印当前身高值
    2.2 循环 从 40 kg 到 100 kg，步长为 3 kg
        2.2.1 计算当前身高和体重下的 BMI 值
        2.2.2 输出 BMI 值
    2.3 换行
```

(3)编写程序。

在打印 BMI 对照表的任务中，为了使打印出来的表格更加美观，每行的各个元素之间用一个制表符分隔。可以用语句 print("某个元素", end='\t')实现。

如果 end 参数被省略，那么和人为指定参数 end='\n'的效果相同。如果只是想换行，而不输出任何内容，可以简单地使用 print 语句实现。

程序的第 1 行至第 4 行打印 BMI 对照表的第一行，它还可以分为三个部分：第一部分打印"体重\kg"，第二部分循环打印从 40 kg 到 100 kg，第三部分打印换行符。

(4)调试运行。

读者可以修改身高和体重的上限值和下限值、身高和体重的步长、小数点后保留的数字位数，观察程序运行结果发生了哪些变化。

如果发现打印出来的表格没有对齐，查找原因，在某些位置添加或减少制表符"\t"，尽可能达到对齐效果，提升 BMI 对照表的质量。

最后，你能否从该 BMI 对照表中估计自己的 BMI 值？如果不能，请分析原因，并再次改写程序，尝试用自己打印的 BMI 对照表估计自己的 BMI 值。

本章范例与参考答案

第3章

数据的编码和计算

本章概要

编码是各种数据最终以二进制进入计算机的方式，每一种数据都有自己的编码方式。

表示数字或数值的数据类型称为数值类型，数值计算是计算机最重要的应用。常用的数值类型是整数（int）、浮点数（float）类型，Python 语言还提供了布尔（bool）类型和复数（complex）类型。

本章首先介绍整数、浮点数、文本的编码方式，然后介绍 Python 语言中数值数据和文本数据的表示方法及其运算，并结合实例详细讲解有关数值数据和文本数据的典型算法。

学习目标

完成本章的学习后，读者应达到如下目标：

（1）了解数据在计算机中的编码；

（2）了解计算机中数值数据的表示方法；

（3）掌握 Python 语言中数值数据的常量表示；

（4）掌握 Python 语言中数值数据的运算；

（5）掌握数值数据的典型算法；

（6）了解计算机中文本数据的表示方法；

（7）掌握 Python 语言中字符串的常量表示；

（8）掌握 Python 语言中字符串的运算；

（9）掌握字符串的典型算法。

3.1 数据在计算机中的编码

3.1.1 比特与数据

1. 比特(bit)：虚拟世界的 DNA

比特究竟是什么？比特没有颜色、尺寸或重量，它是一种状态，类似于开或关，真或伪，上或下,入或出,黑或白。比特是信息的最小单位。

把一些连续的事物通过离散方式进行简化,在计算机里将这种操作称为离散化。离散化最重要的目的就是能够用 1 和 0 表示事物以便存储。计算机主要做两件事:对数据进行表示,对数据进行处理。

在计算机内部,文本、数字、图像、视频及声音都是用 0 与 1 组成的字符串表示的,把这些真实看到的现象转换到计算机中表示的方法即为数字化。数字化需要用到二进制系统。为什么要用二进制而不是其他进制表示数据呢?因为二进制是一种非常有效和直接的表示方式,只有 0 和 1 两种状态,最简单又最容易实现。与比特相关的几个概念还有字节(byte)等,字节是由 8 个比特组成的,是计算机存储中最小的单元。数字化背后的驱动力就是摩尔定律,计算机器件性能的不断提高使得人们越来越有机会对周围的世界进行刻画和数字化。

2. 数据

数据在拉丁文里是"已知"的意思,也可以理解为事实。《数据》是欧几里得的一部经典著作,这本书用已知的或者可由已知推导的知识来解释几何学。

数据本身是客观存在的,它的范畴是随着文明的进程不断变化和扩大的。在计算机出现之前,一般书籍上的文字内容并不被看成数据,而今天,这种以文字形式存在的内容是全世界各种信息处理中最重要的数据,也是全世界通信领域和信息科技产业的核心数据——包括信件、电话和电子邮件内容、电视和广播节目、互联网网页,以及各种社交产品中由用户产生的内容。

将数据的外延再扩大,那些医学影像资料、工业中的各种设计图纸都可以被看作数据。事实上,它们已经是今天大数据处理的对象了。人类的活动本身也可以被看成一种特殊的数据,例如人们玩游戏的行为、人类的社会关系等。可以想象,未来谈论数据的范围一定比今天更广泛。

人类认识自然的过程,科学实践的过程,以及在经济、社会领域的行为,全都伴随着数据的使用。从某种程度上讲,获得和利用数据的水平反映出文明的水平,数据获取技术的提升推动着人类科学的进步。

在人类进入信息化时代之后,数据的作用越来越明显,数据驱动方法被普遍采用。如果把资本和机械动能作为大航海时代以来全球现代化的推动力,那么数据就是下一次技术革命和社会变革的核心动力。

如今,数据代表着对某件事物的描述,数据可以记录、分析和重组。数据化就是把现象转变为可制表分析的量化形式的过程。

那么,数据化和数字化有什么区别呢?数字化指的是把模拟数据转换成用 0 和 1 表示的二进制数据,这样计算机就可以处理这些数据。20 世纪 90 年代,人们主要对文本进行数字化,随后图像、视频和音乐等类似的内容也都很快被数字化。数字化带来了数据化,而数据化是数字化后的计量和记录。计量和记录一起促成了数据的诞生,它们是数据化最早的根基,进而使得数据被分析和再利用。

思考题

1. 写出 4 位二进制数可以表示的整数值。

2. 请对同班同学的体重做离散化处理，对应 0～7 的等级，再用 3 位二进制数进行数字化。最后得到一张每位同学体重的二进制编码表。

3. 找一找，可以描述自己的数据有哪些？

4. 谈谈你对数据化的理解，并举例说明。

3.1.2 二进制及其计算

计算机内部采用二进制编码，数据和指令都表示为由 0 和 1 组成的代码，执行二进制运算。3.1.1 节中提到了数字化采用二进制的原因：计算机是由逻辑电路组成的，逻辑电路通常只有两种状态，即开关的接通与断开，这两种状态可以用 1 和 0 表示。

1. 进位计数制

进位计数制指用一组固定的符号和统一的规则表示数值的方法。按进位的方法进行计数，称为进位计数制，简称进制。二进制是进位计数制的一种，二进制是“逢二进一”，生活中更常见的是十进制，十进制是“逢十进一”。

在生活中还有其他常见的进制，例如时钟计时采用的是六十进制，60 秒是 1 分钟，60 分钟是 1 小时；历法和英制单位采用的是十二进制，例如 12 个月是一年，12 英寸是 1 英尺。八进制、十进制和十六进制也是计算机世界中用到的进制。

1) N 进制数

N 进制需要使用 N 个符号表示数值，它的基数为 N，每一种数值都可以使用位置加权法表示，N 进制的权为 N^k，进位规则为“逢 N 进一、借一当 N”。表 3-1-1 所示是常用的进位计数制的表示方法。

表 3-1-1 常用的进位计数制的表示方法

进制	基	权	数符	规则	代码	示例
二进制	2	2^i	0，1	逢二进一	B	10101.01
八进制	8	8^i	0，1，2，3，4，5，6，7	逢八进一	O	427
十六进制	16	16^i	0，1，2，3，4，5，6，7，8，9，A，B，C，D，E，F	逢十六进一	H	5AF
十进制	10	10^i	0，1，2，3，4，5，6，7，8，9	逢十进一	D	409

例如，十进制数用 0，1，2，3，4，5，6，7，8，9 这 10 个数符表示，它的权位是常用的个、十、百、千、万……，也就是 10^0，10^1，10^2，10^3，10^4……，小数部分的权为 10^{-1}，10^{-2}……

2) 权位展开式

进位计数制的权位展开式是将数符按权位表示为加法多项式。二进制的权位展开式如图 3-1-1 所示，二进制的基为 2，2^i 值为权，b_i 是每一位上的数值（0 或 1）。

$$
\begin{aligned}
(B)_2 &= (b_{n-1}b_{n-2}\cdots b_1b_0b_{-1}b_{-2}\cdots b_{-m})_2 \\
&= (b_{n-1}2^{n-1}+b_{n-2}2^{n-2}+\cdots+b_1 2^1+b_0 2^0+b_{-1}2^{-1}+b_{-2}2^{-2}+\cdots+b_{-m}2^{-m})_2 \\
&= \sum_{i=-m}^{n-1} b_i 2^i
\end{aligned}
$$

图 3-1-1 二进制的权位展开式

数的表示之 N 进制

【例 3-1-1】进制的权位展开式。

二进制数 10101.01 可表示为：$10101.01\text{B}=1\times2^4+0\times2^3+1\times2^2+0\times2^1+1\times2^0+0\times2^{-1}+1\times2^{-2}=21.25$。

八进制数 427 可表示为：$4\times8^2+2\times8^1+7\times8^0=279$。

十六进制数 5AF 可表示为：$5\times16^2+\text{A}\times16^1+\text{F}\times16^0=1\ 455$(其中 A 的值为 10，F 的值为 15)。

2. 不同进制数之间的转换

1)十进制数和二进制数的转换

二进制数转换为十进制数，可以直接按权位展开后求和，如【例 3-1-1】。八进制数和十六进制数转换为十进制数的方法也是这样的。

十进制数转换为二进制数，整数部分转换用“除底取余，逆序排列”的方法，小数部分转换用“乘底取整，顺序排列”的方法。

数的表示之进制转换

【例 3-1-2】将十进制数 25.625 转换为二进制数。

十进制数 25.625 转换为二进制数的过程，如表 3-1-2 所示。

表 3-1-2　十进制数 25.625 转化为二进制数的过程

整数部分			小数部分		
除底	取余	逆序排列	乘底	取整	顺序排列
25÷2=12	1		0.625×2=1.25	1	
12÷2=6	0		0.25×2=0.5	0	↓
6÷2=3	0	↑	0.5×2=1	1	
3÷2=1	1				
1÷2=0	1				
25.625D=11001.101B					

十进制数转换为二进制数还可以用按权位展开的逆运算完成。

【例 3-1-3】将十进制数 636 转化为二进制数。

将十进制数 636 用按权位展开的逆运算，转换为二进制数，如表 3-1-3 所示。

表 3-1-3　十进制数 636 按权位展开的逆运算

2^{10}	2^9	2^8	2^7	2^6	2^5	2^4	2^3	2^2	2^1	2^0
1 024	512	256	128	64	32	16	8	4	2	1
	1	0	0	1	1	1	1	1	0	0

表 3-1-3 的前两行给出了每个二进制权位对应的十进制数值，称为权位表。先寻找一个最接近的小于 636 的权值 512，在权位表中权位取 1，636 减去权值 512，得到新的转换值 124。继续上述过程，直至转换值取完。权位表中空位取 0，从权位表中读取结果：1001111100。计算过程如下：

①636−512=124；②124−64=60；③60−32=28；④28−16=12；⑤12−8=4；⑥4−4=0。

思考：写出小数部分的权位值。给出任意一个浮点数，一定能在有限步骤中得到它的二进制表示吗？

2）二进制数与八进制数、十六进制数的转换

对于比较长的二进制数，书写比较麻烦，所以经常使用十六进制数或八进制数作为二进制数的缩写。整数从右向左，每 3 位二进制数缩写成 1 位八进制数，每 4 位二进制数缩写成 1 位十六进制数。十六进制数和二进制数的对照表如 3-1-4 所示。

表 3-1-4 十六进制数和二进制数的对照表

十六进制数	二进制数	十六进制数	二进制数
0	0000	8	1000
1	0001	9	1001
2	0010	A	1010
3	0011	B	1011
4	0100	C	1100
5	0101	D	1101
6	0110	E	1110
7	0111	F	1111

【例 3-1-4】将二进制数 11010111010 转换为八进制数和十六进制数。

二进制整数转换为八进制数，从右向左每 3 位进行划分，即 11 010 111 010，每 3 位对应写成八进制数得 3272。

二进制整数转换为十六进制数，从右向左每 4 位进行划分，即 110 1011 1010，每 4 位对应写成十六进制数得 6BA。

八进制数转化为二进制数，每一个数符按 3 位扩展；十六进制数转化为二进制数，每一个数符按 4 位扩展。

【例 3-1-5】将八进制数 632、十六进制数 4A2 转换为二进制数。

八进制数 632：110 011 010B

十六进制数 4A2：0100 1010 0010B

小练习

1. 将以下十进制数转换为二进制数。

38，255，79，49。

2. 将以下无符号二进制数转换为十六进制数。

10110010，11101010.0011，00111011.1010，01001011.1001。

3. 写出以下十六进制数对应的二进制数。

0xBFA09E1，0xA12B657.32，0x112029E.3。

4. 以下有关数制的说法中，(　　)是不正确的。

A. 二进制数仅含数符 0 和 1

B. 十进制数 16 等于十六进制数 10H

C. 一个数字串的某数符可能为 0，但任一数位上的权值不可能是 0

D. 计算机内部一切数据都是以十进制为运算单位的

5. 二进制数 101011 右起第 4 位上的 1 相当于十进制(　　)。

A. 2 的 1 次方　　B. 2 的 2 次方　　C. 2 的 3 次方　　D. 2 的 4 次方

6. 以下各数中，值最大的是(　　)。

A. $(21)_{16}$　　B. $(10000)_2$　　C. $(30)_{10}$　　D. $(32)_8$

3.1.3　计算机中数据的表示

1. 二进制编码的存储

各种信息在计算机内部都是以二进制编码的形式存储的，而编码通常用到一大串的 0 或 1，因此计算机必须按照一定的规则对这些信息进行分割和识别才能获得有用的信息。这就需要知道数的组织方式，了解它们的基本单位，以及它们占用存储空间的方式。

假设将存储空间比作一个盒子，在盒子里面划分出许多小格子，每个 1 或 0 占用 1 个小格子，称为 1 位(或比特，b)，每连续的 8 位称为 1 字节(Byte，B)。内存存取数据的最小单元是字节。

下面以整数 1 698 为例，了解计算机如何存储整数。先将整数转换为二进制数：$(1\ 698)_{10}=(11010100010)_2$，有 11 位，因此需要 2 字节，高位补零，可以用图 3-1-2 的方式表示$(1\ 698)_{10}$(占用 2 字节，即 16 位)。

8 b=1 B								8 b=1 B							
0	0	0	0	0	1	1	0	1	0	1	0	0	0	1	0

图 3-1-2　$(1\ 698)_{10}$在计算机中的存储

计算机通常把单位信息分成以下三种：位、字节和字(Word)。

1)字节

1 字节由 8 位二进制数组成(1 B=8 b)。字节是信息存储中常用的基本单位。计算机的存储器(包括内存与外存)通常以字节表示容量。常用的单位有：

KB(kilobyte)，1 KB=2^{10} B=1 024 B；

MB(megabyte)，1 MB=1 024 KB；

GB(gigabyte)，1 GB=1 024 MB；

TB(terabyte)，1 TB=1 024 GB；

PB(petabyte)，1 PB=1 024 TB；

EB(exabyte)，1 EB=1 024 PB。

总结如下：K 代表 2^{10}，M 代表 2^{20}，G 代表 2^{30}，T 代表 2^{40}，P 代表 2^{50}，E 代表 2^{60}。

然而，K、M、G 等符号在不同场合会有不统一的定义。另外有一套基于十进制的定义法，其中 $k=10^3$，$M=10^6$，$G=10^9$，$T=10^{12}$，$P=10^{15}$，$E=10^{18}$。通常在谈容量和计算机性能时使用基于二进制的一套定义，而谈速度的时候使用基于十进制的一套定义。例如，现在超级计算机的运算速度可以达到数个 PFLOPS(FLOPS 代表 floating point operations per second，每秒浮点运算数)，也就是每秒可以达到 10^{15} 的浮点运算数。又如，在宽带网络中，常说的 4 M 上行速率、下行速率的单位都是 bps，即比特/秒(bit/s)，传输速率是 4 M 即为 4×10^6 bit/s。

2)字

字是字节的组合，CPU 可以以字为单位读写数据。大部分 CPU 的字长是 32 位(4 字节)

或 64 位(8 字节)。CPU 每次可以读写一个字,也就是不需要逐个字节地传输数据。目前大部分手机配备的是 32 位的 CPU,而计算机配备的是 64 位的 CPU,这里的 64 位是指 CPU 每次可以同时读写 8 字节,所以它比 32 位的 CPU 更加高效。

思考题

1. 8 位二进制数能表示的最大数是多少?

2. 计算机中的 64 位 CPU 与 64 位二进制数有何关系?

2. 无符号数与有符号数

由于电路实现的硬件条件,计算机中的信息都以二进制形式表示,如果用二进制表示的数不涉及正负号,则其称为无符号数(unsigned number),也称为机器数。在实际应用中,带有正负号的数称为有符号数(signed number),需要用二进制来编码正负号,带正负号的数称为真值。

数的二进制表示之无符号数与有符号数

通常规定:一个有符号数的最高位代表符号,该位为 0 表示正号,为 1 表示负号。例如,$(+0110101)_2$,在计算机中表示为 00110101,即十进制数+53;$(-0110101)_2$,在计算机中表示为 10110101,即十进制数−53。

3. 原码、反码和补码

在计算机系统中,一个有符号数有三种表示方法:原码、反码和补码。它们都由符号位和数值部分组成,而且符号位有相同的表示方法,即 0 表示正号,1 表示负号。三种表示方法中,原码和反码主要用来引出补码的表示方法,而补码表示就是为了简化计算机的硬件设计,使得加减法运算都可以使用加法器实现。为了便于讲解,以下例子都采用 8 位二进制编码。

1)原码

真值 X 的原码记为$[X]_{原}$。在原码表示中,无论数的正负,数值部分均保持真值不变。

数的二进制表示之原码、反码、补码和溢出

【例 3-1-6】 已知真值 $X=+38$,$Y=-38$,求$[X]_{原}$和$[Y]_{原}$。

解: 因为+38=+0100110B,−38=−0100110B,根据原码表示法有:

$$[X]_{原}=\underline{0}\ \underline{0100110}$$

$$[Y]_{原}=\underline{1}\ \underline{0100110}$$

思考: 在原码表示法中,+0 和−0 怎么表示?二者相同吗?

原码表示法的优点是简单、易于理解,与真值之间的转换较为方便;缺点是进行加减法时比较麻烦,不仅要考虑做加法还是做减法,而且要考虑数的符号和绝对值的大小,特别是 0 的表示不唯一,使得运算器的设计比较复杂,降低了运算器的运算速度。

2)反码

真值 X 的反码记为$[X]_{反}$,正数的反码与原码相同,负数的反码是除符号位外,将数值部分按位取反。

【例 3-1-7】 已知真值 $X=+38$,$Y=-38$,求$[X]_{反}$和$[Y]_{反}$。

解: 因为+38=+0100110B,−38=−0100110B,根据反码表示法有:

$$[X]_{反}=\underline{0}\ \underline{0100110}$$

$$[Y]_{反}=\underline{1}\ \underline{1011001}$$

思考: 在反码表示中,+0 和−0 怎么表示?二者相同吗?

3)补码

真值 X 的补码记为$[X]_{补}$,正数的补码与原码相同,负数的补码是除符号位外,将数值部分按位取反后加 1,即该数的反码加 1。

【例 3-1-8】 已知真值 $X=+38, Y=-38$,求$[X]_{补}$和$[Y]_{补}$。

解:因为+38=+0100110B,-38=-0100110B,根据补码表示法有:

$$[X]_{补}=\underline{0}\ \underline{0100110}$$

$$[Y]_{补}=\underline{1}\ \underline{1011001}+1=\underline{1}\ \underline{1011010}$$

观察比较负数的原码和补码,可以发现如下简易求负数的补码的方法:符号位为 1,对原码的数值位从右向左扫描,找到第 1 个 1 即停止,该 1 及右边的各位保持不变,左边的各位都取反。

思考:*在补码表示中,+0 和-0 怎么表示?二者相同吗?*

不同于原码和反码,数 0 的补码表示是唯一的,由补码的定义可知:

$$[+0]_{补}=[+0]_{原}=[+0]_{反}=00000000$$

$$[-0]_{补}=[-0]_{反}+1=11111111+1=100000000$$

对 8 位字长来讲,最高位 2^8 被舍掉,所以有

$$[+0]_{补}=[-0]_{补}=00000000$$

4)补码的意义

对于计算 138-49,用直接的方法计算,则需要借位才能完成,为了不借位,可以用以下方法计算:先计算 99-49=50,再计算 138+50=188,然后计算 188-100+1=89,即 138+(99-49)-(100-1),这样不需要借位就能完成计算,这里 50 是 49 相对于 99 的补数,利用补数进行计算,可以将减法转化为加法。

现在计算二进制数减法 1001110-0110001。

如果直接减,列如下竖式:

```
 1001110
-0110001
--------
   11101
```

需要多次借位,如果用 8 位带符号位的补码进行计算,第 1 个数为正数,其补码与原码相同,为 010011110,第 2 个数为负数,连同符号位,其补码为 11001111,相加,列如下竖式:

```
  01001110
+11001111
---------
 100011101
```

除去超过 8 位的最左边的 1 后,所得结果与前面减法得到的结果一致,这样在计算机中,利用补码方式就可以将减法转化为加法计算,而乘法和除法则可以通过移位完成计算,所以在计算机的 CPU 中只需要加法器就可以完成各种计算。

4. 溢出问题

如果在计算机中用 8 位表示有符号数,计算 57+70,因为两个数都是正数,其补码与原码相同,将其表示为二进制数并进行计算,结果如下:

```
  00111001
+01000110
---------
  01111111
```

将 01111111 转化成十进制数为 127。

再次计算 58＋70，用它们的补码计算，结果如下：

```
  00111010
+01000110
──────────
 10000000
```

将 10000000 转化成十进制数为 128，作为有符号数最高位的 1 表示负数，但 58＋70 怎么会是负数？在计算机中这称为溢出。这是因为运算位数总共 8 位，而最高位是符号位，所以计算结果超过了位数允许的表示范围。由于计算机是电路的集成，运算位数总是有限的，因此溢出不可避免。在计算时，一定要考虑在当前计算位数下会不会有溢出的问题，也就是要了解不同位数的运算范围是多少，比如，8 位有符号二进制数的运算范围在 127～－128 内，超过这个范围就不能正确表示。

5. 二进制浮点数的表示

数的二进制表示之小数的二进制表示法

在计算机中，小数点用约定的方式标出，如无符号数 1011B，若约定小数点在左起第 1 位之后，则它表示的数为$(1.375)_{10}$。小数点约定在某一位置的数的表示方式，称为定点(fixed point)表示法，定点表示的数称为定点数。$(0.013\ 75)_{10}$用二进制怎么表示？可以用有限的二进制位数来表示吗？

因为计算机中数据的字长总是有限的，所以定点表示法在表示小数时精度较低，那么在二进制长度有限的情况下，怎样表示更大或更小的数？为了能更精确地表示一个数，浮点(floating - point)表示法被广泛地使用，用浮点表示法表示的数称为浮点数。二进制浮点表示法中小数点的位置根据数的大小而变化(浮动)，可以用数学式表示为

$$N=M\times 2^{E}$$

N 表示浮点数，E 表示阶码的指数，可正可负，对浮点数加权；M 表示尾数，可正可负，是 1～2 之间的二进制小数。如果原数据不符合要求，可以通过调整指数 E 使其规则化。101.011B 的浮点表示法为 1.01011×2^{2}。

在计算机中，一个浮点数的所有位数被划分为三个部分，如图 3-1-3 所示。

数的符号位(1 位)	阶码指数 E	尾数 M，整数部分默认为 1

图 3-1-3　计算机中的浮点数

IEEE 单精度浮点数的 E 和 M 的位数分别为 8 位和 23 位，共 32 位(4 字节)，其指数部分的表示范围为－126～＋127。IEEE 双精度浮点数的 E 和 M 的位数分别为 11 位和 52 位，共 64 位(8 字节)，其指数部分的表示范围为－1 022～＋1 023。

小练习

1. 将以下数转换为 8 位有符号数，并进行补码运算，将结果转换为十进制数。

38＋26，56－32，45＋39，77－56

2. 用 1 字节表示不带符号的数并转换成十进制整数，其最大值是(　　)。

A. 127　　B. 128　　C. 255　　D. 256

3. 已知 8 位机器码 10110101，它是补码时，表示的十进制真值是(　　)。

A. 75　　B. －76　　C. －75　　D. 76

4. (　　)是十进制数 4.75 的二进制表示。

A. 100.11　　B. 10.011　　C. 110.101　　D. 100.101

5. 十进制数 0.625 转换成二进制数是(　　)。

A. 0.111　　B. 0.101　　C. 0.011　　D. 0.11

6. 计算机的存储容量中的 KB、MB、GB 分别表示(　　)。

A. 千字节、兆字节、千兆字节　　B. 千位、兆位、千兆位

C. 千字、兆字、千兆字　　D. 千位速率、兆位速率、千兆位速率

7. 目前微型计算机硬盘的存储容量多以 GB 计算,1 GB 可以换算为(　　)。

A. 1 024　　B. 1 024 K　　C. 1 024 KB　　D. 1 024 MB

3.1.4 计算机中字符的表示

1. 西文字符编码

字符有多种编码方式,ASCII 码是其中应用最广泛、最有名的字符编码,即美国信息交换标准码(American Standard Code for Information Interchange)。ASCII 码第一次以规范标准的类型发表是在 1967 年,最后一次更新是在 1986 年,到目前为止,其中共定义了 128 个字符,如表 3-1-5 所示。

表 3-1-5　ASCII 码表

低位	高位							
	0000	0001	0010	0011	0100	0101	0110	0111
0000	NUL	DLE	SP	0	@	P	`	p
0001	SOH	DC1	!	1	A	Q	a	q
0010	STX	DC2	"	2	B	R	b	r
0011	ETX	DC3	#	3	C	S	c	s
0100	EOT	DC4	$	4	D	T	d	t
0101	ENQ	NAK	%	5	E	U	e	u
0110	ACK	SYN	&	6	F	V	f	v
0111	BEL	ETB	'	7	G	W	g	w
1000	BS	CAN	(	8	H	X	h	x
1001	HT	EM	)	9	I	Y	i	y
1010	LF	SUB	*	:	J	Z	j	z
1011	VT	ESC	+	;	K	[	k	{
1100	FF	FS	,	<	L	\	l	|
1101	CR	GS	-	=	M	]	m	}
1110	SO	RS	.	>	N	^	n	~
1111	SI	US	/	?	O	_	o	DEL

一个字符的 ASCII 码由高位编码(H)和低位编码(L)组合而成,例如,数字字符 0 的 ASCII 码为 00110000,值为 48;字母 A 的 ASCII 码为 01000001,值为 65;字母 a 的 ASCII 码为 01100001,值为 97。从表 3-1-5 中可以看出,所有字符分区编码,ASCII 码从低到高的顺序

分别为特殊控制符、标点符号、数字、大写字母、小写字母。

这 128 个字符（包括 33 个不能打印出来的控制符号）只占用一个字节的后 7 位，最高位统一规定为 0。

2. 汉字编码

西文字符可以用 128 个字符编码，但是用来表示其他语言时，128 个字符是不够的。汉字就多达 10 万个。1 字节只能表示 256 种字符，所以必须使用多个字节表示一个字符。简体中文常见的编码方式是 GB2312，使用 2 字节表示一个汉字字符，所以理论上最多可以表示 256×256＝65 536 个汉字字符。

GBK 编码包括 GB2312 编码的所有内容，同时又增加了近 2 万个新的汉字（包括繁体字）和符号。在中文的 Windows 操作系统环境下，默认的文本文件的编码方式是 GBK 编码。

3. Unicode 字符集和 UTF-8 编码

不同的国家使用不同的字符，各国的文字存在不同的编码方式，同一个二进制数可以被解释成不同的字符。因此，要想打开一个文本文件，就必须知道它的编码方式，否则用错误的编码方式解读会出现乱码。为什么电子邮件经常出现乱码？就是因为发信人和收信人使用的编码方式不一样。

Unicode 正如它的名字所指，是将不同国家所有的字符都包含在内的一个字符集，它为每种语言中的每个字符设定了统一并且唯一的二进制编码，以满足跨语言、跨平台进行文本转换、处理的要求。Unicode 通常用 2 字节表示一个字符，现在的规模可以容纳 100 多万个字符。

Unicode 只是一个字符集，它只规定了字符的二进制代码，却没有规定这个二进制代码应该如何存储。这样就出现了 Unicode 字符的多种存储方式，也就是说，有许多种不同的二进制格式，都可以用来表示 Unicode 字符。

UTF-8 编码是在互联网上使用最广泛的一种 Unicode 字符的实现方式。它是一种变长的编码方式。它可以使用 1～4 字节表示一个字符，根据不同的字符而变化字节长度。其他实现方式还包括 UTF-16（字符用 2 字节或 4 字节表示）和 UTF-32（字符用 4 字节表示）。

UTF-8 以字节为单位对 Unicode 字符进行编码。从 Unicode 到 UTF-8 的编码方式如表 3-1-6 所示。

表 3-1-6　从 Unicode 到 UTF-8 的编码方式

Unicode 编码（十六进制）	UTF-8 编码（二进制）
000000 00007F	0xxxxxxx
000080 0007FF	110xxxxx 10xxxxxx
000800 00FFFF	1110xxxx 10xxxxxx 10xxxxxx
010000 10FFFF	11110xxx 10xxxxxx 10xxxxxx 10xxxxxx

UTF-8 的特点是对不同范围的字符使用不同长度的编码。对于 0x00～0x7F 范围内的字符，UTF-8 编码与 ASCII 编码完全相同。对于 n 字节的字符（$n>1$），第 1 个字节的前 n 位都设为 1，第 $n+1$ 位设为 0，后面字节的前 2 位一律设为 10。剩下没有提及的二进制位，全部为这个字符的 Unicode 码。UTF-8 编码的最大长度是 4 字节。从表 3-1-6 可以看出，4 字节模板

有 21 个 x,即可以容纳 21 位二进制数。Unicode 编码的最大码位 0x10FFFF 也只有 21 位。

例如,“严”字的 Unicode 编码是 0x4E25。0x4E25 在 0x0800～0xFFFF 范围内,使用 3 字节模板:1110xxxx 10xxxxxx 10xxxxxx。将 0x4E25 写成二进制 0100111000100101,用这个比特流依次代替模板中的 x,得到 11100100 10111000 10100101,即 0xE4B8A5。

Python 3 支持 UTF-8 编码,Python 源文件默认采用 UFT-8 编码方式。

4. 编码转换

一个简单的编码转换方法就是使用 Windows 操作系统内置的记事本程序(notepad.exe)完成。

用记事本程序打开文本文件后,执行“文件”菜单的“另存为”命令,弹出“另存为”对话框,在最底部有一个“编码”下拉列表框,其中有 4 个编码选项:ANSI、Unicode、Unicode big endian 和 UTF-8,如图 3-1-4 所示。ANSI 是默认的编码方式:对于西文字符是 ASCII 编码,对于中文字符是 GBK 编码。选择编码方式后,单击“保存”按钮,文件的编码方式就转换好了。

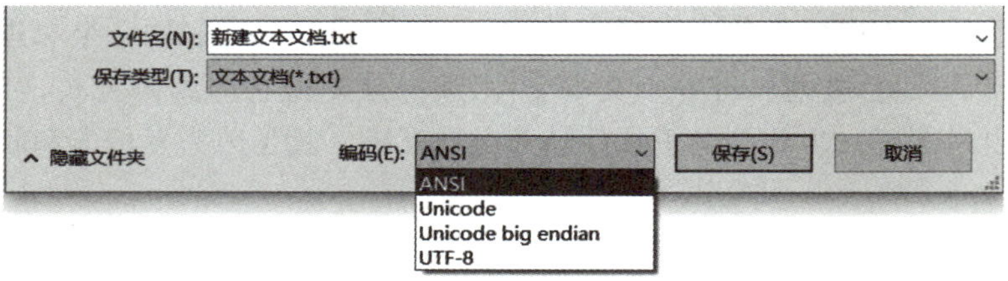

图 3-1-4　文本文件编码转换方法

小练习

1. ASCII 码是一种对(　　)进行编码的计算机代码。

A. 汉字　　B. 图像　　C. 声音　　D. 字符

2. 字母 C 保存在计算机硬盘上的方式是(　　)。

A. 01000011　　B. C　　C. c　　D. 67

3. 若已知字母 X 的 ASCII 码为 58H,则可推断出字母 Z 的 ASCII 码为(　　)。

A. 60H　　B. 5AH　　C. 50H　　D. 6AH

4. 在计算机内部,存储短语(不包括双引号)“It's”需用(　　)字节。

A. 半　　B. 1　　C. 3　　D. 4

5. 在 GB2312 编码中,汉字采用(　　)编码。

A. 四字节　　B. 单字节　　C. 双字节　　D. 任意字节

6. 在 16×16 点阵的汉字字库中,存储一个汉字的点阵需占用(　　)字节。

A. 24　　B. 32　　C. 48　　D. 72

3.2　数值数据的表示和运算

3.2.1　数值数据的常量表示

1. 整数数据

与数学中整数的概念一致,在 Python 3 里整数只有一种类型:int 类型。Python 语言的整数在理论上没有取值范围的限制，整数实际的取值范围受限于计算机内存的大小。

整数可以用 4 种进制表示，分别为十进制、二进制、八进制和十六进制，如表 3-2-1 所示。默认情况下采用十进制，使用其他进制时需要增加引导符号加以区别。

表 3-2-1　整数的 4 种进制表示

进制	引导符号	说明
十进制	无	默认，如 100、−100
二进制	0B 或 0b	用数字 0 和 1 表示，如 0b1011、0B1011
八进制	0o 或 0O	用数字 0～7 表示，如 0o701、0O701
十六进制	0x 或 0X	用数字 0～9 和字母 A～F 或 a～f 表示，如 0x10AB、0X10AB

【例 3-2-1】整数数据示例。

```
>>>#各种进制数的表示
>>> 100   #十进制
    100
>>> 0o137   #八进制
    95
>>> 0b111   #二进制
    7
>>> 0xff   #十六进制
    255
>>> type(28346283742874)
    <class 'int'>
>>> type(0o137)
    <class 'int'>
```

数值数据的类型

说明：Python 语言的整数可以有不同进制的常量表示方法，都是 int 类型。Python 语言的整数的最大特点就是数值范围不受限，可以表示非常大的整数。

Python 语言提供 bin()、oct()、int()、hex()函数进行各种进制之间的转换。bin()函数把任意进制数转化为二进制数；oct()函数把任意进制数转化为八进制数；int()函数把任意进制数转化为十进制数；hex()函数把任意进制数转化为十六进制数。

2. 浮点数数据

浮点数表示存在小数部分的数据，支持小数形式表示和指数形式表示。

在 Python 语言中要求浮点数必须带有小数部分，小数部分可以是 0。例如，12 是整数，而 12.0 是浮点数。

指数形式就是用科学记数法表示，由正负符号、数值、指数和字母 e(或 E)组成，e 是指数标志，表示以 10 为基数。在 e 之前要有数值，e 之后的指数只能是整数。8.9e−4 表示 8.9×10^{-4}，即 0.000 89。

【例 3-2-2】浮点数数据示例。

```
>>> type(12.0)    #小数点表示法
    <class 'float'>
```

```
>>> .25            #小数点前的 0 可以省略
    0.25
>>> -8.9e-4        #科学记数法
    -0.00089
>>> type(-8.9e-4)
    <class 'float'>
>>> -9e0.5         #指数不能为小数
    SyntaxError: incomplete input
```

计算机中的浮点数都是以近似值存储数据的,Python 语言的 float 类型通常可提供至多 15 个数字的精度。

【例 3-2-3】浮点数的精度示例。

```
>>> 1.23456789 * 1.23456789
    1.5241578750190519
>>> 123456789 * 123456789
    15241578750190521
```

说明:对比【例 3-2-3】中浮点数和整数的运算结果,前 15 个数字是一致的。浮点数的运算结果从第 16 个数字开始就可能有误差,这与浮点数的二进制表示有关。Python 语言的整数的大小是没有限制的,所以可以考虑把要求高精度浮点数的运算转换为整数运算,再求解小数点的位置。

3. 布尔值数据

Python 语言的布尔值数据只有两个:True 和 False,分别表示真和假。注意 True 和 False 的首字母要大写。以真和假为值的表达式称为布尔表达式,用于表示某个条件是否成立,是选择控制和循环控制中必不可少的条件表达式。

【例 3-2-4】布尔值数据示例。

```
>>> type(True)
    <class 'bool'>
>>> x,y = 10,20
>>> x > y
    False
>>> x+10 <= y
    True
```

4. 复数数据

Python 语言提供复数数据,复数由实数部分(real,实部)、虚数部分(imag,虚部)和字母 j(或 J)构成,表示格式如下:

```
real + imag (J/j 后缀)
```

实部和虚部都是浮点数。

【例 3-2-5】复数的常用操作。

```
>>> aComplex = 4.23+8.5j
>>> aComplex
```

```
    (4.23+8.5j)
>>> aComplex.real            #num.real 获取复数的实数部分
    4.23
>>> aComplex.imag            #num.imag 获取复数的虚数部分
    8.5
>>> aComplex.conjugate()     #num.conjugate()方法返回复数的共轭复数
    (4.23-8.5j)
```

小练习

1. 以下是出现在程序中的数值常量，其中(　　　　　)的格式是正确的。

A. 38499L　　B. 314e1　　C. e5　　D. 1e2.5　　E. 0o378

F. 0xabc　　G. 0b1010　　H. True　　I. 5－6.5j　　J. 78.90

2. 以下选项中，(　　)属于 Python 语言中合法的二进制整数。

A. 0b1708　　B. 0B1010　　C. 0B1019　　D. 0bC3F

3. 设整数变量 x＝19，在程序里写成十六进制、八进制、二进制的形式，(　　)是错误的。

A. o23　　B. 0x13　　C. 0o23　　D. 0b10011

4. Python 语言的浮点数运算可提供(　　)位数字的准确性。

A. 15　　B. 16　　C. 17　　D. 18

5. 复数 2.3e＋3－1.34e－3j 的实部和虚部分别是(　　)。

A. 2 300，－0.001 34　　B. 0.96，3

C. 230，3　　D. 2 300，－0.013 4

3.2.2 数值数据的运算

数值数据的运算

数值数据可参与的运算包括算术运算、关系运算、逻辑运算，如表 3-2-2 所示。其中 x、y 均为数值变量。

表 3-2-2 数值数据的运算

运算	描述
x＋y，x－y	加、减
x * y，x/y，x//y，x%y，x ** y	相乘、相除、整除、求余、求乘方
x<y，x<=y，x>y，x>=y，x==y，x!=y	比较运算
x or y，x and y，not x	逻辑运算

1. 算术运算

Python 语言提供的算术运算包括加、减、乘、除和求余运算，与数学中算术运算的定义基本相同，不同的地方是 Python 语言支持的除法分为普通的除法和整除。

【例 3-2-6】整数的除法和整除运算。

```
>>>8/3
    2.6666666666666665
```

```
>>>8/4
    2.0
>>>8//4
    2
>>>20//3
    6
>>>-20//3
    -7
```

说明：整数除法(/)运算的结果是 float 类型，且保证浮点数的 15 位有效数字。即便两个整数相除，并且可以除尽，也得到一个浮点数。整数的整除(//)运算的结果是 int 类型，即便不能除尽，整除的结果取地板值(靠近 0 的值)。

【例 3-2-7】 浮点数的除法和整除运算。

```
>>> 3.8 / 0.7
    5.428571428571429
>>> 3.8 // 0.7
    5.0
>>> 3.8 % 0.7
    0.30000000000000004
```

说明：浮点数除法(/)运算的结果是 float 类型，要注意的是浮点数的整除(//)运算的结果仍是 float 类型。其中%为求余运算，可以通过求余运算来判断一个数是否能被另一个数整除，但是要注意浮点数求余的运算结果会产生误差。

【例 3-2-8】 计算半径为 4.5 的球的体积。

```
>>> import math
>>> 4 * (math.pi * 4.5 * 4.5 * 4.5) / 3
    381.7035074111598
```

说明：math. pi 表示圆周率 π，使用方法为首先导入非内置库 math，再使用该库提供的 pi 常量获得圆周率。

2. 关系运算

数值的关系表达式由数值数据和关系运算符构成，得到的结果为 bool 类型的数据，一般形式如下：

```
<数值 1><关系运算符><数值 2>
```

关系运算符包括<、<=、>、>=、==、!=，分别表示小于、小于或等于、大于、大于或等于、等于和不等于。其中要注意等于运算符(==)和赋值符(=)的区别。

【例 3-2-9】 区别赋值符与等于运算符。

```
>>> 20 == 20                    #关系运算
    True
>>> 20 = 20                     #赋值
    SyntaxError: can't assign to literal
```

```
>>> x,y = 10,20
>>> x == y    #关系运算
    False
>>> x = y    #赋值
>>> x
    20
```

与其他高级语言不同，在Python语言中还允许使用级联比较形式，例如，可用如下形式比较变量a、b、c的大小：a<=b<=c。

【例3-2-10】级联比较形式示例。

```
>>> a,b,c = 10,20,30
>>> a <= b <= c
    True
>>>c >= b >= a
    True
>>> (c >= b) >= a
    False
```

说明：a<=b<=c语句等同于(a<=b)and(b<=c)。(c>=b)>=a语句却是先计算(c>=b)得到True，再计算True>=a，True自动转化为1，计算1>=a，得到False。

对浮点数进行相等的关系运算时，不能直接用==操作。浮点数能够进行高精度计算，但是由于浮点数在计算机内是用固定长度的二进制表示的，有些数可能没有办法精确地表示，计算会引起误差。

【例3-2-11】浮点数的误差。

```
>>> x = 3.141592627
>>> x - 3.14
    0.0015926269999999576
>>> 2.1 - 2.0
    0.10000000000000009
>>> #判断浮点数是否相等
>>>a,b = 2.1 - 2.0,0.1
>>>esp = 0.000000001
>>> abs(a - b) < esp
    True
```

说明：x−3.14语句的值并没有得到0.001 592 627，结果略小一些；2.1−2.0语句得到的结果又比正确的结果0.1略大了一些。由此可以得到结论：浮点数比较中，不能用==来判断是否相等，而是要检查两个浮点数的差值是否足够小，从而判定两个浮点数是否相等。abs()是求绝对值的内置函数。

3. 逻辑运算

关系运算只能表示简单的布尔判断，复杂的布尔表达式还需要逻辑表达式。逻辑表达式通过逻辑运算——与(and)、或(or)、非(not)，将简单的布尔表达式联结起来，构成更为复杂的逻辑判断。逻辑运算的真值表如表 3-2-3 所示。

表 3-2-3　逻辑运算的真值表

a	b	a and b	a or b	not a
False	True	False	True	True
False	False	False	False	True
True	True	True	True	False
True	False	False	True	False

【例 3-2-12】判断某一年是不是闰年。

判断闰年的依据为满足如下两个条件之一：

(1)该年的公历年份能被 4 整除但不能被 100 整除；

(2)该年的公历年份能被 400 整除。

```
>>> y = 2010
>>> ( y % 4 == 0 and y % 100 ! = 0) or ( y % 400 == 0)
    False
>>> y = 2012        # 符合第一个条件
>>> ( y%4 == 0 and y % 100 ! = 0 ) or ( y % 400 == 0 )
    True
>>> y = 2000        # 符合第二个条件
>>> ( y%4 == 0 and y % 100 ! = 0) or ( y % 400 == 0 )
    True
```

小练习

1. 关于 Python 语言的数值操作符,以下选项中(　　)是错误的,其中 x、y 都是数值变量。

A. x/y 表示 x 与 y 的商

B. x//y 表示 x 与 y 的整数商,即不大于 x 与 y 的商的最大整数

C. x ** y 表示 x 的 y 次幂,其中 y 必须是整数

D. x%y 表示 x 与 y 相除的余数,也称模运算

2. 对整型变量 x 进行(　　)操作取不到其个位的数字。

A. x%10　　B. x－x//100－x//10

C. x－x//10 * 10　　D. int(str(x)[－1])

3. 设有变量定义 m=True 和 n=False,则表达式 not(m or n)的值是(　　)。

A. False　　B. True　　C. 不确定　　D. 表达式错误

4. c>=b>=a 语句等效于(　　)。

A. c>=b and b>=a　　B. (c>=b)>=a

C. c>=(b>=a)　　D. c>=b or b>=a

3.2.3　表达式的求值

表达式的计算过程又称表达式的求值。表达式可能很简单,也可能很复杂,其中包含多个不同类型的运算符,那么不同类型的运算符按照什么顺序运算？数学表达式中的数据是不分

类型的，都是数值，而计算机表达式中的数据区分为不同的类型，相同类型的数据运算得到相同类型的数据，那么不同类型的数据出现在同一表达式中时，如何运算？得到的是何种数据类型？毕竟不同类型的数据的存储编码形式是不同的。上述问题涉及表达式的计算顺序和混合运算的数据类型转换。

表达式的求值

1. 运算顺序

影响表达式运算顺序的因素包括运算符的优先级、运算符的结合方式和括号。

1)优先级

四则运算中先乘除后加减，也就是说，乘除的优先级比加减要高，在计算中先运算。程序设计语言会给每一个运算符确定一个优先级，具有较高优先级的运算符要比较低优先级的运算符先计算。算术运算符的优先级设定与数学中基本相符。

数值数据常用运算的优先级(由高到低)如表 3-2-4 所示。幂运算的优先级最高，逻辑或运算的优先级最低，序号在前的先计算，其中 x、y 都为数值变量。

表 3-2-4 数值数据常用运算的优先级(由高到低)

序号	运算	描述	序号	运算	描述
1	x ** y	幂	5	x<y，x<=y，x==y，x!=y，x>=y，x>y	比较
2	+x，-x	正，负	6	not x	逻辑否
3	x * y，x/y，x//y，x%y	乘，除，整除，求余	7	x and y	逻辑与
4	x+y，x-y	加，减	8	x or y	逻辑或

【例 3-2-13】 运算优先级示例。

```
>>> -2 ** 2
    -4
>>> 3 * 2 ** 3
    24
```

说明：【例 3-2-13】中的表达式-2 ** 2，先计算 2 的平方，再求负数，而不是求-2 的平方，因为负号运算符的优先级比幂运算要低。表达式 3 * 2 ** 3，先计算 2 ** 3 得到 8，再执行 3 * 8 运算，得到 24，因为幂运算的优先级比乘法运算的优先级高。

2)结合方式

如果操作数两侧运算符的优先级相同，则按照结合性(结合方向)决定运算顺序。若结合方向为从左到右，则操作数先与右面的运算符结合；若结合方向为从右到左，则操作数先与左面的运算符结合。单目运算、幂运算是从右向左结合，其他的双目运算是从左向右结合。

【例 3-2-14】 运算符结合方式示例。

```
>>> 2**2**3
    256
```

说明：幂运算的结合方式是从右向左，所以先计算 2 ** 3 得到 8，再计算 2 ** 8 得到 256。

3)括号

括号可以突破计算的优先级，强制地规定计算顺序，括号括起部分的表达式会先行计算，计算的结果再参与括号外的表达式的计算。

2. 数据类型转换

1)数据类型的自动转换

计算机中的运算与数据类型有密切关系，由于数据类型的限制，程序中同类型的数据运算得到同类型的数据。例如，3+2 得到 5，操作数和结果都是整数。如果表达式中包含不同数据类型的数据对象，就出现了混合运算，不同类型的数据运算要先进行类型转换。表达式计算中碰到不同的数据类型，例如，3.0+2，先通过转换将 2 转换为 2.0，然后才会进行实际的浮点数运算，这种转换是系统自动完成的，不需要在程序中写出，所以称为自动转换或隐式转换。

【例 3-2-15】 自动转换。

```
>>> 3.0 + 2
    5.0
>>> type(3.0 + 2)
    <class 'float'>
>>> 3+(3>4)
    3
>>> 3+(3<4)
    4
```

说明：bool 类型与 int 类型执行加法运算，布尔值会自动转换为整数，False 转化为 0，True 转化为 1。

2)数据类型的强制转换

自动转换有时会遇到问题，程序语言还引入了强制转换机制或显式转换，在程序语句中明确类型转换的描述，要求执行类型转换。Python 语言提供各种类型的转换函数，常用类型转换函数如表 3-2-5 所示，其中 x 可以是一个对象或一个表达式，转换函数将 x 的计算结果转换为相应的数据类型，并返回转换后的值。

表 3-2-5　常用类型转换函数

函数	描述	函数	描述
int(x[,base])	将 x 转换为一个整数并返回	bool(x)	将 x 转换为布尔值并返回
float(x)	将 x 转换为一个浮点数并返回	chr(x)	将一个整数 x 转换为一个字符并返回，x 为字符的 Unicode 编码
str(x)	将 x 转换为字符串并返回	repr(x)	功能类似于 str(x)函数，常用于调试

【例 3-2-16】 显式转换。

```
>>> x,y = 23,12                      #变量 x、y 的值分别为整数 23 和 12
>>> y = float(y) + 0.5               #强制转换 y 的值为 12.0 后参加浮点数运算
>>> y
    12.5
>>> chr(13)                          #得到 13 所表示的回车符
    '\r'
>>> print("结果为:"str(x+2))       #将表达式 x+2 的值转化为字符串，与前面的字符串连接后输出
```

```
        结果为:25
>>> repr(x + 20)   #读取 x 的值加 20 后转化为字符串
    '43'
```

小练习

1. 以下表达式中，(   )的运算结果是 False。

A. (10 is 11)==0　　B. 'abc'<'ABC'

C. 3<4 and 7<5 or 9<10　　D. 24!=32

2. 以下表达式中，(   )的运算结果是 False。

A. 5 is 5　　B. 5 is not 4　　C. 5 !=4　　D. False !=0

3. 表达式 3 ** 3 ** 2 的值为(   )。

A. 18　　B. 729　　C. 19 683　　D. 512

3.2.4 典型数值数据算法设计

数值数据算法之累加算法

1. 累加算法

有很多数学多项式是由 n 个子项累加构成的，相邻子项有规律地变化。这类问题应用累加算法求解。累加算法的通项公式如下：

```
s = s + item
```

其中变量 s 称为累加器，初值为 0，每次累加一个子项 item，然后构建一个循环结构，描述 item 的变化规律。

“求 $1+\cdots+N$”的算法就是一个典型的累加算法。下面通过计算 π 的近似值来探讨不同 item 变化下不同循环控制算法的构建方法。

【例 3-2-17】 编写程序，用如下公式计算累加 n 项后 π 的近似值。

$$\frac{\pi}{4}=1-\frac{1}{3}+\frac{1}{5}-\frac{1}{7}+\frac{1}{9}-\cdots$$

观察这个多项式，每一项由三部分构成：符号、分子 1 和分母。分子不变，符号有规律地正负变化，分母从 1 开始每次增 2，item 的变化规律可以用通项公式表示如下，其中 flag 表示正负号，t 表示分母：

```
item = flag/t
flag = - flag
t = t + 2
```

本例的循环控制条件是累加 n 次，可以使用迭代循环控制累加的次数。算法描述如下：

```
1  输入 n
2  设置累加器 total 为 0
3  按多项式第一项设置 flag 和 t 的初值
4  迭代循环 n 次
     4.1  item = flag/t
     4.2  total = total + item
     4.3  flag = - flag
     4.4  t = t + 2
5  输出 total * 4 的值
```

根据算法描述,程序实现代码如下:

```
n = int(input("n = "))
total = 0
t = 1
flag = 1
for i in range(n):
    item = flag/t
    total = total + item
    flag = - flag
    t = t + 2
print("pi 的近似值为:",total * 4)
```

注意:变量的初值设定与循环结构中通项公式的顺序是相关的,如果通项公式的顺序发生变化,要重新考虑变量的初值、循环次数等。

例如,算法描述中步骤 4.1～4.2 和 4.3～4.4 对调位置,程序修改如下,运算结果与修改前的程序运行结果不同:

```
n = int(input("n = "))
total = 1                  # 累加变量初值为公式第一项
t = 1
flag = 1
for i in range(n - 1):       # 循环次数减 1
    flag = - flag
    t = t + 2
    item = flag/t
    total = total + item
print("pi 的近似值为:",total * 4)
```

【例 3-2-18】 改写【例 3-2-17】的程序,要求公式中每一项的绝对值大于 10^{-6},小于该值则停止循环。

本例中循环控制变量是 item,根据 item 的绝对值是否大于 1e-6,决定循环是否继续,这是一个典型的当型循环,即当 item 的绝对值大于 1e-6 时执行循环。

当型循环的控制结构,要抓住循环控制变量的三要素:循环控制变量的初值、循环控制变量的终止值、改变循环控制变量。当型循环的控制结构的算法描述如下:

```
1 循环控制变量初值
2 while 循环控制变量不等于终值
    2.1 循环通项
    2.2 改变循环控制变量的值
```

本例的算法描述如下:

```
1 设置累加器 total 为 0
2 按多项式第一项设置 flag 和 t 的初值
3 计算 item 的值
4 循环,当 item 的绝对值大于或等于 10⁻⁶ 时
    4.1  total = total + item
```

```
    4.2  flag = - flag
    4.3  t = t + 2
    4.4  item = flag/t
5 输出 total * 4 的值
```

注意：循环控制变量 item 的三要素在算法中出现的位置。步骤 3 设定 item 初值，在循环结构的前面，步骤 4 通过循环控制条件判定 item 终值，步骤 4.4 在循环结构中改变 item 值，通常在循环结构的最后。根据算法描述，程序实现代码如下：

```
import math
total = 0
t = 1
flag = 1
item = 1
while math.fabs(item) >= 1e-6:
    total = total + item
    flag = - flag
    t = t+2
    item = flag/t
print("pi 的近似值为:",total * 4)
```

2. 求平均值

平均值是累加和除以累加的项数得到的值，这就要求算法在累加的同时计算累加项的个数。

【例 3-2-19】 输入一组任意浮点数，求所有负数的平均值。若输入 quit 则结束。

设置变量 x 表示输入的浮点数，变量 s 表示累加和，变量 n 表示计数输入数的个数。s/n 的值为平均值。循环控制当输入的 x 不等于"quit"时执行。算法描述如下：

```
1 累加器 s 清零
2 计数器 n 清零
3 输入一个浮点数到 x
4 循环，当 x 不等于"quit"时
    4.1  如果 x<0，则
        4.1.1  s = s + x
        4.1.2  n 增 1
    4.2  输入下一个浮点数到 x
5 输出平均值 s/n
```

数值数据算法之求平均值

编写程序时要注意变量 x 的数据类型的变化。通过 input 语句输入一个字符串赋值给 x，循环条件在比较时 x 应为字符串类型，才能和字符串常量"quit"比较。进入循环结构，执行累加操作前要将 x 转换为浮点类型。根据算法描述，程序实现代码如下：

```
s = 0
n = 0
x = input("请输入一个浮点数:")
```

```
while x != "quit":
    x = float(x)
    if x < 0:
        s = s+x
        n = n+1
    x = input("请输入一个浮点数:")
if n > 0:
    print("负数的平均值为:{:.2f} ".format( s / n ))
```

说明:在【例 3-2-19】中,循环控制变量是 x,x 的初值在 while 语句的前面设定,通过 input 语句输入一个值到 x,x 接收到一个字符串;x 的终值判断体现在 while 语句的条件判断中,x 的终值为"quit";改变循环控制变量体现在循环结构中最后一句,输入下一个值到 x。三个循环控制要素缺一不可。如果循环结构中没有改变 x 的语句,就是一个死循环。在调试程序时,如果碰到死循环的情况,通常要在这一点上查错。

break 语句的作用是跳出当前循环。可以构建一个从循环结构中跳出的循环模式,把循环控制变量的两个要素合成一个。

```
1 while True:
    1.1  改变循环控制变量的值
    1.2  if <条件>:
             break
    1.3  循环通项
```

while True 表示循环条件始终为真。在循环结构中利用 if 语句终止循环,当 if 条件为真时,执行 break 语句,跳出循环结构。

使用 while True 循环模式,【例 3-3-19】的程序可以改写如下:

```
s = 0
n = 0
while True:
    x = input("请输入一个浮点数:")
    if x == "quit":
        break
    x = float(x)
    if x < 0:
        s = s+x
        n = n+1
if n > 0:
    print("负数的平均值为:{:.2f} ".format(s/n))
```

需要注意的是,if…break 语句中的条件是终止循环的条件,而 while 语句后的条件是执行循环的条件,判断逻辑正好相反。

3. 求最大值、最小值算法

求最大值算法的基本思想是假设第一个数是当前最大值,然后逐个与第二个数、第三个数……

最后一个数比较，如果碰到一个比当前最大值更大的数，则修改当前最大值。当所有的数都比较完毕后，当前最大值就是所求的最大值。求最小值也是同样的思路。

这就像是擂台赛。台上有一位擂主，不断有人上来攻擂，如果把擂主打败，就产生新的擂主，最后站在台上的就是胜利者。

【例 3-2-20】 输入一组浮点数，求其中的最大值，输入 over 时结束。

设置变量 maxnum 表示当前最大值（擂主），变量 x 表示验证数（攻擂），求最大值的算法描述如下：

```
1 输入第一个数到 maxnum，输入"over"时结束。
2 输入第二个数到 x
3 循环，当 x 不等于"over"时
    3.1  如果 x> maxnum， 则 maxnum = x
    3.2  输入下一个数到 x
4 输出最大值 maxnum
```

数值数据算法之求最大值、最小值算法

程序实现代码如下：

```
maxnum = input("请输入一个浮点数:")
if maxnum == "over":
    exit(0)
else:
    maxnum = float(maxnum)
x = input("请输入一个浮点数:")
while x != "over":
    x = float(x)
    if x > maxnum:
        maxnum = x
    x = input("请输入一个浮点数:")
print("最大值是",maxnum)
```

数值数据算法之取位算法

说明：exit(0)语句的作用是终止程序的执行。

4. 穷举法

下面是《希腊诗文集》中以诗歌形式记录的古希腊大数学家丢番图的墓志铭。请根据它算一算：丢番图到底活了多少岁？

过路的人！
这儿埋葬着丢番图。
计算下列数目，
便可知他一生经过了多少寒暑。
他一生的六分之一是幸福的童年，
十二分之一是无忧无虑的少年。
再过去七分之一的年程，
他建立了幸福的家庭。
五年后儿子出生，
不料儿子竟先其父四年而终，
只活到父亲岁数的一半。
晚年丧子，老人真可怜，
悲痛之中度过了风烛残年。

设丢番图的年龄为 x，根据墓志铭的描述，可以得到一元一次方程：

$$x=\frac{x}{6}+\frac{x}{12}+\frac{x}{7}+5+\frac{x}{2}+4$$

接下来就可以很方便地求解一元一次方程，得到 x 等于 84 岁。如果将这个问题交给计算机来解决，计算机不会解方程，那它会怎么做？

【例 3-2-21】使用穷举法求解丢番图到底活了多少岁。

计算机可以使用穷举法解决这个问题，列举丢番图所有可能的岁数，例如，从 1 岁到 99 岁，然后代入求解，看上面的等式是否成立，成立则 age 即为所求。算法描述如下：

```
1 循环列举 age 从 1 到 99
    1.1 如果 age 符合条件 age == age/6 + age/12 + age/7 + 5 + age/2 + 4
    1.2 则输出 age
```

程序实现代码如下：

```
for age in range(1,100):
    if age == age / 6 + age / 12 + age / 7 + 5 + age / 2 + 4:
        print("age = ",age)
```

穷举法就是对该解空间内的众多候选解按某种顺序逐一取值和检验，直到找到一个或全部符合条件的解为止。穷举实现的结构如图 3-2-1 所示，由两部分构成。首先考虑穷举所有方案的循环结构，然后是通过选择结构实现条件的验证。

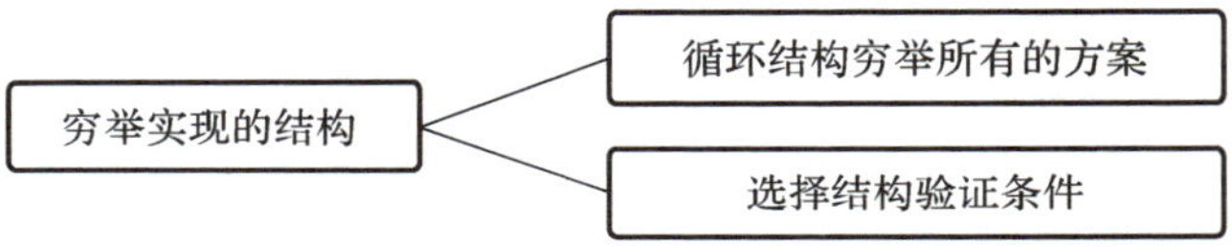

图 3-2-1　穷举实现的结构

数值数据算法之穷举法

穷举法循环结构的构建主要取决于影响方案的变量有几个。【例 3-2-21】中，只有年龄一个变量，所以用一层循环结构检验所有可能的 age。再看一个包含多个变量的例子。

【例 3-2-22】百钱百鸡问题。

京城有位卖鸡的张老汉，他有个儿子非常聪明，擅长算术，是远近闻名的神童。宰相听说后想试探究竟，于是派仆人到店里打听鸡的价钱。张老汉告知："公鸡五文钱一只，母鸡三文钱一只，小鸡一文钱三只。"仆人给他一百文钱，要求公鸡、母鸡、小鸡都要，数量不多不少正好一百只。张老汉怎么想也想不明白，只好请教儿子。神童不慌不忙掐指一算给出了答案。请用穷举法解决百钱百鸡问题。

本例中枚举方案包括公鸡几只、母鸡几只、小鸡几只，涉及 3 个变量，因此需要 3 个变量的迭代枚举，通过三层循环实现。验证条件有两个：一个是 100 只鸡，另一个是 100 文钱。使用穷举法，算法描述如下：

```
循环枚举 cock 从 1 到 99
    循环枚举 hen 从 1 到 99
      循环枚举 chick 从 1 到 99
          如果 cock + hen + chick 等于 100 并且 5 * cock + 3 * hen + chick/3 等于 100
              则输出(cock,hen,chick)
```

程序实现代码如下：

```
for cock in range(1,100):
    for hen in range(1,100):
        for chick in range(1,100):
            if cock + hen + chick == 100 and 5 * cock + 3 * hen + chick / 3 == 100:
                print("cock:{},hen:{},chick:{}" .format(cock,hen,chick))
```

这个程序中循环嵌套了三层，if 语句的频度是 99×99×99，算法的效率很低，可以根据条件优化算法如下：

```
for cock in range(1, 21):             #公鸡 5 文一只，最多 20 只
    for hen in range(1, 34):          #母鸡 3 文一只，最多 33 只
        chick = 100 - hen - cock      #根据枚举的公鸡数和母鸡数计算小鸡数
        if 5 * cock + 3 * hen + chick/3  == 100:
            print(f"cock:{cock},hen:{hen},chick:{chick}")
```

优化后的算法，循环嵌套减少了一层，if 语句的频度是 20×33。

小练习

1. 修改【例 3-2-18】的程序，循环在 total * 4 的值达到 3.141 59 时停止，输出循环次数 *n*。（提示：可使用字符串比较的方法）

2. 如果要求分别求正数和负数的平均值，如何修改【例 3-2-19】的程序？

3. 请思考：

（1）如果求最小值，那么如何修改【例 3-2-20】的程序？

（2）如果求第几个数是最大值，那么如何修改【例 3-2-20】的程序？

3.2.5 数值数据处理函数

1. 数值处理的相关模块

（1）Python 标准库中处理数值数据的相关库包括以下几种。

①math 库：数学函数。

②cmath 库：复数运算函数。

③decimal 库：高精度数值运算函数。

④fractions 库：分数运算函数。

⑤random 库：随机数函数。

常见数值数据处理模块

（2）第三方库中处理数值数据的相关库有以下几种。

①NumPy 库：更高效的数值处理库，提供了 *n* 维数组对象、矩阵运算的功能，还有随机数、线性代数、傅立叶变换等高级功能。

②SciPy 库：用于数学、科学、工程领域的常用科学计算库，可以处理插值、积分、优化、图像处理、常微分方程数值解的求解、信号处理等问题。

2. math 库和数学函数

Python 标准库 math 库中，提供许多常用的数学函数，包括三角函数、对数函数和其他通用数学函数。math 库中的函数不支持复数，cmath 库支持复数计算。

math 库包含的 4 个常量如表 3-2-6 所示。

表 3-2-6　math 库包含的 4 个常量

常量	描述
math. pi	圆周率 π，3. 141 592 653 589 793
math. e	自然对数，2. 718 281 828 459 045
math. inf	正无穷大，∞
math. nan	非浮点标记，NaN(not a number)

math 库常用的函数有数值运算函数(见表 3-2-7)、幂函数和对数函数(见表 3-2-8)、三角函数(见表 3-2-9)。

表 3-2-7　math 库的数值运算函数

函数	描述
math. ceil(x)	返回不小于 x 的最小整数，如 math. ceil(25. 4)的值是 26
math. copysign(x，y)	返回符号为 y 的 x 的值，如 math. copysign(8. 9，－2. 4)的值为－8. 9
math. fabs(x)	返回 x 的绝对值
math. factorial(x)	返回正整数 x 的阶乘值
math. floor(x)	返回不大于 x 的最大整数，如 math. floor(25. 8)的值是 25
math. fmod(x，y)	返回 x 除 y 的余数，如 math. fmod(5，2)的值为 1. 0
math. frexp(x)	以(m，e)对形式返回 x 的尾数和指数，使得 x==m * 2 ** e
math. fsum(iterable)	返回迭代序列 iterable 的累加和，如 math. fsum(range(1，101))的值为 5 050
math. isfinite(x)	若 x 不是极值(NaN，正负无穷大)，返回 False，否则返回 True
math. isinf(x)	若 x 为无穷大，返回 True；否则，返回 False
math. isnan(x)	若 x 为 NaN，返回 True；否则，返回 False
math. ldexp(x，i)	frexp(x)函数的反函数，返回 x * (2 ** i)的值
math. modf(x)	返回 x 的小数部分和整数部分。如 math. modf(1. 23)的值为(0. 22999999999999998，1. 0)
math. trunc(x)	返回 x 的整数部分

表 3-2-8　math 库的幂函数和对数函数

函数	描述
math. exp(x)	计算 e^x 的值
math. expml(x)	计算 e^{x-1} 的值
math. log(x) math. log(x，base)	计算 $\ln x$ 的值 计算 $\log_{\text{base}} x$ 的值

续表

函数	描述
math.log1p(x)	计算 $\ln(1+x)$的值
math.log2(x)	计算 $\log_2 x$ 的值
math.log10(x)	计算 $\lg x$ 的值
math.pow(x,y)	计算 x^y 的值

表 3-2-9 math 库的三角函数

函数	描述
math.acos(x)	返回 x 的反余弦值
math.asin(x)	返回 x 的反正弦值
math.atan(x)	返回 x 的反正切值
math.atan2(y,x)	返回 atan(y/x)的值
math.cos(x)	返回 x 的余弦值
math.hypot(x,y)	返回欧几里得距离 $\sqrt{x^2+y^2}$
math.sin(x)	返回 x 的正弦值
math.tan(x)	返回 x 的正切值
math.degrees(x)	将 x 从弧度转化为角度
math.radians(x)	将 x 从角度转化为弧度

3. random 库和随机函数

random 库包含各种伪随机数生成函数，以及各种根据概率分布生成随机数的函数。该库基于梅森旋转算法，使用梅森旋转生成器在[0.0,1.0)区间内生成一致分布的随机值。

1)种子和随机状态

使用 random 库的 seed()函数，可以设置伪随机数生成器的种子，其基本形式如下：

```
random.seed(a = None,version = 2)
```

其中 a 为种子。当没有指定 a 时，使用系统时间。如果 a 为整数，则直接使用。当 a 不为整数，且 version＝2 时，将 a 转化为整数，否则使用 a 的哈希值。

【例 3-2-23】设置相同的种子，每次运行时产生的随机数是相同的，所以这种随机数称为伪随机数，即随机状态由种子确定。

```
>>> import random
>>> random.seed(10)
>>> random.randint(10,20)
    19
>>> random.randint(10,20)
    10
>>> random.seed(10)
```

```
>>> random.randint(10,20)
    19
>>> random.randint(10,20)
    10
```

2)随机函数

random库的随机函数如表3-2-10所示。

表 3-2-10 random 库的随机函数

函数	描述
random. random()	返回一个[0.0,1.0)区间内的随机小数
random. randint(a,b)	返回一个[a,b]区间上的整数
random. randrange(start,[stop,[step]])	返回由[start,stop,step]确定的序列中的一个随机整数
random. getrandbits(k)	返回位长(b)为 *k* 的一个随机整数
random. choice(seq)	从序列 seq 中随机抽取一个元素
random. sample(population,k)	从 population 表示的序列或集合中随机抽取 *k* 个元素,返回列表
random. shuffle(seq)	混排序列 seq

【例3-2-24】 选用random库的随机函数获取随机数。

```
>>> random.random()      #产生一个0～1范围内的随机小数
    0.4288890546751146
>>> random.randint(50,100)      #产生一个50～100范围内的随机整数
    86
>>> random.randrange(1,101,2)      #产生一个100以内的随机奇数
    27
>>> L=["aa","bb","cc","dd","ee"]
>>> random.choice(L)      #随机抽取列表L中的一个元素
    'dd'
>>> random.sample("abcdefghijklmn",5)  #从字符串中随机抽取5个字符,返回列表
    ['n', 'h', 'e', 'k', 'c']
>>> random.shuffle(L)      #打乱列表L的顺序
>>> L
    ['cc', 'ee', 'bb', 'dd', 'aa']
```

小练习

1. math. sqrt(5)等效于(　　)。

A. 5//2　　B. 5 ** 1/2

C. 5 ** (1/2)　　D. 1/(5 ** 2)

2. 已知某函数的参数为 35.8，执行后结果为 35，以下函数中可能使用的是(　　)。

A. int()　　B. round()

C. floor()　　D. abs()

3. 如果想要查看 math 库中 pi 的取值是多少，可以利用(　　)语句(假设已经执行了 import math，并且只要包含 pi 取值即可)。

A. print(math.pi)　　B. dir(math)

C. help(math)　　D. print(pi)

4. 从 random 库中选取相应的一个函数，实现满足下列条件的语句。

(1)随机生成 0～100 范围内的 10 个整数。

(2)随机生成 0～100 范围内的一个奇数。

(3)从字符串'abcdefghijklmnopqrstuvwxyz'中随机抽取 5 个字符。

(4)随机选取列表['周畅','吴用恭','郑皓侃','王边丞']中的一个姓名。

3.3　文本的表示和运算

随着计算机的应用在各行各业的普及，程序的处理对象日益丰富，大量应用中包含文本数据的处理，如各类信息管理系统、文本编辑器、电子出版物、搜索引擎等。文本数据在程序中通常是以字符串表示的，字符串由字符构成。Python 语言表示字符串的数据类型是 str 类，str 类定义了字符串的常量表示、基本运算和操作方法。

3.3.1　文本数据的表示

1. 字符

计算机中表示文本的基本单位是字符，包括可打印字符和不可打印的控制符。可打印字符包括：①英文的大小写字母'a'～'z'，'A'～'Z'；②数字字符'0'～'9'；③标点符号和键盘上的一些常见符号。

计算机程序设计的初学者要关注数字字符和数字在计算机中表示方法的区别，数字字符是用 ASCII 编码表示的，数字是整数，直接用二进制编码表示。编写程序时，要为数字型数据选择合适的数据类型。例如，身份证号码、学号等数据通常设置为字符串型。

【例 3-3-1】 区分数字字符和数字。

```
>>> type(9)
    <class 'int'>
>>> type('9')
    <class 'str'>
>>> ord('9')              #字符'9'的 ASCII 码
    57
>>> int('9')              #将字符转化为数字
    9
>>> str(9)                #将数字转化为字符
    '9'
>>> 9 + '9'               #字符和数字不能做“+”运算
```

字符和字符编码

```
    Traceback (most recent call last):
      File "<pyshell#7>", line 1, in <module>
        9 + '9'
    TypeError: unsupported operand type(s) for +: 'int' and 'str'
```

不可打印的控制符包括回车、制表符、退格等。在程序中需要用转义字符表示这些控制符。转义字符还可以直接用 ASCII 码表示,转义字符以"\"作为前缀,如表 3-3-1 所示。

表 3-3-1 Python 语言的转义字符

转义字符	描述	转义字符	描述
\\	反斜杠	\t	横向制表符
\'	单引号	\r	回车
\"	双引号	\n	换行
\a	响铃	\(在行尾时)	续行符
\b	退格(Backspace)	\f	换页
\yyy	八进制数 yyy 的 ASCII 码代表的字符,如\012 表示换行	\xyy	十六进制数 yy 的 ASCII 码代表的字符,如\x0a 表示换行

转义字符'\t'表示制表符,制表符的功能是在不使用表格的情况下在垂直方向按列对齐文本。不能简单地将制表符理解为 4 个空格。

【例 3-3-2】 制表符的对齐作用。

```
>>> from random import randint
>>> n = 20
>>> for i in range(1,n+1):
        print(randint(0,10000),end = "\t") # 使用制表符分隔每一个数
        if i % 5 == 0:
            print()

2653    2747    6526    869     2201
3783    70      2356    8229    8249
9651    4081    667     8604    9338
2670    8180    2361    4246    4483
```

可以试着将 end= '\t'改为 end="   ",观察输出效果,这样更容易理解制表符的作用。

2. 字符串常量

在 Python 语言中,字符串可以用一对单引号(')、一对双引号(")或者一对三引号('''或""")表示。三者的书写差别在于:使用单引号表示字符串时,字符串中可以包含双引号;使用双引号表示字符串时,字符串中可以包含单引号;使用三引号表示字符串时,字符串常量可以包含单引号、双引号和自然换行(不使用'\n')。

【例 3-3-3】字符串的常量表示。

```
>>> print("It's fine!")                    #用一对双引号表示包含单引号的字符串
    It's fine!
>>> print('这幅画"形神兼备,充满生机"')       #用一对单引号表示包含双引号的字符串
    这幅画"形神兼备,充满生机"
>>> print('''It's fine!                    #用一对三引号表示包含换行的字符串
    这幅画"形神兼备,充满生机"''')
    It's fine!
    这幅画"形神兼备,充满生机"
```

Python 语言还支持只有引号的空字符串。

【例 3-3-4】空字符串示例。

```
>>> ''
    ''
>>> ""
    ''
```

Python 语言同样支持以“\”作为前缀的转义字符,例如,使用转义字符"\n"可以在输出时使字符串换行。

【例 3-3-5】转义字符的使用。

```
>>> #换行符\n
>>> print('富贵必从勤苦得,\n男儿须读五车书。\n-- 杜甫')
    富贵必从勤苦得,
    男儿须读五车书。
    -- 杜甫
```

转义字符
和字符串常量

小练习

1. 以下出现在程序中的字符常量,(　　)是正确的。

A. """　　B. 'ab'　　C. '＊'　　D. ' "ab" '　　E. ""a""

F. '\111'　　G. '\"'　　H. '\xah'　　I. "a+b"

2. 表达式 len("py\nth\ton\t")的值为(　　)。

A. 9　　B. 10　　C. 11　　D. 12

3. 以下语句中,(　　)不可以打印出"hello world"字符串(结果需在同一行)。

A. print('"hello
world"')

B. print("hello world")

C. print('hello world')

D. print('hello \
world')

3.3.2 字符串的基本运算

Python 语言中提供了字符串的 5 个基本运算,如表 3-3-2 所示。

表 3-3-2　字符串的基本运算

运算	描述
a+b	连接字符串 a 和 b
a * n	重复输出 n 次字符串 a
a[n]	索引字符串中索引号为 n 的字符
a[m:n]	截取字符串 a 中索引[m,n)的子串
a in b	如果字符串 a 是字符串 b 的子串,则返回 True,否则返回 False

1. 连接和复制

字符串的基本运算

字符串支持的运算有＋和 *,其中可以使用＋连接两个字符串。

【例 3-3-6】连接运算示例。

```
>>> s = 'shang'
>>> s+ = 'hai'
>>> s
    'shanghai'
```

在程序中,可以巧用连接运算结合循环结构,将一组字符串的操作结果记录到一个字符串中,算法模式如下:

```
s = ""
while …:
    s1 = …
    s += s1
```

【例 3-3-7】输入一组字符串,将其中的字母转换为大写形式,将修改后的字符串连接在一起组成一个新的字符串,使用空格分隔。

```
s = ""
while True:
    s1 = input("输入字符串")
    if s1 == "over":
        break
    s += s1.upper() + " "
print(s)
```

【例 3-3-8】复制运算示例。

```
>>> "hi " * 5
    'hi hi hi hi hi '
>>> s = "hi"
>>> t = s * 3
>>> t
    'hihihi'
```

2. 索引运算

字符串的索引运算(下标运算)包括对字符串下标值的引用或切片,可以获取字符串中的字符或子串。其中切片运算的完整使用方法如下:

```
<字符串>[ start:end:step]
```

start 是子串第一个字符的下标值,end 为子串最后一个字符的下标值,step 为步长,默认值为 1,连续取值。

【例 3-3-9】 切片运算示例。

```
>>> months = "JanFebMarAprMayJunJulAugSepOctNovDec"
>>> n = 4
>>> months[(n-1)*3:n*3]   #4 月份的英文缩写
    'Apr'
>>> months[-3:]           #最后一个月的英文缩写
    'Dec'
>>> print(months[0:36:3])  # 取每个月英文缩写的首字符
    JFMAMJJASOND
```

切片

切片运算还有一个经常用到的功能:翻转字符串。

【例 3-3-10】 翻转运算示例。

```
>>> s = "Hello,Python world!"
>>> s[::-1]
    '!dlrow nohtyP,olleH'
>>> s[-2:5:-1]
    'dlrow nohtyP'
```

说明:

(1)下标可以使用正序下标,也可以使用逆序下标,第一个的下标是 0,最后一个的下标是−1;

(2)end 值对应的字符是不包含在截取结果中的;

(3)step 值为−1,表示逆序切片;

(4)逆序切片时,start 表示源串右面的位置下标,end 表示源串左面的位置下标,且不包含。例如,获取"Hello,Python world!"的逆序串,且 start 取 d 的下标−2,end 取 P 的前一位下标 5,step 取−1,得到'dlrow nohtyP'。

需要注意的是,索引运算可以根据下标返回符合要求的字符或字符串,但是字符串是不可变对象,Python 语言不支持以任何方式改变 str 类型对象的值,不能通过下标的方式改变字符串中的某一个字符。

【例 3-3-11】 修改字符串的错误。

```
>>> s[5] = 'i'
    Traceback (most recent call last):
        File "<pyshell#39>", line 1, in <module>
        s[5] = 'i'
    TypeError: 'str' object does not support item assignment
```

出错提示出现类型错误:str 类型对象不支持对其成员赋值。

3. 子串测试

子串测试操作使用 in,可以测试一个子串是否存在于另一个字符串中,计算结果返回布尔值,用法为:

```
<子串> in <字符串>
```

【例 3-3-12】子串测试运算。

```
>>> 'py' in 'python'
    True
>>> t = 'the'
>>> s = "Hello,Python world!"
>>> t in s
    False
```

小练习

1. 运行以下程序,输出结果是(　　)。

```
str1 = "East China University"
str2 = str1[:10] + " Normal " + str1[-10:]
print(str2)
```

A. East China Normal University　　B. Normal U

C. East China Normal　　D. Normal University

2. 给出如下代码 Str3 = "Hello World!",可以输出"World"子串的是(　　)。

A. print()　　B. print(Str3[-6:-1])

C. print(Str3[-5:-1])　　D. print(Str3[-6:])

3. 利用 s1、s2 和字符串操作(使用切片、连接、复制字符串操作),写出能产生下列结果的表达式。

```
s1 = 'programming'
s2 = 'language'
```

(1)"program"

(2)"prolan"

(3)"amamam"

4. 已有 months="JanFebMarAprMayJunJulAugSepOctNovDec",请编写两个程序分别完成下面的功能。

(1)输入月份数字,如 8,输出该月份的三位英文简写。

(2)循环输出 12 个月份与英文简写的对应表,一行一个月份,格式如下:

×月份　　×××

要求使用制表符实现每列左对齐的效果。

3.3.3 字符串的方法

str 类提供了丰富的字符串操作方法,如表 3-3-3 所示,其中 S 表示一个字符串对象。可以通过 help(str)语句查询更多的字符串操作方法。

表 3-3-3　str 类的字符串操作方法

字符串操作方法	描述
S. capitalize()	返回首字母大写后的字符串，S 对象不变
S. lower()	返回所有字母改小写后的字符串，S 对象不变
S. upper()	返回所有字母改大写后的字符串，S 对象不变
S. strip()	返回删去前后空格后的字符串，S 对象不变
S. replace(old,new)	返回将 S 对象中所有的 old 子串用 new 子串代替的字符串，S 对象不变
S. count(sub[,start[,end]])	计算子串 sub 在 S 对象中出现的次数。start 和 end 定义搜索区间，可选
S. find(sub[,start[,end]])	返回子串 sub 在 S 对象中首次出现的位置。start 和 end 定义搜索区间。若找不到，返回 −1
S. index(sub[,start[,end]])	返回子串 sub 在 S 对象中首次出现的位置。start 和 end 定义搜索区间。找不到则抛出 ValueError 异常
S. join(iterable)	将序列对象中所有字符串合并成一个字符串，S 对象为连接分隔符
S. split(sep=None)	将 S 对象按分隔符 sep 拆分为字符串列表，sep 默认值为空格(取值可为空格、换行符、制表符等)

字符串方法的调用形式如下：

```
<字符串>.方法名(<参数>)
```

在主提示符后输入“对象名.”，稍作等待，会显示该对象所有方法的列表，按上、下键可以选择所需的方法。

【例 3-3-13】字符串对象的字符修改方法。

```
>>> s = ' hello python '
>>> t = s.strip()       #去除左右空格
>>> s
    ' hello python '
>>> t
    'hello python'
>>> t.upper()      #所有字母大写
    'HELLO PYTHON'
>>>t. capitalize()      #首字母大写
    'Hello python'
>>>t.replace('hello','hi')      #替换字符串
    'hi python'
>>>t
    'hello python'
```

说明:由【例 3-3-13】可以看出,字符串对象的 strip()、upper()、capitalize()、replace()等方法会进行字符的修改操作,但都是返回一个新的字符串对象,而原字符串对象的内容是不变的。通常需要使用赋值操作,将返回的新字符串对象赋值给一个字符串变量。

【例 3-3-14】字符串对象的统计和查找方法(在上例基础上继续操作)。

```
>>>t
    'hello python'
>>> t.count('o')    #统计字符在字符串中出现的次数
    2
>>> t.find('o')     #寻找字符,返回下标值
    4
>>> t.find('o',5)   #从位置下标 5 开始向后查找
    10
>>> t.index('o',5)   #与 find()方法的功能相同
    10
>>> t.find('o',11)   #find()方法找不到就返回-1
    -1
>>> t.index('o',11)   # index()方法找不到,抛出 ValueError 异常
    Traceback (most recent call last):
      File "<pyshell#17>", line 1, in <module>
        t.index('o',11)
    ValueError: substring not found
```

【例 3-3-15】字符串对象的拆分和合并方法。

```
>>> L="1997-10-28".split("-")    #拆分字符串,返回列表
>>> L
    ['1997', '10', '28']
>>> s="I love Python\tI love C++\nI love programming."
>>> print(s)
    I love Python I love C++
    I love programming.
>>> Ls=s.split()     #缺省参数拆分字符串
>>> Ls
    ['I', 'love', 'Python', 'I', 'love', 'C++', 'I', 'love', 'programming.']
>>> Lt=" ".join(Ls)
>>> print(Lt)
    I love Python I love C++ I love programming.
>>> year,month,day=2023,8,31
>>> "/".join([str(year),str(month),str(day)])
    '2023/8/31'
```

说明:字符串对象的 split()方法根据参数字符将一个字符串拆分为若干个子串,返回包含所有子串的列表。如果参数为空,那么所有能产生空格的字符都是拆分标志字符,如空格、制表符、换行符。

字符串对象的join()方法可以将参数序列中的字符串元素使用连接分隔符合并为一个字符串。要注意的是，序列中的对象必须是字符串，所以【例3-3-15】中整数year、month、day变量的值要转换为字符串后再合并。

小练习

1. a.split()返回的是(　　)。

A. 字符串　　B. 集合　　C. 列表　　D. 元组

2. 执行以下程序，输入93python22，输出结果是(　　)。

```
w = input('请输入数字和字母构成的字符串:')
for x in w:
    if '0'<= x <= '9':
        continue
    else:
        w.replace(x,'')
print(w)
```

A. 93python22　　B. 9322

C. python　　D. python9322

3. 以下关于字符串操作的描述中，(　　)是错误的。

A. 想获取字符串str的长度，可以使用字符串处理函数str.len()

B. 设x='aa'，则执行x*3的结果是'aaaaaa'

C. 想把一个字符串str所有的字母转为大写形式，可以使用str.upper()语句

D. str.replace(x,y)方法把字符串str中所有的x子串都替换成y子串

4. 设str='python'，(　　)语句可以实现把字符串的第一个字母转为大写形式，其他字母还是小写形式。

A. print(str[1].upper()+str[-1:1])

B. print(str[1].upper()+str[2:])

C. print(str[0].upper()+str[1:])

D. print(str[0].upper()+str[1:-1])

5. 运行以下程序，输出的结果是(　　)。

```
print(" love ".join(["Everyday","Yourself","Python",]))
```

A. Everyday love Yourself love Python　　B. Everyday love Yourself

C. Everyday love Python　　D. love Yourself love Python

6. 编写程序，寻找一个源字符串s中子串sub的所有位置。使用不同的方法[find()或index()]实现。

运行结果如下：

```
s = do not,for one repuls,forgo the purpose that you resolved to effort
sub = o
1  4  8  11  23  26  36  46  52  59  64  over
```

3.3.4 字符串典型算法设计

1. 身份证号码解析

【例 3-3-16】 身份证号码解析:输入一个昵称和身份证号码的信息,从身份证号码中提取出生日期和性别的信息,输出昵称和出生日期,且在 6 月份出生的人员后标注“准备礼物”,如果该用户是女性,则再加上“+鲜花”进行标注。

运行结果如下:

示例 1

```
>>>请输入昵称:红太狼
>>>请输入身份证号码:309012199606230083
    红太狼      1996 年 06 月 23 日
    准备礼物 + 鲜花
```

身份证号码解析

示例 2

```
>>>请输入昵称:灰太狼
>>>请输入身份证号码:309012199306130134
    灰太狼      1993 年 06 月 13 日
    准备礼物
```

分析:身份证号码共有 18 位。其中第 7 位到第 14 位为出生日期信息(首位为第 1 位)。倒数第 2 位为性别标志位(奇数为男性,偶数为女性)。从身份证号码中提取相应信息,逐步构造输出字符串。

程序实现代码如下:

```
nickname = input("请输入昵称:")
ids = input("请输入身份证号码:")

birthDay = "{}年{}月{}日".format(ids[6:10],ids[10:12],ids[12:14])   #构造生日
msg = "{}\t{}\n".format(nickname,birthDay) #构造输出字符串
if ids[-8:-6] == '06':                     #生日为6月
    msg+ = "准备礼物"
    if int(ids[-2]) % 2 == 0:              #是女性
        msg += "+鲜花"
print(msg)
```

说明:str 类的 format()方法用于构造一个格式字符串,格式字符串中{}对应的内容由参数列表中的参数值按规定格式显示。

ids[10:12]和 ids[-8:-6]都是月份对应的子串,前者使用正序索引,后者使用逆序索引。

msg 是输出字符串变量,注意逐步构造 msg 的方法:先通过赋值语句获得第一行昵称和出生年月,然后通过连接操作来追加第二行输出文本的内容。使用一个字符串变量可以操作多行文本。在第 6 章学习文本文件时可以看到,甚至整个文本文件的内容都可以通过一个字符串变量操作。

2. 求整数的逆序数

使用 Python 语言求一个整数的逆序数,可以将整数先转化为字符串,再使用字符串逆向

索引操作，可以很方便地得到逆序串，再转化为整数，这样使求逆序数的过程简洁且易于理解。

逆序数

【例 3-3-17】找到回文数。输入一组正整数，找到一个回文数后才能停止输入。

运行结果如下：

```
>>>请输入一个整数:13854
>>>请输入一个整数:23132
   23132 是回文数
```

回文数就是正向读和反向读都一样的数。设置变量 n 表示任意一个正整数，它的逆序数可以直接用一个表达式 int(str(n)[::-1])表示。其中 str(n)函数将 n 转化为字符串，后面利用切片操作[::-1]得到逆序串，再使用 int()函数将其转化为整数。

构建循环连续读入一组整数，判断为回文数就结束循环，程序实现代码如下：

```
while True:
    n = int(input("请输入一个整数:"))
    rn = int(str(n)[::-1])        #求逆序数
    if rn == n:
        print(n,"是回文数")
        break
```

str

使用逆向索引很容易得到逆序字符串，在处理求逆序数的问题时，如果是正整数字符串 x，逆序字符串可以表示为 x[::-1]；如果是负整数，要去掉第一个负号字符(下标为 0)，逆序字符串可以表示为 x[:0:-1]，表示从后往前，第一参数省略，表示从最后一个字符开始，第二个参数为 0，表示结束字符取到下标为 1 的字符。这样，求逆序数的算法就变为求整数的逆序字符串，再将其转换为整数。如果输入的数为负数，取字符串的时候去掉负号，转化为整数类型后再乘以－1。

【例 3-3-18】逆序数之和：输入若干个整数，当输入"quit"时结束，求所有整数的逆序数之和。

程序的运行结果如下，要考虑负整数，输出时要求输出逆序数相加的多项式，负数用括号括起来，使表达更清晰。

运行结果如下：

```
>>>input x:45
>>>input x:-12
>>>input x:30
>>>input x:quit
   54 + (-21) + 3 = 36
```

算法描述如下：

```
1 累加器清零
2 输出字符串置空串
3 当循环 True
    3.1 输入一个数到 x
    3.2 如果 x 是"quit"则跳出循环
    3.3 求 x 的逆序数
```

```
    3.4 构造输出字符串
    3.5 累加逆序数到 s
4 输出结果
```

利用 Python 语言的字符串特性,程序实现代码如下:

```
s = 0
outstr = ""
while True:
    x = input("input x:")
    if x == "quit":
        break
    #字符串切片操作求逆序数
    if x[0] == "-":
        x = int( x[:0:-1]) * -1
    else:
        x = int(x[::-1])
    #使用格式字符串和连接操作构造输出字符串
    if x<0:
        outstr += "({}) + ".format(x)
    else:
        outstr += str(x) + " + "
    s = s + x    #累加逆序数
print(outstr[:-1]," = ",s)    #切片设置 end 等于 -1 时去掉最后一个 +
```

3. 字符分类统计

字符分类统计的算法思想是遍历字符串中的每一个字符,判断字符所属的类别,相应的计数器增 1。

遍历字符串的算法模式如下:

```
for ch in s:
    …ch…
```

判断字符类别的方法有以下几种:

(1)使用 ASCII 码值判断;

(2)使用 string 库的常量字符集判断;

(3)使用 str 类的方法判断。

【例 3-3-19】编写程序,统计各类字符的个数。输入一个字符串,分别统计其中大写字母、小写字母、数字的个数,以及其他字符的总数。

方法一:使用 ASCII 码值判断。

分析:每个字符在计算机中使用 ASCII 编码,西文字符的 ASCII 码是 0~127 的整数,其中大写字母、小写字母、数字字符的编码是连续的。例如,大写字母的 ASCII 码值为 65~90。

判断一个字符 c 是不是大写字母,可以使用关系运算 'A' <= c <= 'Z',其实质是 ASCII 码值的比较。

方法一的算法核心思想就是分类计数，设置 4 个计数器变量，在迭代访问字符串的每个字符时，相应的计数器变量增 1。

程序实现代码如下：

```
instr = input('请输入字符串：')
upper,lower,digit,other = 0,0,0,0
for c in instr:
    if 'A'<= c <= 'Z':
        upper = upper + 1
    elif 'a'<= c <= 'z':
        lower = lower + 1
    elif '0'<= c <= '9':
        digit = digit + 1
    else:
        other = other + 1
print(f'大写字母{upper}个,小写字母{lower}个,数字{digit}个,其他字符{other}个。')
```

字符分类优计

运行结果如下：

```
>>>请输入字符串:HELLO python 123!
   大写字母 5 个,小写字母 6 个,数字 3 个,其他字符 3 个
```

方法二：使用 string 库的常量字符集判断。

Python 标准库中的 string 库，还提供如下字符集：

(1)string. digits 常量字符集，可返回'0123456789'；

(2)string. ascii_lowercase 常量字符集，可返回'abcdefghijklmnopqrstuvwxyz'；

(3)string. ascii_uppercase 常量字符集，可返回'ABCDEFGHIJKLMNOPQRSTUVWXYZ'；

(4)string. punctuation 常量字符集，可返回'!"#$%&\'()*+,-./:;<=>?@[\\]^_`{|}~'。

方法二的算法可以使用字符集实现分类判断，程序实现代码如下：

```
import string
instr = input('请输入字符串：')
upper,lower,digit,other = 0,0,0,0
for c in instr:
    if c in string.ascii_uppercase :
        upper = upper + 1
    elif c in string.ascii_lowercase:
        lower = lower + 1
    elif c in string.digits:
        digit = digit + 1
    else:
        other = other + 1
print(f'大写字母{upper}个,小写字母{lower}个,数字{digit}个,其他字符{other}个。')
```

方法三：使用 str 类的方法判断。

str 类提供判断字符串的类别的一系列方法，并返回布尔值：

(1)＜字符串＞. isalnum()方法，判断是否所有字符都是数字或者字母，为真则返回 True，否则返回 False。

(2)＜字符串＞. isalpha()方法，判断是否所有字符都是字母，为真则返回 True，否则返回 False。

(3)＜字符串＞. isdigit()方法，判断是否所有字符都是数字，为真则返回 True，否则返回 False。

(4)＜字符串＞. islower()方法，判断是否所有字符都是小写字母，为真则返回 True，否则返回 False。

(5)＜字符串＞. isupper()方法，判断是否所有字符都是大写字母，为真则返回 True，否则返回 False。

(6)＜字符串＞. istitle()方法，判断是否所有单词都是首字母大写，为真则返回 True，否则返回 False。

(7)＜字符串＞. isspace()方法，判断是否所有字符都是空白字符，为真则返回 True，否则返回 False。

方法三的算法可以使用 str 类的方法实现分类判断，程序实现代码如下：

```
instr = input('请输入字符串：')
upper,lower,digit,other = 0,0,0,0
for c in instr:
    if c.isupper():
        upper = upper + 1
    elif c.islower():
        lower = lower + 1
    elif c.isdigit():
        digit = digit + 1
    else:
        other = other + 1
print(f'大写字母{upper}个,小写字母{lower}个,数字{digit}个,其他字符{other}个。')
```

小练习

1. 以下程序的输出结果是(　　)。

```
str1 = 'Process finished with exit code'
for s in str1:
    if s == 'h':
        break
    if s == 's':
        continue
    print(s,end = '')
```

A. Process finished with exit code

B. Process finis

C. Proce finihed with exit code

D. Proce fini

2. 以下程序的输出结果是(　　)。

```
mstr = 'AKCAQB8vXG0I'
for i in mstr:
    if '0' <= i <= '9':
        mstr.replace(i,'')
        continue
    else:
      print(i,end = '')
print('\n',mstr)
```

A. AKCAQBvXGI
   AKCAQB8vXG0I

B. AKCAQBvXGI
   AKCAQBvXGI

C. AKCAQB8vXG0I
   AKCAQBvXGI

D. AKCAQB8vXG0I
   AKCAQB8vXG0I

3.4 程序练习题

1. 程序改错题

(1)程序功能:输入若干天的气温,当输入"quit"时结束,求这些天的平均气温、最高气温和最低气温。如果第一次输入就输入"quit",则显示“程序结束”。其中气温为整数,平均气温保留一位小数。下面的程序中存在多处逻辑错误,请调试程序,找出错误并改正。

运行示例如下:

```
输入:
34
30
28
35
quit

输出:
最高气温为:35,最低气温为:28
平均气温为:31.8
```

程序实现代码如下:

```
x = input()
if x == "quit":
    print("程序结束")
    exit(0)
```

```
else:
    maxnum = minnum = x

s = 0
n = 0
while True:
    x = input()
    if x == "quit":
        continue
    x = int(x)
    if x>maxnum:
        maxnum = x
    elif x<minnum:
        minnum = x
    s = s + x
    n = n + 1
    print("最高气温为:{},最低气温为:{}".format(maxnum,minnum))
    print("平均气温为:{:.1f} ".format(s/n))
```

(2)程序功能:输入一串字符,统计其中非英文字母的字符数量,并输出统计结果。不断重复上述过程,直到用户输入"over"为止。程序中有三处错误(语法错误或者逻辑错误),请改正,使程序能正常运行并输出结果。

运行示例如下:

```
输入:34h@jfga
输出:非英文字母的字符数量为 3
输入:dkfjaksRT
输出:非英文字母的字符数量为 0
输入:over
```

程序实现代码如下:

```
ss = input()
while ss  =  '':
    n = 0
    for x in ss:
        if isalpha :
            n = n + 1
    print('非英文字母的字符数量为',n)
ss = input()
```

2. 程序设计题

(1)数列求和。

程序功能:输入一个正整数变量 n,计算并输出数列 1,−1/2,2/3,−3/5,4/8,−5/12,…

前 n 项的和，要求以浮点数形式输出。例如，输入 n=6，输出的结果为数列前 6 项的累加和，即 0.65。

(2)随机数统计。

程序功能：使用 random 库的函数，随机生成[-1000，1000]区间上的 100 个整数，分别统计其中能被 3 或 7 整除的数的个数。输出 100 个随机数，一行 10 个，最后输出统计结果。

(3)水仙花数。

程序功能：使用穷举法输出所有的水仙花数(水仙花数是指一个 3 位数，它的每位数字的 3 次幂之和等于它本身)，并统计共有多少个水仙花数。

提示：3 位数 num 由 a，b，c 构成，从 1 到 9 列举 a，从 0 到 9 列举 b 和 c。如果 a、b、c 的三次方之和等于 num，则符合水仙花数要求。

(4)Collatz(考拉兹)猜想。

程序功能：Collatz 猜想也叫 $3n+1$ 猜想，给出一个正整数，如果是偶数，则减半；如果是奇数，则变为它的三倍加一；重复这个过程，直到变为 1 时停止。Collatz 猜想所有正整数经过足够多次变换后最终都能达到 1。模拟 Collatz 猜想过程，输出每一步的变换结果，变为 1 时停止。

(5)IP 地址转换。

程序功能：一个 IP 地址是由 4 字节的二进制码组成的。输入一个合法的二进制 IP 地址，请将其转换为十进制 IP 地址输出(不考虑异常输入数据)。例如，二进制 IP 地址 11001100 10010100 00010101 01110010 转化为十进制 IP 地址为 204.148.21.114。

提示：int(str，base=2)函数可以将一个二进制字符串转化为十进制整数，示例如下。

```
>>> int("110111101",2)
    445
```

(6)比较逆序数。

程序功能：随机产生 50 个-1 000～1 000 范围内的整数，输出其中逆序数大于原数值的整数并统计个数。

(7)电文加密。

程序功能：有一行电文，已按如下规律译成密码。

A→Z，a→z

B→Y，b→y

C→X，c→x

……

也就是说，第 1 个字母变成第 26 个字母，第 i 个字母变成第($26-i+1$)个字母，非字母字符保持不变。要求根据密码译回原文并输出。

运行结果如下：

运行示例一：

```
input:ABC123abc
output:ZYX123zyx
```

运行示例二：

```
input:Life is like an icecream, enjoy it before it melts.
output:Oruv rh orpv zm rxvxivzn, vmqlb rg yvuliv rg nvogh.
```

(8)求文本中出现频率最高的字母。

程序功能:输入一段文本,输出该文本中出现频率最高的字母。如果出现频率最高的字母有多个,则输出先出现的字母。例如,输入 abbabcccdb,输出 b。

本章范例与参考答案

第 4 章

数 据 容 器

本章概要

本章的主要内容是批量数据对象，以及作用在这些批量数据对象上的基本操作：如何创建批量数据对象、批量数据对象支持的运算，以及批量数据对象提供的方法。

Python 语言可支持批量数据存储和操作，其中有序的数据集称为序列，包括字符串、元组和列表，其中对序列可以通过索引或下标来访问其元素，序列的基本操作包括索引、连接、复制、检测等；无序的数据集包括集合、字典等，无序的数据集不支持索引操作。

批量数据对象的创建可以通过字面形式，给对象赋常量值，也可以通过类型构造器创建。例如，创建一个空的 tuple 类型对象，可以直接将一个空的元组赋给 tuple 类型对象：t=()；也可以使用元组的无参类型构造器创建：t=tuple()。

每一种批量数据对象都提供丰富的方法，以支持对批量数据对象的各种操作，方法的调用形式为：

```
<对象名>.方法名(<参数>)
```

本章最后将讨论批量数据的典型算法设计。

学习目标

完成本章的学习后，读者应达到如下目标：

(1) 了解计算机中批量数据的组织方法；

(2) 掌握 Python 语言中元组和列表的特性、基本操作和常用方法；

(3) 掌握 Python 语言中集合和字典的特性、基本操作和常用方法；

(4) 掌握批量数据的典型算法设计。

4.1 数据容器概述

在实际的计算机问题中，程序要处理的对象通常是大批量的、相同数据类型的数据集合。例如，一次科学实验中获得的大量实验数据，关键字搜索时大量网页中包含的单词，一幅 BMP 图像中包含的像素点，上述示例中分别包含大量数值的集合、大量文本的集合和大量点对象的集合。程序设计语言支持批量数据的存储,用统一的变量名管理一批数据,可以称这种变量为数据容器。使用数据容器表示批量数据,可以方便地设计循环结构依次访问元素,构建处理复杂问题的算法。

4.1.1 可迭代和迭代器

在开始学习数据容器之前,先来学习可迭代(iterable)和迭代器(iterator)的概念。理解这两个概念就能理解 for…in 循环的本质,同时可迭代也是所有数据容器的共同特征。

1. 迭代

iterable 和 iterator 这两个词都来源于动词 iterate,iterate 的含义就是重复,其名词形式 iteration 在计算机领域通常翻译为迭代,对一组数据逐个执行特定操作都可以称为迭代,如 for…in 循环,示例如下。

```
>>> for i in [1, 2, 3]:
        print(i)

    1
    2
    3
```

代码说明如下:

(1)取列表[1,2,3]中的第一个数据,令变量 i=1;

(2)执行 print(i)语句,输出 i 的值;

(3)取列表[1,2,3]中的“下一个”数据,令 i 的值等于该数据;

(4)重复步骤(2)~步骤(3),直到列表中没有“下一个”数据(“下一个”数据为空值)。

通过上面的 for…in 循环的例子可以得出,迭代的本质是对一组数据执行特定操作,确保所有数据都正好被操作一次,不重不漏。这是非常常用的一种场景,这里面有两个要素。

(1)被迭代处理的数据集 X,其中包含若干元素,可以通过“下一个元素”这种指令逐个取出这些数据,确保不重不漏;

(2)需要有对 X 的每个元素执行的操作 f()。

只要具备这两个要素,就可以通过如下代码形式遍历操作 X 中的所有元素:

```
for x in X:
    f(x)
```

支持迭代的数据对象就是可迭代对象(iterable object)。Python 语言提供的可迭代对象有很多,例如,组合数据类型中的字符串、元组、列表、字典、集合都是可迭代对象,又如 range() 函数返回的 range 对象也是可迭代对象,第 6 章中还能学习到更多数据类型的可迭代对象。

2. 迭代器

迭代器是一个重要的概念,迭代器是一个可以记住遍历位置的对象。迭代器可以从数据集合的第一个元素开始访问,直到所有的元素被访问完结束。迭代器只能往前,不会后退。

目前还没有学习类的知识,还不能从设计结构上讲解和理解迭代器,但可以这样来理解迭代器的作用:它提供一个访问不同数据类型的数据集的接口,这些数据集在内存中的存储方法是不一样的,例如,列表是顺序存储,要通过下标访问;字典是哈希存储,要通过关键字访问,但是当它们都支持迭代器协议，在类中定义了迭代器的方法(__iter__和__next__)时，它们都支持迭代访问，使用 for 循环，列表和字典都可以从第一个元素依次访问到最后一个元素。

Python 语言的内置函数 iter()返回一个迭代器，内置函数 next()返回迭代器的下一个元素，下面通过例子来理解迭代器的通用性。

【例 4-1-1】迭代器的访问。

```
>>> myList = [1,3,5,7]
>>> myIter1 = iter(myList)
>>> print(next(myIter1))
    1
>>> print(next(myIter1))
    3
>>> myDict = {"a":10,"b":12}
>>> myIter2 = iter(myDict)
>>> print(next(myIter2))
    a
>>> print(next(myIter2))
    b
```

小练习

1. 判断下面说法是否正确。

(1)for 循环中包含变量赋值，循环结束后，变量不会被删除。（　　）

(2)for 循环中，else 子句只在被遍历对象中的所有项都被耗尽后才会执行。（　　）

2. 执行 for i in ():print(i)后，结果是(　　)。

A. 什么也没有　　B. None　　C. 报错　　D. ()

4.1.2 Python 语言的数据容器

数据容器就是可以存储其他数据的数据，Python 语言有 4 种基本的数据容器：列表、元组、字典、集合，这些容器有共性也有差异，它们都是可迭代的，所以对这些容器要迭代遍历其中的元素是非常简单的，方法也几乎一样。

根据这些数据类型的数据在内存中是否连续排列，可将数据容器分为两种：有序的数据容器和无序的数据容器。

有序的数据容器也称序列，包括元组和列表。序列的元素之间存在顺序，因此可以通过各元素在序列中所处的位置(下标)来访问元素。Python 语言提供序列的一些基本操作，如表 4-1-1 所示，以实现对序列的索引、连接、复制、检测成员等。

表 4-1-1　序列的基本操作

操作	描述
x1+x2	连接序列 x1 和 x2，生成新序列
x * n	将序列 x 复制 n 次，生成新序列
x[i]	引用序列 x 中下标为 i 的元素，i 从 0 开始计数
x[i:j]	引用序列 x 中下标从 i 到 $j-1$ 的子序列

续表

操作	描述
x[i:j:k]	引用序列 x 中下标从 i 到 $j-1$ 且间隔 k 的子序列
len(x)	计算序列 x 中成员的个数
max(x)	返回序列 x 中的最大项
min(x)	返回序列 x 中的最小项
v in x	检测 v 是否在序列 x 中,返回布尔值
v not in x	检测 v 是否不在序列 x 中,返回布尔值

字符串也是序列的一种,由于它只能是由字符构成的,形式单一,因此不把它归于数据容器。但是,第 3 章介绍的有关字符串的操作方法,都是一样的。

无序的数据容器包括集合、字典等,无序的数据容器的元素之间不存在存储的先后关系,因此也不支持索引操作。字典按键名直接读取元素的值。集合不支持对元素的访问,集合经过运算可以转化为序列类型,再按序列访问元素。

小练习

1. 判断下面说法是否正确。

(1)Python 语言中列表、元组、字符串都属于有序序列。 ( )

(2)集合可以作为列表的元素。 ( )

(3)列表中所有元素必须为相同类型的数据。 ( )

2. 已知 x=list(range(20)),那么表达式 x[-1]的值是( )。

A. 20 B. 19 C. 18 D. [20]

3. 任意长度的列表、元组和字符串中最后一个元素的下标是( )。

A. 0 B. -1 C. 1 D. last

4. 以下数据类型中,( )属于无序数据类型。

A. set、tuple B. str、list

C. list、tuple D. set、dict

5. 关于数据容器,以下说法中( )是错误的。

A. 集合中的数据元素按大小顺序存储

B. 字典从 Python 3.7 开始,元素确保为插入顺序

C. 可变对象中的元素可以增、删、改,而不可变对象则不能

D. 数据容器中的元素都是可迭代的

4.2 元组和列表

Python 语言中的元组和列表可以存储任意数量的一组相关数据,形成一个整体。其中每一个数据项都可以是任意数据类型的。各数据项之间按索引排列并允许按索引访问。

元组和列表的区别为:元组是不可变对象,创建之后就不能改变其元素,这点与字符串是相同的;而列表是可变对象,创建后允许修改、插入或删除元素,列表可以看作一组数据变量的

组合，可以对变量重新赋值，也可以增加或删除变量。

4.2.1 元组的基本操作

元组和列表

1. 元组的字面表示

元组一般使用圆括号表示，数据项之间用逗号分隔，圆括号也可以省略，元组的字面格式如下：

```
表达式 1,表达式 2,…
```

或

```
(表达式 1,表达式 2,…)
```

元组的数据项可以是一个表达式，可以是一个简单类型的常量，可以是一个组合类型的常量，也可以是一个变量，还可以是包含运算符的表达式。

【例 4-2-1】使用字面表示方式创建元组。

```
>>> #元组的字面表示
>>> t1 = (1,2,3)
>>> t1
    (1, 2, 3)
>>> #元组的字面表示也可以不加圆括号
>>> t2 = "east","south","west","north"
>>> t2
    ('east', 'south', 'west', 'north')
>>> #元素可以是相同数据类型,也可以是不同数据类型
>>> t3 = "0010110","张山","men",18
>>> t3
    ('0010110', '张山', 'men', 18)
>>> #可以定义嵌套的元组
>>> t4 = (23,(5,8,6),18,6,'shanghai')
>>> t4
    (23, (5, 8, 6), 18, 6, 'shanghai')
>>> len(t4)
    5
```

说明：元组的元素的数据类型是不限的，可以是相同类型，可以是不同类型，还可以是组合类型。例如，元组 t4 的元素又包含了一个元组，构成嵌套结构。

【例 4-2-2】元组的元素是变量。

```
>>> # 元组的元素是变量
>>> t5 = t1,t2,t3
>>> t5
    ((1, 2, 3), ('east', 'south', 'west', 'north'), ('0010110', '张山', 'men', 18))
>>> t2 = 'East', 'South', 'West ', 'North '
>>> t5
    ((1, 2, 3), ( 'east ', 'south ', 'west ', 'north '), ( '0010110 ', '张山 ', 'men ', 18))
```

说明:元组创建时的元素为变量,实质是元组元素引用了变量所引用的对象。如【例 4-2-2】中,创建元组时,元素 t5[1]引用了变量 t2 所引用的元组对象('east', 'south', 'west', 'north'),当对 t2 重新赋值时,变量 t2 引用了新的元组('East', 'South', 'West', 'North'),t5[1]的引用并不会改变。这说明 t5[1]引用的是元组对象('east', 'south', 'west', 'north'),而不是变量 t2。在使用变量作为元素创建元组时,要注意这一点。列表的创建也是如此。

【例 4-2-3】 创建只有一个元素的元组。

```
>>> #只有一个元素的元组
>>> t6 = ("张山")        #创建元组失败,创建了一个字符串
>>> t6
    '张山'
>>> t6 = ("张山",)       #创建一个元素的元组要多加一个逗号
>>> t6
    ('张山',)
>>> t6 = "张山",         #元组没有圆括号的示例
>>> t6
    ('张山',)
```

说明:只有一个元素的元组应该包括一个逗号,这个规定用以区分创建的是字符串还是元组。

2. 元组的类型构造器

类型构造器是和类型同名的函数,第 1 章介绍了使用类型构造器可以实现类型的相互转化。元组的类型构造器是 tuple()函数,它可以生成一个空的元组,也可以将字符串、列表、集合等转化为元组。

【例 4-2-4】 元组的类型构造器。

```
>>> #创建空元组
>>> t7 = ()             #字面方式创建空元组
>>> t7
    ()
>>> t7 = tuple()        #类型构造器方式创建空元组
>>> t7
    ()
>>> #将字符串转化为元组,得到由单个字符构成的元组
>>> t8 = tuple("Python")
>>> t8
    ('P', 'y', 't', 'h', 'o', 'n')
>>># 将列表转化为元组
>>> t9 = tuple([1,2,3])
>>> t9
    (1, 2, 3)
```

3. 元组的访问

元组也是序列的一种,支持用下标访问元组中的某一元素,也支持切片访问多个元素。

与字符串相同，元组是不可变对象，不能修改其元组元素，但可以通过为整个元组重新赋值来修改元组的元素构成。

【例 4-2-5】元组的访问。

```
>>> t5[1]      #访问指定元素
    ('east', 'south', 'west', 'north')
>>> t5[1][1]   #二维访问
    'south'
>>> t5[2:]     #切片访问
    (('0010110', '张山', 'men', 18),)
>>> t5[1][1] = "South"     #不能修改元组元素
     Traceback (most recent call last):
         File "<pyshell#25>", line 1, in <module>
             t5[1][1] = "South"
     TypeError: 'tuple' object does not support item assignment
```

4. 并行赋值的原理

元组存在的意义更多在于其支持并行赋值，这样就优化了 Python 语言的一些功能，例如交换算法、函数可以同时返回多个值等。

元组的赋值操作不但支持整体赋值，即将一个元组常量赋值给一个变量，这个变量引用元组对象；元组还支持一个元组常量赋值给元组元素一一对应的多个变量，这些变量引用元组的元素。

【例 4-2-6】并行赋值的原理和应用。

```
>>> t = 10,20      #变量 t 引用元组对象
>>> t
    (10, 20)
>>> a,b = t        #变量 a、b 分别引用元组 t 的元素 10 和 20
>>> a
    10
>>> b
    20
>>> def f(a,b):    #定义一个返回两个整数的函数
        a = a+1
        b = b+5
        return a,b
>>> x,y = f(a,b) #可以给两个变量并行赋值
>>> x
    11
>>> y
    25
>>> t = f(a,b)     #可以使用一个变量接收一个元组
>>> t
    (11, 25)
>>> type(t)
    <class 'tuple'>
```

说明:并行赋值的实质是元组的元素与变量一一对应地赋值。f(a,b)函数中 return 语句返回多个值,实质是返回一个元组。可以用一个变量接收一个元组对象,也可以直接将元组元素并行赋值给多个变量。列表对象也支持并行赋值。

小练习

1. 设有变量 a="Me","You",则变量 a 属于(　　)。

A. 字符串　　B. 元组

C. 列表　　D. 集合

2. 依次执行下面程序语句,并回答问题。

```
>>> t1 = '001001', 'Li Si', 'men', 18
>>> t1
>>> t1[0]
>>> t1[1]
>>> type(t1)
>>> len(t1)
```

(1)t1[0]:____________________,t1[1]:____________________。

(2)t1 的类型是____________________。

(3)t1 的长度是____________________。

3. 设有 x=("east","south","west","north"),变量 x[1]为(　　)类型。

A. list　　B. tuple

C. str　　D. set

4.2.2 列表的基本操作

1. 列表的创建

列表用方括号表示,元素之间以逗号分隔,可以嵌套定义列表,列表元素可以是不同的数据类型,还可以是空列表。

【例 4-2-7】 创建列表。

```
>>> #定义一个由字符串构成的列表
>>> L1 = ["one","two","three","four","five"]
>>> #定义一个由子列表构成的嵌套列表
>>> L2 = [[1,2],[3,4],[5,6]]
>>> #定义由数据类型不同的元素构成的列表
>>> L3 = ["10170926","高欣","19960103",164,47.8]
>>> #创建一个空的列表
>>> L4 = []
```

列表的类型构造器是 list()函数,它可以生成一个空的列表,也可以将字符串、元组、集合等转化为列表。

【例 4-2-8】 列表的类型构造器。

```
>>> #生成一个空列表
>>> L = list()
>>> L
    []
>>> #将元组转化为列表
>>> L5 = list(t2)
>>> L5
    ['East', 'South', 'West', 'North']
>>> #将一个字符串转化为列表
>>> L6 = list("python")
>>> L6
    ['p', 'y', 't', 'h', 'o', 'n']
```

Python 语言还提供一种使用 for 语句快速创建列表的方法，语句格式如下：

```
L = [ <表达式> for <变量> in range(start,end,step) if <条件> ]
```

【例 4-2-9】快速创建列表。

```
>>> #生成由 10,20,30,…,100 组成的列表
>>> L7 = [ x for x in range( 10,101,10 ) ]
>>> L7
    [10, 20, 30, 40, 50, 60, 70, 80, 90, 100]
>>> #随机生成 10 个 100 以内的整数组成列表
>>> from random import randint
>>> L8 = [ randint(0,100) for i in range(10)]
>>> L8
    [76, 36, 1, 7, 96, 7, 85, 33, 62, 100]
>>> #生成 100 以内能被 3 和 5 整除的数组成列表
>>> L9 = [ i for i in range(1,100) if i%3 == 0 and i%5 == 0 ]
>>> L9
    [15, 30, 45, 60, 75, 90]
```

2. 列表的访问操作

列表与字符串和元组的索引访问相同，可以通过下标访问，下标从 0 开始，也可以通过切片操作获取部分元素。

列表和元组、字符串的根本区别在于列表是可变对象，每一个列表元素可以视为一个变量，可以通过下标访问修改变量的值，所以列表元素可以读取，可以修改，而元组和字符串的元素不能通过下标访问修改。这使得列表可以通过索引操作更灵活地完成修改、删除、插入等维护操作。

【例 4-2-10】列表元素的修改。

```
>>> L1
    ["one","two","three","four","five"]
>>> L1[2] = "Three"
```

```
>>> L1
    ['one', 'two', 'Three', 'four', 'five']
>>> #列表元素为子列表变量,修改子列表的元素后,列表随着修改
>>> A = [20,30]
>>> L = [L2,A]
>>> L
    [[[1, 2], [3, 4], [5, 6]], [20, 30]]
>>> A[0] = 25
>>> L
    [[[1, 2], [3, 4], [5, 6]], [25, 30]]
>>> L[-1][-1] = 35
>>> L
    [[[1, 2], [3, 4], [5, 6]], [25, 35]]
>>> A
    [25, 35]
```

说明:【例 4-2-10】中,变量 L 记录的是列表 L2 和 A 的对象 ID,即 L[0]引用 L2,L[1]引用 A,如图 4-2-1 所示。

此时列表[20,30]可以通过 A 访问,也可以通过 L[1]访问,A 和 L[1]都获取了列表[20,30]的对象 ID。当 A 的元素被修改后,L 反映 A 修改后的结果。

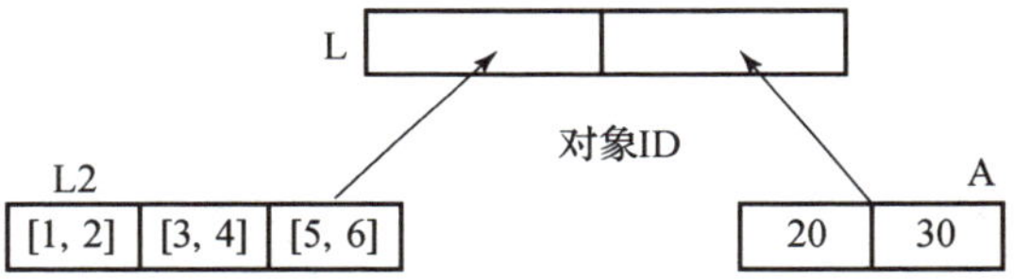

图 4-2-1　嵌套列表变量的列表结构

3. 连接和复制操作

列表中的每一项称为列表元素。与字符串的连接和复制操作相同,+操作符可以将两个列表的元素连接,生成一个新列表;* 操作符复制列表的元素,生成一个新列表。

【例 4-2-11】连接和复制列表元素。

```
>>> #将两个列表的元素连接为一个列表
>>> L2 = L2+[[7,8],[9,10]]
>>> L2
    [[1, 2], [3, 4], [5,6], [7, 8] ,[9,10]]
>>> #将列表的元素复制 10 次
>>> L10 = [0]*10
>>> L10
    [0, 0, 0, 0, 0, 0, 0, 0, 0, 0]
```

4. 逻辑判断操作

使用 in 和 not in 语句可以测试一个对象是不是元组或列表的元素,测试结果返回布尔值。

【例 4-2-12】判断列表元素是否存在。

```
>>> L8
    [76, 36, 1, 7, 96, 7, 85, 33, 62, 100]
>>> 85 in L8
    True
>>> 85 not in L8
    False
>>> not 85 in L8
    False
```

5. 遍历操作

遍历操作是指依次访问列表中的每一个元素，遍历操作有迭代访问和下标访问两种模式。

1)迭代访问的算法模式

迭代访问支持读取列表中的每一个元素。序列中的列表、元组、字符串都支持迭代访问，算法模式如下：

```
for x in 迭代序列:
    … x …
```

【例 4-2-13】列表的迭代访问。

```
>>> L2 = [[1, 2], [3, 4], [5, 6], [7, 8], [9, 10]]
>>> #单层访问
>>> for x in L2:
        print(x,end = " ")

    [1, 2] [3, 4] [5, 6] [7, 8] [9, 10]
>>> #嵌套访问
>>> for x in L2:
        for y in x:
            print(y,end = " ")

    1 2 3 4 5 6 7 8 9 10
```

2)下标访问的算法模式

列表中的每一个元素都有下标，一次遍历操作就是穷举每一个下标，每穷举一个下标 i，访问一次序列元素。如果序列存在嵌套，则嵌套穷举每一种下标组合。假设 M、N 是每一层下标的最大值，这种算法模式如下：

L[M]:

```
for i in range( M ):
    … L[i]…
```

L[M][N]:

```
for i in range( M ):
    for j in range( N ):
        … L[i][j]…
```

【例 4-2-14】下标访问列表。

```
>>> L2 = [[1, 2], [3, 4], [5, 6], [7, 8], [9, 10]]
>>> for i in range(5):
        print(L2[i],end = "\t")

    [1, 2]  [3, 4]  [5, 6]  [7, 8]  [9, 10]
>>> for i in range(5):
        for j in range(2):
            print(L2[i][j],end = " ")

    1 2 3 4 5 6 7 8 9 10
```

两种访问模式在遍历读取的场合没有多大区别，但是在局部访问时，尤其是对列表元素有修改操作时，必须使用下标模式。

【例 4-2-15】将 L2 中所有偶数值扩大 10 倍。

下标模式如下：	迭代模式如下：

`>>> L2`
`[[1, 2], [3, 4], [5, 6], [7, 8], [9, 10]]`
`>>> for l in L2:`
`        for j in range(2):`
`            if l[j] % 2 == 0:`
`                l[j] = l[j] * 10`
 	
`>>> L2`
`[[1, 20], [3, 40], [5, 60], [7, 80], [9, 100]]`
	`>>> L2`
	`[[1, 2], [3, 4], [5, 6], [7, 8], [9, 10]]`
	`>>> for x in L2:`
	`        for y in x:`
	`            if y%2 == 0:`
	`                y = y * 10`
	
	`>>> L2`
	`[[1, 2], [3, 4], [5, 6], [7, 8], [9, 10]]`

说明：【例 4-2-15】要修改列表 L2 中所有的偶数值，使用下标模式成功了，而使用迭代模式却失败了。其原因在于迭代遍历 L2 中的每一个 l 也是一个列表，l[j]是列表元素变量，对其赋值，是直接修改列表的内容。而变量 y 只是一个临时变量，它可以读取列表中的元素，但是通过赋值操作改变 y 的值，这种操作与列表无关。

小练习

1. 列表的创建和访问，依次执行如下程序语句，并回答问题。

```
>>> t2 = ['001001','Li Si','men',18]
>>> t2
>>> t2[0]
>>> t2[1]
>>> type(t2)
>>> 'men' in t2
```

(1)执行完以上语句后，t2[0]=__________，t2[1]=__________，t2[1][0]=__________。

(2)t2 的类型是________________。

(3)'men' in t2 的结果是______________。

2.依次执行如下程序语句,并回答问题。

```
>>> t1 = '001001', 'Li Si', 'men', 18
>>> t2 = ['001001','Li Si','men',18]
>>> t2[3] + = 1
>>> t2
>>> t1[3] + = 1
>>> t2 + = ['021-65789293']
>>> t2
>>> t2[0:1] =[]
>>> t2
```

(1)______________是可变对象,________________是不可变对象。

(2)列表的+=运算是____。

(3)t2[0:1]=[]的作用是____。

3.设有变量定义:a=(1,2,3)和 b=[1,2,3],以下正确的赋值语句是(　　)。

A. a(1)=5　　　　B. b(1)=5

C. a[1]=5　　　　D. b[1]=5

4.设有变量定义:h=['abc','de','fjk'],则 h[2][1]为'(　　)'。

A. d　　　　B. e

C. f　　　　D. j

5.下面代码的输出结果是(　　)。

```
x = ["Python", "is","open"]
y = ["simple"]
x[2:] = y
print(x)
```

A. ['Python', 'is', 'simple']　　　　B. ["Python", "is","simple"]

C. ["Python", "is","open","simple"]　　　　D. 出错

6.设有变量定义:x=[1,2,3]和 y=x,则执行语句 x[2]=0 后,y=(　　)。

A. []　　　　B. [1,2,0]

C. [1,2,3]　　　　D. [1,0,3]

7.执行结果为[1,2,3,1,2,3,1,2,3]的表达式是(　　)。

A. [1,2,3]+[1,2,3]

B. ['1','2','3']+ ['1','2','3']+ ['1','2','3']

C. [1, 2, 3] ** 3

D. [1, 2, 3] * 3

8.使用一条 Python 语句创建符合下面要求的列表。

(1)获取输入的一行字符串的所有字符列表。

(2)生成 1～100 范围内所有 10 的倍数组成的列表。

(3)随机生成若干(少于 10)个 1～100 范围内的奇数组成的列表。

9. 试用不同的方法实现下面的功能。

Lx=[[1],[2,3],[4],[5,6,7],[8,9],[10]]

(1)输出不规则列表 Lx 中每一个子列表的第 1 个元素。

(2)输出不规则列表 Lx 的每一个元素。

(3)将 Lx 中每一个元素扩大 10 倍。

10. 编写程序,实现下面功能:小组成员的语文和数学成绩已按学号顺序分别存放于 chinese 和 math 两个列表中,计算每位小组成员的总分、小组最高总分和小组平均总分。

chinese=[76,63,79,82,53,78,67]

math=[88,56,78,92,69,75,82]

示例输出如下:

```
每位组员总分:[164, 119, 157, 174, 122, 153, 149]
最高总分:174,小组平均总分:148.29
```

4.2.3 元组和列表的方法

1. 内置函数

Python 语言为序列对象提供 max()、min()、len()、sorted()等内置函数,支持求序列的最大值、最小值、长度,以及序列排序。

【例 4-2-16】统计列表的长度、最大值、最小值。

```
>>> L8
    [76, 36, 1, 7, 96, 7, 85, 33, 62, 100]
>>> len(L8)
    10
>>> max(L8)
    100
>>> min(L8)
    1
```

sorted()函数可以对列表、元组、字符串排序,排序后产生一个新的列表,语句格式如下:

```
sorted(iterable, /, * , key = None, reverse = False)
```

参数说明如下。

(1)iterable:需要排序的可迭代对象,可以是列表、元组、字典等。

(2)key:若该参数是一个函数,则在每个元素比较前被调用,设定排序关键字。

(3)reverse:其值取 True 为降序,其值取 False(默认)为升序。

【例 4-2-17】sorted()函数示例。

```
>>> sorted(L8)
    [1, 7, 7, 33, 36, 62, 76, 85, 96, 100]
>>> sorted(L8,reverse = True)
    [100, 96, 85, 76, 62, 36, 33, 7, 7, 1]
>>> L8
```

```
        [76, 36, 1, 7, 96, 7, 85, 33, 62, 100]
    >>> sorted("hello")
        ['e', 'h', 'l', 'l', 'o']
    >>> t = (4,3,5,8,9)
    >>> sorted(t)
        [3, 4, 5, 8, 9]
```

注意：无论是对列表、字符串还是元组进行排序，sorted()函数都返回一个新的列表，对原来的对象没有影响。可以用赋值语句接收排序后的新列表，如 L8＝sorted(L8,reverse＝True)。

使用 key 参数，还可以指定不同的排序规则。

【例 4-2-18】sorted()函数关键字设置。

```
    >>> #忽略大小写排序
    >>> sorted("This is the letter from Mr Song".split(),key = str.lower)
        ['from', 'is', 'letter', 'Mr', 'Song', 'the', 'This']

    >>> #按字符串长度排序
    >>> sorted("This is the letter from Mr Song".split(),key = len)
        ['is', 'Mr', 'the', 'This', 'from', 'Song', 'letter']
```

说明：

(1)sorted()函数中执行 split()函数后，字符串按空格拆分为 7 个单词，返回一个列表；

(2)参数 key 为 str 类的 lower()方法时，在每次列表元素比较前执行该方法，将单词字母变为小写，即比较时忽略大小写；

(3)参数 key 是内置函数 len()时，返回字符串的长度，即元素按单词的长度比较大小。

如果排序对象的每一项包含多项数据，例如，一个学生对象中包含学号、姓名和成绩。可以使用参数 key 设置按指定字段排序。将参数 key 设置为一个匿名函数，可以用匿名函数指定排序字段。

【例 4-2-19】二维列表排序。

```
    >>> stus = [('141','David',90),('112','Mary',90),('158','sara',80),('127','Lily',95)]
    >>> #设置按学号排列
    >>> sorted(stus,key = lambda x:x[0])
       [('112', 'Mary', 90), ('127', 'Lily', 95), ('141', 'David', 90), ('158', 'sara', 80)]
    >>> #设置按成绩降序排列
    >>> sorted(stus,key = lambda x:x[2],reverse = True)
       [('127', 'Lily', 95), ('141', 'David', 90), ('112', 'Mary', 90), ('158', 'sara', 80)]
```

说明：关键字 lambda 可以定义一个没有名字的匿名函数，lambda 后面是参数，冒号之后是匿名函数的函数体，只包含一个表达式，表达式的值就是匿名函数的值。x 指待排序的迭代对象的一个元素，在【例 4-2-19】中就是 stus 列表中表示一个学生信息的元组。x[0]表示学号，key＝x[0]表示按学号排序；x[2]表示成绩，key＝x[2]表示按成绩排序。

2. 元组的方法

由于元组对象创建后不能改变值，是只读属性的对象，因此元组的常用方法只有两个，如表 4-2-1 所示，其中 T 表示一个元组对象。

表 4-2-1 元组的常用方法

方法	描述
T. count(value)	计算 value 在元组 T 中出现的次数
T. index(value, [start, [stop]])	计算 value 在元组 T 中第一次出现时的下标值

【例 4-2-20】 元组的方法。

```
>>> t2 = ('east', 'south', 'west', 'north')
>>> t2
    ('east', 'south', 'west', 'north')
>>> t2.index('west')
    2
>>> t = 1,2,1,2,3,1,2,3,3,2,1,3
>>> t.count(3)              #统计元组中 3 的个数
    4
>>> t.index(3)              #查看 3 的下标值
    4
>>> t.index(3,5)            #从下标 5 开始查看 3 的下标值
    7
```

注意:index()方法只能返回在指定范围内第一个 value 对应的下标值，默认范围为整个序列。元组 t 中虽然有多个 3，但返回值只有第一个 3 出现的下标位置 4，可以使用参数 start、stop 设定搜索范围。

3. 列表的方法

相对于元组的方法，列表的常用方法丰富得多，如表 4-2-2 所示，其中 L 表示一个列表对象。

表 4-2-2 列表的常用方法

方法	描述
L. append(object)	在列表 L 尾部追加对象
L. clear()	移除列表 L 中的所有对象
L. count(value)	计算 value 在列表 L 中出现的次数
L. copy()	返回列表 L 的备份的新对象
L. extend(Lb)	将列表 Lb 的元素扩充到列表 L 中
L. index(value, [start, [stop]])	计算 value 在列表 L 指定区间第一次出现时的下标值

续表

方法	描述
L. insert(index, object)	在列表 L 的下标为 index 的元素前插入对象 object
L. pop([index])	返回并移除列表 L 中下标为 index 的元素,默认为最后一个元素
L. remove(value)	移除列表 L 中第一个值为 value 的元素
L. reverse()	倒置列表 L
L. sort()	对列表 L 中的数值按从低到高的顺序排列

通过赋值操作,一个列表对象可以被多个变量引用,这时,多个变量操作的是同一个列表对象。但通过 copy()方法获取列表的备份,可以生成一个与原列表内容一样的新列表。

【例 4-2-21】列表对象的复制。

```
>>> L7
    [10, 20, 30, 40, 50, 60, 70, 80, 90, 100]
>>> L = L7.copy()
>>> L[0] = 0
>>> L7
    [10, 20, 30, 40, 50, 60, 70, 80, 90, 100]
>>> L
    [0, 20, 30, 40, 50, 60, 70, 80, 90, 100]
>>> print(id(L),id(L7))
    1976863654984 1976863440712
```

append()方法是将一个对象追加到列表的最后,其参数可以是任意一个对象。extend()方法是将指定另一个列表中的所有元素追加到列表中,其参数是一个列表。pop()方法删除指定下标的元素,当指定的下标不存在时,会报 IndexError 异常。remove()方法删除指定元素,当指定的元素不存在时,会报 ValueError 异常。

【例 4-2-22】使用列表方法完成列表元素的增、删、改操作。

```
>>> L.insert(1,10)              # 在下标为 1 的位置插入 10
>>> L.append(110)               # 在列表尾部添加 110
>>> L.extend([120,130,140])     # 将列表[120,130,140]中的元素添加到列表 L 中
>>> L
    [0, 10, 20, 30, 40, 50, 60, 70, 80, 90, 100, 110, 120, 130, 140]
>>> L.pop(0)                    # 移除下标为 0 的列表元素
    0
>>> L.remove(140)               # 删除值为 140 的列表元素
>>> L
    [10, 20, 30, 40, 50, 60, 70, 80, 90, 100, 110, 120, 130]
```

注意:请从参数上仔细区分两组方法使用上的不同:append()和 extend();pop()和 remove()。reverse()方法可以倒置列表元素,sort()方法与内置函数 sorted()类似,区别在于 sort()

方法是原地排序,会改变调用它的列表,而 sorted()函数是返回新列表。

【例 4-2-23】 列表的排序和倒置。

```
>>> L8
    [76, 36, 1, 7, 96, 7, 85, 33, 62, 100]
>>> L8.sort()
>>> L8
    [1, 7, 7, 33, 36, 62, 76, 85, 96, 100]
>>> L8.reverse()
>>> L8
    [100, 96, 85, 76, 62, 36, 33, 7, 7, 1]
```

说明: 列表对象调用 reverse()和 sort()方法都是对列表本身进行修改,如果不希望这种修改发生,可以使用 copy()方法获取备份列表,再对备份列表操作。

【例 4-2-24】 列表方法的应用:查找列表最小值的位置。

```
>>> #创建10个50~100的整数组成的列表
>>> L = [randint(50,100) for i in range(10)]
>>> L
    [67, 95, 76, 76, 97, 93, 97, 97, 52, 80]
>>> #通过排序操作查找最小值
>>> Lc = L.copy()
>>> Lc.sort()
>>> print("最小值是第{}个数:{}".format(L.index(Lc[0]) + 1,Lc[0]))
    最小值是第9个数:52
```

说明: 列表 Lc 是列表 L 的备份,使用 sort()方法对列表 Lc 排序后,最小值在第一个位置,即 Lc[0],再到列表 L 中通过 index()函数确定最小值的位置。

小练习

1. 有列表 ls,以下选项中,对 ls.append(x)语句的描述正确的是(　　)。

A. 向列表 ls 中增加元素,如果 x 是一个列表,则可以同时增加多个元素

B. 只能向列表 ls 最后增加一个元素 x

C. 向列表 ls 最前面增加一个元素 x

D. 替换列表 ls 最后一个元素为 x

2. 下面代码的输出结果是(　　)。

```
lt = ["apple","orange","banana"]
ls = lt
lt.clear()
print(ls)
```

A. 'apple', 'orange', 'banana'　　　　B. ['apple', 'orange', 'banana']

C. []　　　　D. 变量未定义的错误

3. 执行下列语句,并回答问题。

```
>>> L1 = [1,2,3,4,5]
>>> L2 = ["one","two","three","four","five"]
>>> L3 = [[L1[1],L2[1]],[L1[2],L2[2]],[L1[3],L2[3]]]
>>> L4 = L3.pop(2)
>>> L3.extend(L4)
```

(1)L3 的初值是__________。

(2)L3[1][1]的值是__________。

(3)执行 L4=L3.pop(2)后,列表 L3 的值是__________,L4 的值是__________。

(4)再执行 L3.extend(L4),列表 L3 的值是__________。

(5)要将 L3 恢复到初始状态,可以执行哪些操作?

4. 已有元组 t=1,2,1,2,3,1,2,3,3,2,1,3,试使用 index()方法配合循环语句,找出所有整数 x=3 的下标。

提示:index()方法在找不到指定值时,返回 ValueError 异常。可以构建一个 while True 的循环模式,追捕异常 ValueError,跳出循环。每找到一个下标,输出后,从下一个位置继续查找。

4.3 集合和字典

集合和字典

4.3.1 集合

集合是无序对象的聚集,不能通过下标进行索引,而且集合中的元素不能重复出现。根据集合的特性和集合运算,集合经常应用于去除列表中的重复元素、求两个列表的相同元素(交集)、求两个列表的不同元素(差集)等场合。

1. 创建集合

Python 语言的集合分为可变集合(set)和不可变集合(frozenset)。可变集合中可以添加和删除元素;不可变集合则不允许这样做。可变集合可以通过集合标识符{}书写的字面常量直接创建,也可以通过类型构造器 set()函数创建,不可变集合需要通过类型构造器 frozenset()函数创建。使用标识符{}创建的是可变集合,{}中的元素用逗号分隔。

【例 4-3-1】使用字面常量创建集合。

```
>>> #使用字面量创建集合
>>> s1 = {2,4,6,8,10}
>>> s1                                  #集合是无序的
    {8, 10, 4, 2, 6}
>>> t = 'hello'
>>> s2 = {t}                            #元素为字符串的集合
>>> s2
    {'hello'}
>>> p = [1,2,3]
>>> s3 = {p}                            #列表不能是集合的元素
    Traceback (most recent call last):
```

```
    File "<pyshell#1>", line 1, in <module>
      s3 = {p}
TypeError: unhashable type: 'list'
```

注意：

(1)创建一个空集合必须用 set()函数，而不是用{}，因为{}用来创建一个空字典。

(2)哈希(hash)是一种将相对复杂的值简化为小整数的计算方式，一个对象在自己的生命周期中有哈希值[由 hash()函数确定]且是不可改变的，那么它就是可哈希的(hashable)。Python语言中所有不可变对象都是可哈希的，如字符串、元组。而可变对象如字典、列表、集合，都是不可哈希的(unhashable)。

(3)集合中的元素必须是可哈希的，因为其存储的是依赖于对象的哈希码，所有可变对象都不能作为集合的元素。

使用类型构造器 set()函数可以创建集合，函数的参数可以是字符串、列表和元组，是将序列的数据元素作为集合的元素。

【例 4-3-2】使用类型构造器 set()函数创建集合。

```
>>> #创建空集合对象
>>> s4 = set()
>>> s4
    set()
>>> #将字符串转化为集合
>>> s4 = set('hello')
>>> s4
    {'l', 'e', 'o', 'h'}
>>> #将列表转化为集合
>>> L=[1,2,3]
>>> s5=set(L)
>>> s5
    {1, 2, 3}
```

说明：由【例 4-3-2】可以看出，字符串"hello"由 5 个字符构成，其中字符'l'出现了 2 次，转换到集合中，重复项只能保留 1 个，且字符次序与原字符串的次序不同。使用集合的这种特性，可以很方便地对列表执行去重操作。

【例 4-3-3】列表去重操作。

```
>>> L1 = [1,2,3,4,1,2,3,4]
>>> #通过 set()函数创建集合，再通过 list()函数将集合转化为列表
>>> L2=list(set(L1))
>>> print L2
    [1, 2, 3, 4]
```

2. 集合运算

集合支持的运算有求交集、求并集、求差集、求对称差集等，和数学中的集合运算相同。常用的集合运算如表 4-3-1 所示。

表 4-3-1 常用的集合运算

运算	描述	运算	描述
x in s1	检测 x 是否在集合 s1 中	s1==s2	判断集合是否相等
s1|s2	求并集	s1<=s2	判断 s1 是不是 s2 的子集
s1&s2	求交集	s1<s2	判断 s1 是不是 s2 的真子集
s1-s2	求差集	s1>=s2	判断 s1 是不是 s2 的超集
s1^s2	求对称差集,求 s1 与 s2 中的相异元素	s1>s2	判断 s1 是不是 s2 的真超集
s1|=s2	将 s2 的元素并入 s1 中		

【例 4-3-4】集合的运算。

```
>>> s1 = {1,2,3}
>>> s2 = {3,4,5}
>>> s1 | s2      #求并集
    {1, 2, 3, 4, 5}
>>> s1 & s2      #求交集
    {3}
>>> s1 - s2      #求差集
    {1, 2}
>>> s1 ^ s2      #求对称差集
    {1, 2, 4, 5}
>>> s1
    {1, 2, 3}
>>> s2
    {3, 4, 5}
```

注意:集合运算产生一个新的集合对象,要用赋值语句引用新对象。

3. 集合的方法

假设 s1、s2 是集合对象,集合的常用方法如表 4-3-2 所示,支持可变集合完成集合元素的增加、删除和集合的复制。

表 4-3-2 集合的常用方法

方法	描述
s1.union(s2)	s1|s2,返回一个新的集合对象
s1.difference(s2)	s1-s2,返回一个新的集合对象
s1.intersection(s2)	s1&s2,返回一个新的集合对象
s1.issubset(s2)	等同于 s1<=s2 的功能
s1.issuperset(s2)	等同于 s1>=s2 的功能
s1.update(s2)	将 s2 的元素并入 s1 中

续表

方法	描述
s1.add(x)	增加元素 x 到 s1 中
s1.remove(x)	从 s1 中移除 x,若在 s1 中不存在 x 则报错
s1.clear()	清空 s1
s1.copy()	复制 s1,返回一个新的集合对象

说明:其中 update()、add()、remove()、clear()是可变集合独有的方法,其他方法是可变集合和不可变集合都有的方法。

【例 4-3-5】集合的方法。

```
>>> thisset = {"Google", "Runoob", "Taobao"}
>>> thisset.add("Facebook")          # 增加一个字符串到集合
>>> t = ("DangDang ","JD","Amazon")
>>> thisset.add(t)                   # 增加一个元组到集合
>>> thisset
    {'Taobao', 'Google', 'Runoob', ('DangDang ', 'JD', 'Amazon'), 'Facebook'}
>>> thisset.remove(t)                # 删除元组 t
>>> thisset
    {'Taobao', 'Google', 'Runoob', 'Facebook'}
>>> thisset.update(t)                # 将元组的元素添加到集合
>>> thisset
    {'Taobao', 'Google', 'Runoob', 'JD', 'Facebook', 'DangDang ', 'Amazon'}
```

注意:add()和 update()方法的区别:add()方法是将一个参数对象加入到集合,update()方法的参数是组合对象,如元组、列表、字符串、集合,update()方法将组合对象中的元素并入集合且去重。

4. 集合的应用

【例 4-3-6】编写程序,使用 random 库生成 5 个 1～10 范围内不同的随机整数。

```
import random
n = 0
s = set()
while len(s)<5:
    num = random.randint(1,10)
    s.add(num)
    n = n + 1
print("循环执行了{}次,得到集合:{}".format(n,s))
```

运行结果如下(运行结果会不同):

```
循环执行了 9 次,得到集合:{2, 6, 7, 9, 10}
```

说明:【例 4-3-6】的循环控制条件是判断集合的长度是否达到 5,而不能用 for 语句直接计数 5 次。不能用计数 5 次来控制循环的原因是，有可能产生相同的随机数，集合又不允许有重复数据，因此 5 次循环有可能得不到 5 个随机整数。

【例 4-3-7】 利用集合分析活动评价投票情况。

两个小队举行活动评测投票，按队员序号投票，第一小队队员的序号为 1,2,3,4,5，第二小队队员的序号为 6,7,8,9,10，投票数据为 1,5,9,3,9,1,1,7,5,7,7,3,3,1,5,7,4,4,5,4,9,5,5,9。请找出没有获得选票的队员有哪些。

```
#选票列表
tickets = [1,5,9,3,9,1,1,7,5,7,7,3,3,1,5,7,4,4,5,4,9,5,5,9]
s1 = {1,2,3,4,5}     #第一小队队员序号
s2 = {6,7,8,9,10}    #第二小队队员序号
#使用投票数据建立集合 s,集合去重后表示获得了选票的队员序号
s = set(tickets)
print("第一小队没有获得选票的队员有:",s1 - (s - s2))
print("第二小队没有获得选票的队员有:",s2 - (s - s1))
```

运行结果如下：

```
第一小队没有获得选票的队员有：{2}
第二小队没有获得选票的队员有：{8, 10, 6}
```

小练习

1. 设有变量定义：g={5,'5',9,'a','a','ab'}，则 g 的长度为(　　)。

A. 4　　B. 5　　C. 6　　D. 7

2. 设有变量定义：s=set('hello'+'! ')，则 s 的长度为(　　)。

A. 2　　B. 4　　C. 5　　D. 6

3. 以下程序可能的输出结果是(　　)。

```
x = 'W49K6bU63g4VKs9f6'
lx = list(x)
slx = set(lx)
y = ''
for i in slx:
    y += i
print(y)
```

A. WbU3gVsf　　B. WbU3gVf6

C. WKgf9bU4V6s3　　D. W49K6bU63g4VKs9f6

4. s1 和 s2 都是集合，s1^s2 代表(　　)操作。

A. 求交集　　B. 求差集　　C. 求对称差集　　D. 求并集

5. 设有 a={'1.py','2.py','3.py'}，b={'1.py','3.py','5.py'}，求集合 a、b 共同有的文件名的 Python 运算为(　　)。

A. a+b　　B. a|b　　C. a&b　　D. a^b

6. 请结合实例思考：集合的 add()、update()、remove()方法与列表的 append()、extend()、remove()方法的相同和不同之处。

4.3.2 字典

字典是 Python 语言中唯一内置的映射数据类型，可以通过指定的键从字典访问值。字典与集合一样是无序的数据容器，不能通过下标访问字典元素，而要通过关键字访问字典元素。

1. 字典的创建

1)使用字面量创建字典

字典可以通过字面量创建，也可以通过类型构造器 dict()函数创建，还可以使用序列对象创建字典。

字典的每个键值对形如 key:value，每个键值对之间用逗号(,)分隔，整个字典包括在花括号{}中，格式如下所示：

d = {key1:value1, key2:value2,…}

【例 4-3-8】使用字面量创建字典。

```
>>> #使用字面量创建字典
>>> d1 = {1:'MON',2:'TUE',3:'WED',4:'THU',5:'FRI',6:'SAT',0:'SUN'}
>>> d1
    {0: 'SUN', 1: 'MON', 2: 'TUE', 3: 'WED', 4: 'THU', 5: 'FRI', 6: 'SAT'}
>>> #使用字面量创建空字典
>>> d2 = {}
>>> d2
    {}
>>> #字典的键必须是不可变对象
>>> p=[1,2,3]
>>> d3 = {p:10}
    Traceback (most recent call last):
      File "<pyshell#22>", line 1, in <module>
        d3 = {p:10}
    TypeError: unhashable type: 'list'
>>> #字典的值没有限制,可以是不可变对象
>>> d3 = {10:p}
>>> d3
    {10: [1, 2, 3]}
```

说明：

(1)与集合类似，字典是无序的，字典中键值对的顺序与定义时的顺序可以不同；

(2)使用空的花括号可以创建一个空的字典；

(3)字典的键必须是可哈希的不可变对象，但是字典的值可以使用可变对象或不可变对象。【例 4-3-8】中当使用列表 p 作为键的值时，报错 unhashable type: 'list'。

2)使用类型构造器 dict()函数创建字典

dict()函数的参数为键值对，键值对之间以逗号分隔，键值对的书写形式为 key=value。

格式如下：

```
d = dict(key1 = value1, key2 = value2,…)
```

【例 4-3-9】 使用 dict()函数创建字典。

```
>>> monthdays = dict( Jan = 31, Feb = 28, Mar = 31, Apr = 30, May = 31, Jun = 30, Jul = 31, Aug =
    31, Sep = 30, Oct = 31, Nov = 30,Dec = 31 )
>>> monthdays
    {'May': 31, 'Aug': 31, 'Feb': 28, 'Mar': 31, 'Jan': 31, 'Jul': 31, 'Jun': 30, 'Sep': 30,
    'Nov': 30, 'Dec': 31, 'Oct': 31, 'Apr': 30}
```

说明：使用 dict()函数创建字典对键值对的要求，比使用{}创建字典对键值对的要求更严格，键名 key 必须是一个标识符，而不能是表达式，生成字典后，key 是 str 类型。类似【例 4-3-8】中 d1 的字典不能使用类型构造器生成，因为整数不能作为标识符。

3)使用序列创建字典

使用 key-value 元组对构成的序列也可以创建字典。格式如下：

```
d = dict([(key1,value1), (key2,value2),…] )
```

Python 语言提供内置的 zip()函数，可以很方便地将两个分别表示 key 和 value 的一维序列一一配对生成元组，返回元组构成的 zip 对象。dict()函数可以将 zip 对象转化成字典。

【例 4-3-10】 使用序列创建字典。

```
>>> No = (1,2,3,4,5,6,7)
>>> Weekname = ('MON', 'TUE', 'WED', 'THU', 'FRI', 'SAT', 'SUN')
>>> L = list(zip(No,Weekname))
>>> L
    [(1, 'MON'), (2, 'TUE'), (3, 'WED'), (4, 'THU'), (5, 'FRI'), (6, 'SAT'), (7, 'SUN')]
>>> dict(L)
    {1: 'MON', 2: 'TUE', 3: 'WED', 4: 'THU', 5: 'FRI', 6: 'SAT', 7: 'SUN'}
>>> Weekdays = dict(zip(No,weekname))
>>> Weekdays
    {1: 'MON', 2: 'TUE', 3: 'WED', 4: 'THU', 5: 'FRI', 6: 'SAT', 7: 'SUN'}
```

说明：zip()函数的参数是需要配对的列表，如 zip(iterabl1, iterabl2,…)，返回 zip 对象，可以使用 list()函数将 zip 对象转化为列表。从列表 L 的显示结果可以看到，zip()函数将元组 No 和元组 Weekname 中的元素一一对应配对为元组。dict()函数可以将形如 L 的列表直接转化为字典，非常方便。

2. 字典的访问操作

字典元素的访问方式是通过键访问相关联的值，设 d 为字典对象，它的访问形式有以下几种。

(1)d[key]：返回键为 key 的 value，如果 key 不存在，则导致 keyError 异常。

(2)d[key]=value：如果 key 存在，设置值为 value；如果 key 不存在，增加键值对。

(3)del d[key]：删除字典元素。如果 key 不存在，则导致 keyError 异常。

【例 4-3-11】字典元素的访问操作。

```
>>> #字典元素是可读取的
>>> monthdays = dict( Jan = 31, Feb = 28, Mar = 31, Apr = 30, May = 31, Jun = 30, Jul = 31, Aug =
    31, Sep = 30, Oct = 31, Nov = 30,Dec = 31 )
>>> monthdays
    {'Jan': 31, 'Feb': 28, 'Mar': 31, 'Apr': 30, 'May': 31, 'Jun': 30, 'Jul': 31, 'Aug': 31,
    'Sep': 30, 'Oct': 31, 'Nov': 30, 'Dec': 31}
>>> monthdays['Jan']
    31
>>> #字典元素是可修改的
>>> monthdays['Feb'] = 29
>>> monthdays
    {'Jan': 31, 'Feb': 29, 'Mar': 31, 'Apr': 30, 'May': 31, 'Jun': 30, 'Jul': 31, 'Aug': 31,
    'Sep': 30, 'Oct': 31, 'Nov': 30, 'Dec': 31}
>>> #字典元素是可以删除的
>>> del monthdays['Feb']
>>> monthdays
    {'Jan': 31, 'Mar': 31, 'Apr': 30, 'May': 31, 'Jun': 30, 'Jul': 31, 'Aug': 31, 'Sep': 30,
    'Oct': 31, 'Nov': 30, 'Dec': 31}
>>> #字典是可添加元素的
>>> monthdays['Feb'] = 28
>>> monthdays
    {'Jan': 31, 'Mar': 31, 'Apr': 30, 'May': 31, 'Jun': 30, 'Jul': 31, 'Aug': 31, 'Sep': 30,
    'Oct': 31, 'Nov': 30, 'Dec': 31, 'Feb': 28}
```

注意:字典中键值对的相对位置与添加键值对的顺序一致。

3. 字典的方法

设 d 为字典对象,字典的常用方法如表 4-3-3 所示。

表 4-3-3 字典的常用方法

方法	描述
d. keys()	返回字典 d 中所有键的迭代序列,类型为 dict_keys
d. values()	返回字典 d 中值的迭代序列,类型为 dict_values
d. items()	返回字典 d 中由键和相应值组成的元组的迭代序列,类型为 dict_items
d. clear()	删除字典 d 的所有条目
d. copy()	返回字典 d 的浅拷贝,不复制嵌入结构
d. update(x)	将字典 x 中的键值对加入字典 d
d. pop(k)	删除键为 k 的键值对,返回 k 所对应的值
d. get(k[,y])	返回键 k 对应的值,若未找到该键则返回 none,若提供 y,则未找到 k 时返回 y,y 是指定的任意类型的数据

keys()、values()、items()方法分别返回 dict_keys、dict_values 和 diect_items 迭代序列,可以转化为列表或元组继续操作,也可以用迭代循环遍历返回序列中的元素,实现相应算法。

常用算法模式如下：

```
for key in d.keys():
    …
for value in d.values ():
    …
for key,value in d.items():
    …
```

【例 4-3-12】keys()、values()、items()方法的使用。

```
>>> monthdays = dict( Jan = 31, Feb = 28, Mar = 31, Apr = 30, May = 31, Jun = 30, Jul = 31, Aug =
    31, Sep = 30, Oct = 31, Nov = 30, Dec = 31 )
>>> #获取字典 monthdays 的键序列
>>> monthdays.keys()
    dict_keys(['Jan', 'Feb', 'Mar', 'Apr', 'May', 'Jun', 'Jul', 'Aug', 'Sep', 'Oct', 'Nov', '
    Dec'])
>>> #获取字典 monthdays 的值序列
>>> monthdays.values()
    dict_values([31, 28, 31, 30, 31, 30, 31, 31, 30, 31, 30, 31])
>>> #获取字典 monthdays 的键值对序列
>>> monthdays.items()
    dict_items([('Jan', 31), ('Feb', 28), ('Mar', 31), ('Apr', 30), ('May', 31), ('Jun',
    30), ('Jul', 31), ('Aug', 31), ('Sep', 30), ('Oct', 31), ('Nov', 30), ('Dec', 31)])
>>> #输出字典 monthdays 的键序列
>>> for i in monthdays:
        print(i,end = " ")
    Jan Feb Mar Apr May Jun Jul Aug Sep Oct Nov Dec
>>> #输出字典 monthdays 的值序列
>>> for i in monthdays.values():
        print(i,end = " ")
    31 28 31 30 31 30 31 31 30 31 30 31
>>> #输出字典 monthdays 的键值对序列
>>> for month,days in monthdays.items():
        print(f"({month},{days})",end = " ")
    (Jan,31) (Feb,28) (Mar,31) (Apr,30) (May,31) (Jun,30) (Jul,31) (Aug,31) (Sep,30) (Oct,
    31) (Nov,30) (Dec,31)
>>> for item in monthdays.items():
        print(f"({item[0]},{item[1]})",end = " ")          #输出结果同上
>>> for month in monthdays:
        print(f"({month},{monthdays[month]})",end = " ")   #输出结果同上
```

注意：

(1)for i in monthdays 等价于 for i in monthdays.keys()；

(2)结合字典的访问方式，可以写出灵活的遍历算法，如最后实现输出字典 monthdays 的

键值对序列的三种示例。

get()方法相当于是 d[key]的扩展应用。使用 d[key]访问字典,如果 key 不存在,则导致 keyError 异常。通常要写一个 if 判断语句,先判断 key 是否存在。get()方法可简化判断过程。如果参数 key 存在,则方法返回对应的值;如果参数 key 不存在,则方法返回 y。

【例 4-3-13】 get()方法的使用。

```
>>> #获取键'Feb'对应的值
>>> monthdays.get('Feb','not found')
    28
>>> #获取键'February'对应的值,没有找到则返回'not found'
>>> monthdays.get('February','not found')
    'not found'
```

4. 字典的应用

【例 4-3-14】 使用字典完成简易计算器。

建立一个键值对形如<操作符>:<表达式>的字典,如下:

d = {"+" : num1+num2,"-" : num1-num2,"*" : num1 * num2,"/" : num1/num2}

输入一个四则运算表达式,分离出操作数和操作符,通过查阅字典,根据操作符获取计算表达式并完成计算。

程序实现代码如下:

```
num1,op,num2 = input("请输入一个四则运算表达式(操作数和运算符之间用空格分隔):").split()
num1,num2 = float(num1),float(num2)
d = {"+" : num1 + num2,"-" : num1 - num2,"*" : num1 * num2,"/" : num1/num2}
if op not in d:
    print ("error operator")
else:
    print ('{} {} {} = {}'.format(num1,op,num2,d[op]))
```

运行结果如下:

示例 1:

```
请输入一个四则运算表达式(操作数和运算符之间用空格分隔):3.4 + 7.9
3.4 + 7.9 = 11.3
```

示例 2:

```
请输入一个四则运算表达式(操作数和运算符之间用空格分隔):-2.5 * -0.4
-2.5 * -0.4 = 1.0
```

说明:op not in d 等价于 op not in d.keys()。

【例 4-3-15】 建立九九乘法表字典,可以根据两个乘数,查询字典得到乘积。

建立一个键值对形如"i * j":i * j 的字典,其中 key 是一个 10 以内的乘法表达式,value 是乘法表达式的结果,例如,"8 * 9":72,"9 * 8":72。

使用循环结构分别穷举 i 和 j 的值,每次内层循环可以构造一个乘法表达式,添加这个乘法表达式的键值对到字典中。

程序实现代码如下：

```
ninenine = {}
#建立九九乘法表字典,key 为字符串"i * j"
for i in range(1,10):
    for j in range(1,10):
        ninenine["{} * {}".format(i,j)] = i * j
#print(ninenine)
#输入一个乘法表达式,查表输出结果
key = input('请输入乘数在 1~9 范围内的乘法,格式如 a * b:')
print(ninenine.get(key,"输入的乘法不在九九乘法表中"))
```

运行结果如下：

示例1：

```
请输入乘数在 1~9 范围内的乘法,格式如 a * b:5 * 8
40
```

示例2：

```
请输入乘数在 1~9 范围内的乘法,格式如 a * b:9 * 23
输入的乘法不在九九乘法表中
```

说明：

(1)"{} * {}".format(i,j),根据 i、j 的值构造一个乘法表达式的字符串；

(2)使用 get()方法,当输入的乘法表达式存在时返回值,否则返回提示信息。

小练习

1. Python 语言的字典中,(   )。

A. 允许有相同的键　　B. 允许元组对象作为键

C. 允许列表对象作为键　　D. 允许可变集合对象作为键

2. 以下选项中,(   )不能生成一个空字典。

A. {}　　B. dict()　　C. dict([])　　D. {[]}

3. 字典 d={'Name': 'Kate', 'No': '1001', 'Age': '20'},表达式 len(d)的值为(   )。

A. 6　　B. 9　　C. 12　　D. 3

4. 以下关于组合数据类型的描述中,(   )是正确的。

A. 利用组合数据类型可以将多个数据用一种类型表示和处理

B. 集合类型中的元素是有序的

C. 序列类型和集合类型中的元素都是可以重复的

D. 一个字典类型变量中的关键字可以是任意类型的数据

5. 依次执行下面语句,并回答问题。

(1)字典 d 与变量 s 的值:d=________,s=________。

```
>>> d = {}
>>> d[('a')] = 1
>>> d[('a','b')] = 2
>>> d[('a','b','c')] = 3
```

```
>>> s = 0
>>> for key in d:
        s += d[key]
```

(2)变量 s 的值:________。

```
>>> d1 = {"A":65,"B":66,"a":97,"c":99}
>>> d2 = d1
>>> d2["A"] = 0
>>> s = d1["A"] + d2["A"]
```

(3)变量 s 的值:________。

```
>>> d1 = {"A":65,"B":66,"a":97,"c":99}
>>> d2 = dict(d1)
>>> d2["A"] = 0
>>> s = d1["A"] + d2["A"]
```

(4)创建英文字母大小写的 ASCII 码字典。

创建小写字母的 ASCII 码字典的步骤如下:

```
>>> d1 = [chr(i) for i in range(97,123)]
>>> d2 = [i for i in range(97,123)]
>>> d = dict(zip(d1,d2))
```

请继续在字典 d 中添加大写字母的 ASCII 码键值对。

提示:可以使用字典的 update()方法。

4.4 批量数据问题的算法设计

4.4.1 批量数据的输入/输出

Python 语言提供内置的 input()函数,用于在程序运行时接收用户从键盘输入的字符串。当用户输入一个数据并按回车键后,input()函数返回数据的字符串对象,也就是说,无论输入的数据是整数、浮点数,还是字符串,从 input()函数得到的都是字符串。批量数据的输入不仅要考虑如何获取多个数据,还要考虑输入的数据的类型转换。

1. 多个数据的格式输入

在有些用户交互场合下,存在一些特殊的表示习惯,例如输入时间,习惯表示为 7:30:25,表示 7 点 30 分 25 秒,在程序中需要使用 hour、minute、second 三个变量接受三个整数值。

【例 4-4-1】 时间的输入。

```
>>> hour,minute,second = map(int,input('input time(h:m:s) :').split(':'))
    input time(h:m:s):7:30:25
>>> hour,minute,second
    (7, 30, 25)
```

说明:下画线部分是从键盘输入的内容,input()函数的返回值是一个字符串'7:30:25',

对字符串对象'7:30:25'调用 split()方法,按冒号(:)拆分字符串,得到由三个字符串组成的列表['7','30','25'];map()函数(将在 5.3.1 节介绍)对列表中的三个字符串调用 int()函数,将字符串转换为 int 类型,分别赋给变量 hour、minute、second。

2. 一组数值数据的输入/输出

输入一组数值数据时接收的仍然是字符串,需要对每一个数值数据进行数据类型的转化。输入的批量数据可以存储在列表中。输入时可以逐个输入,也可以在一行输入,数据之间用分隔符隔开。

逐个输入数据,加入列表中,首先要创建一个空列表,然后逐一将数据追加到列表。创建空列表可以利用[]和 list()函数完成,追加数据到列表可以使用 append()方法或+操作连接完成。

【例 4-4-2】输入一批浮点数到列表,统计它们的个数、总和及平均值。

按输入、计算、输出三大部分设计算法步骤,算法描述如下:

```
1 创建空列表 a
2 输入一个 x
3 循环   当 x 不等于"over":
    3.1 将 x 追加到列表 a
    3.2 输入一个 x
4 求列表的长度 n
5 如果 n 等于 0 则
    显示“没有输入”
  否则
    5.1 求列表的累加和 sum
    5.2 显示个数、总和及平均值 sum/n
```

程序实现代码如下:

```python
a = []
x = input('input a number ,over quit:')
while x != "over":
    a.append(float(x))                    #a += [float(x)]
    x = input('input a number ,over quit:')
n = len(a)
s = sum(a)
if n == 0:
    print("没有输入")
else:
    print('n = ',n,'sum = ',s,'average = ', s/n)
```

运行结果如下:

示例 1:

```
input a number ,over quit:-1.56
input a number ,over quit:89.34
```

```
input a number ,over quit:-37.763
input a number ,over quit:59.31
input a number ,over quit:over
n= 4 sum= 109.327 average= 27.33175
```

示例 2：

```
input a number , over quit: over
没有输入
```

说明：将数据存储在列表中，既可以使用内置方法和 list 类提供的方法处理数据，也可以设计算法，对列表中的数据做更复杂的处理。

使用 split()方法可以使用约定的符号分隔一批输入的数据。进行字符串拆分处理后，将数据存储在列表中。

【例 4-4-3】 输入若干以空格分隔的浮点数，保存到列表并输出。

```
L = input("请输入一组数据,以空格分隔:").split()
Ld = list(map(float,L))  #生成浮点数数据列表

for i in range(len(L)):    #构造输出时的带括号的负数
    if float(L[i])<0:
        L[i] = "(" + L[i] + ")"
s = "+".join(L)            #生成输出的数学表达式

print("{} = {}".format(s,sum(Ld)))
```

运行结果如下：

```
请输入一组数据,以空格分隔:2.5  78  -12.4  44  8.21  -9.27
2.5+78+(-12.4)+44+8.21+(-9.27)=111.04
```

说明：split()与 split(" ")的区别在于，无参的 split()方法可以将空格、制表符、换行符等符号都作为分隔符处理；加了双引号参数的 split()方法是以双引号中的空格作为分隔符，但容易出错，空格在书写的时候容易输入一个或多个，如【例 4-4-3】在运行输入时，空格有一个或两个的情况。

map()函数的返回值是 map 对象，也是一个可迭代对象，但不是列表。需要将其转化为列表后，才能使用列表的操作和方法。

3. 结构化数据的输入/输出

结构化数据是指一组有相同的多个属性的对象构成的数据集，例如，描述一本书的属性有书名、单价、数量，那么一批书的数据就是结构化的数据集。结构化的数据集一般会通过文件输入到程序，得到一个字符串数据，例如：

```
"《科学计算编程》,128.00,50《漫画中国史》,49.90,500《新说山海经》,22.50,230《统计之美》,59.00,185"
```

这种数据可以使用二维列表存储与处理。数据处理包括拆分数据和数据类型转换两步操作。

【例 4-4-4】输入一组图书订单信息，存储到一个二维列表中，计算并输出每本书需要的金额和需要的总金额。

```
booklist = [book.split(",") for book in input("请输入图书信息:").strip().split()]
for book in booklist:
    book[1] = float(book[1])
    book[2] = int(book[2])
print(booklist)
total = 0
for book in booklist:
    money = book[1] * book[2]
    total += money
    print(f"{book[0]:10s}\t{money:10.2f}元")
print(f"共计{total:8.2f}元")
```

运行结果如下：

```
请输入图书信息:《科学计算编程》,128.00,50 《漫画中国史》,49.90,500 《新说山海经》,22.50,230
《统计之美》,59.00,185
[['《科学计算编程》', 128.0, 50], ['《漫画中国史》', 49.9, 500], ['《新说山海经》', 22.5, 230],
['《统计之美》', 59.0, 185]]
《科学计算编程》      6400.00 元
《漫画中国史》        24950.00 元
《新说山海经》        5175.00 元
《统计之美》          10915.00 元
共计 47440.00 元
```

说明：

(1)booklist=[book.split(",")for book in input("请输入图书信息:").strip().split()]语句表示:第 1 次对输入的字符串按空格分隔，一本书的信息构成一个字符串，获得由多个字符串组成的列表;第 2 次在一个快速列表生成表达式中每本书按逗号分隔，一本书生成一个子列表，得到二维列表。

(2)for book in boollist 语句表示迭代访问列表 boollist 中的每个子列表。这个句式用了两次，第 1 次完成单价和数量的数据类型转化，第 2 次完成每本书的金额计算和总金额的累计。

小练习

写出实现下面功能的语句或语句组。

(1)输入格式为 mm/dd/yyyy 的日期，保存到 3 个整型变量 y、m、d 中。

(2)输入一组以逗号分隔的整数，保存到一个列表中。

(3)输入如下字符串，按空格分组，每组数据按逗号分隔，将数据分组保存到二维列表中。每组后 3 个数据为整数。

"[1],128,145,155 [2],234,167,248 [3],76,109,133"

4.4.2 统计问题

1. 求最值问题

虽然对列表可以使用 max()和 min()函数求解最大值和最小值,但是实际应用中遇到的问题更复杂,例如,需要知道最值所在的位置、数据有重复值、在限定条件下求最值。这就不是使用一个系统函数能解决的问题,需要通过设计算法完成。

对列表中的数据求最大(小)值的算法思想是先假定一个最大(小)值,然后在遍历列表的过程中进行比较修正,遍历结束,假定变量的值即为所求的最值。

【例 4-4-5】输入若干个整数,数据有重复值,求出现次数最多的整数。

算法思路:先清洗出一个无重复数据的列表,假定最大出现次数为 0,遍历列表,计算每个数在原列表中出现的次数,与假定最大出现次数比较,如果比假定最大出现次数大,则修改假定最大出现次数,并记录该数据。遍历结束,获得最大出现次数和对应的数据。

设置变量 c 为每个数据出现的次数,mcount 为当前出现次数的最大值,mnum 是当前出现次数最大值对应的数据,Ln 为无重复数据的列表。算法描述如下:

```
1 输入数据到列表 L
2 转换列表中数据类型为整数
3 使用集合获取无重复数据的列表 Ln
4 mcount 置 0
5 循环  x 取 Ln 中每一个元素
    5.1 计算 x 在 L 中的出现次数 c
    5.2 如果 c 大于 mcount,则
        5.2.1 mcount = c
        5.2.2 mnum = x
6 输出 mcount、mnum
```

程序实现代码如下:

```python
L = input("请输入一组整数,以逗号分隔:").split(",")
L = list(map(int,L))

Ln = list(set(L))        #获取 L 中不重复的整数列表
mcount = 0               #最大出现次数初值为 0
for x in Ln:
    c = L.count(x)
    if c>mcount:
        mcount = c
        mnum = x

print("出现次数最多的是{},出现了{}次".format(mnum,mcount))
```

运行结果如下：

示例 1：

```
请输入一组整数,以逗号分隔:12,56,3,12,78,56,84,56,21,92
出现次数最多的是 56,出现了 3 次
```

示例 2：

```
请输入一组整数,以逗号分隔:1,2,1,2,3,4,5
出现次数最多的是 1,出现了 2 次
```

说明：运行程序，输入示例 1 的数据，56 出现的次数最多，出现了 3 次；运行程序，输入示例 2 的数据，1 和 2 都出现了 2 次，但只显示了先出现的 1 的次数。这是因为算法中只有大于变量 mcount 的情况才做修改，并没有考虑出现次数一样的问题，所以在最大值有多个的情况下，只考虑第一个数据。

如果要输出所有出现次数最多的数，可以将 mnum 设置为列表，存放多个数，算法描述修改如下，其中加粗文字为修改部分：

1 输入数据到列表 L
2 转换列表中数据类型为整数
3 使用集合获取无重复数据的列表 Ln
4 mcount 置 0
5 **mnum 置空列表**
6 循环 x 取 Ln 中每一个元素
  6.1 计算 x 在 L 中的出现次数 c
  6.2 如果 c 大于 mcount，则
    6.2.1 mcount = c
    6.2.2 **mnum 为只包含 x 的列表**
   否则如果 c 等于 mcount，则
    6.2.3 追加 x 到列表 mnum
7 输出 mcount、mnum

程序实现代码如下，其中加粗文字为修改部分：

```
L = input("请输入一组整数,以逗号分隔:").split(",")
L = list(map(int,L))
Ln = list(set(L))
mcount = 0
mnum = []
for x in Ln:
    c = L.count(x)
    if c>mcount:
        mcount = c    #新的最大值
        mnum = [x]    #重置列表
    elif c == mcount:
        mnum.append(x)  #重复值加入列表

print("出现次数最高的是{},出现了{}次".format(mnum,mcount))
```

运行结果如下：

```
请输入一组整数,以逗号分隔:1,2,1,2,3,4,5
出现次数最高的是[1, 2],出现了 2 次
```

在一些场合下,关注的不再是最大(小)值的数值,而是最大(小)值所在的位置。

【例 4-4-6】输入一组数据,找出最大值和最小值,将最大值与最后一个数据交换位置,最小值与第一个数据交换位置,其他数据不改变位置。

这个问题中涉及数据交换,必须知道最大值和最小值的位置才能实现交换。因此选择使用下标遍历列表的算法模式,假定最值是下标为 0 的数据,下标遍历 $1\sim n-1$,用当前下标所对应的数据与当前最值下标对应的数据比较,如果需要修改,则修改最值下标。

设置变量 minindex 为最小值下标,变量 maxindex 为最大值下标。算法描述如下：

```
1 输入数据到列表 L
2 转换列表中数据类型为整数
3 分别求最小值和最大值的下标 minindex、maxindex
4 交换 L[0]和 L[minindex]
5 交换 L[-1]和 L[maxindex]
6 输出 L
```

程序实现代码如下：

```
L = input("请输入一组整数,以逗号分隔:").split(",")
L = list(map(int,L))
minindex,maxindex = L.index(min(L)),L.index(max(L))
L[maxindex],L[-1] = L[-1],L[maxindex]
L[minindex],L[0] = L[0],L[minindex]
print(",".join(map(str,L)))
```

运行结果如下：

```
请输入一组整数,以逗号分隔:34,73,17,39,94,24,20,83
17,73,34,39,83,24,20,94
```

说明：

(1)map()函数返回的是一个 map 对象,map 对象也是一个可迭代序列对象,但若要使用列表的方法,如列表的 index()方法,就需要把 map 对象转化为列表对象；

(2)输出的结果为整数序列,使用 join()方法用逗号将列表中的数据连接成一个字符串,要注意的是使用 join()方法时,要将列表中的整数先转换为字符串。

结构化数据中最值问题的关键是区分出一条记录中的数值数据,再进行相应的处理。

【例 4-4-7】立定跳远成绩统计。

学校运动会的立定跳远项目中,每位运动员有 3 次机会,取最好成绩作为最终成绩。输入运动员编号和 3 次跳远成绩,格式如下,每个运动员的记录用分号隔开,一条记录的 3 个数据用逗号隔开：

1001,2.62,2.83,2.75;1005,2.55,2.57,2.61;1006,2.94,2.88,2.90;1008,2.72,2.76,2.80

要求按最好成绩从高到低输出运动员编号和成绩。

算法描述如下：

```
1 输入数据到二维列表 source
2 循环迭代访问每个运动员的记录 rec
    2.1 循环下标访问 rec[1:]
        2.1.1 转换 rec[i]数值数据类型为浮点数
3 创建空列表 result
4 循环迭代访问每个运动员的记录 rec
    4.1 切片运动员的三个成绩求最大值，和编号组成列表追加到 result
5 result 按成绩逆序排列
6 输出运动员编号和成绩
```

程序实现代码如下：

```python
#使用二维列表存储结构化数据
source = [person.split(",") for person in input("请输入:\n").split(";")]
for rec in source :
    for i in range(1,4):
        rec[i] = float(rec[i])
print(source)

#计算每个运动员的最好成绩，和编号一起加入新列表，并排序
result = []
for rec in source:
    result.append([rec[0],max(rec[1:])])
result.sort(key = lambda x:x[1],reverse = True)

#输出运动员编号和成绩
print("运动员\t 成绩")
for No,score in result:
    print(f"{No}\t{score:.2f}")
```

运行结果如下：

```
请输入:
1001,2.62,2.83,2.75;1005,2.55,2.57,2.61;1006,2.94,2.88,2.90;1008,2.72,2.76,2.80
[['1001', 2.62, 2.83, 2.75], ['1005', 2.55, 2.57, 2.61], ['1006', 2.94, 2.88, 2.9], ['1008',
2.72, 2.76, 2.8]]
运动员   成绩
1006     2.94
1001     2.83
1008     2.80
1005     2.61
```

说明：

(1)在计算运动员最好成绩时，直接使用切片方法去除运动员编号，再用 max()函数求最大值，因此不需要构建一个循环结构。

(2)result 是结构化的二维列表,子列表由运动员编号和该运动员最好成绩构成。Python 语言支持并行赋值,所以在执行输出操作的 for 语句中,变量 No 和 score 直接对应子列表的两个元素。

2. 重复数据计数问题

批量数据中难免会出现重复值,重复值的计数问题与分类统计问题相似,但与第 3 章中所提及的分类统计又有所不同,重复值计数的类别由数据本身决定,类别数是不固定的。下面通过投票统计问题,介绍两种不同的解决方案:一种使用列表方法,另一种使用字典的特性。

【例 4-4-8】 投票统计。

组长选举的投票情况已存放在列表 vote 中,请计算每位被提名者的得票数,并按得票数从大到小输出结果。

vote=['鲁智深','柴进','宋江','吴用','林冲','卢俊义','柴进','柴进','孙二娘','史进','吴用','卢俊义','柴进','林冲','宋江','宋江','卢俊义','吴用','吴用']

方法一:使用列表方法。

算法思路:先从列表 vote 中抽取候选人名单,逐一计算每个候选人的得票数,将每一个(候选人,得票数)追加到一个计数列表中,最后按得票数排序输出。

算法描述如下:

```
1 获取候选人名单列表 namelist
2 创建空列表 voteCount
3 循环遍历列表 namelist 中每一个 name
    3.1 计算每一个 name 在列表 vote 的出现次数(得票数),增加(name,得票数)到 voteCount
4 列表 voteCount 按得票数排序
5 输出列表
```

程序实现代码如下:

```
vote = ['鲁智深','柴进','宋江','吴用','林冲','卢俊义',\
'柴进','柴进','孙二娘','史进','吴用','卢俊义','柴进',\
'林冲','宋江','宋江','卢俊义','吴用','吴用']
namelist = list(set(vote))
voteCount = []
for name in namelist:
    voteCount.append((name,vote.count(name)))

voteCount.sort(key = lambda x:x[1],reverse = True)
for x in voteCount:
    print("{:s}\t{:d}".format(x[0],x[1]))
```

运行结果如下:

```
吴用      4
柴进      4
卢俊义    3
宋江      3
林冲      2
```

```
鲁智深        1
孙二娘        1
史进          1
```

方法二：使用字典的特性。

Python 语言提供的 dict 类在建立字典的过程中就可以完成计数统计，从而可以方便地操作 keys、values 和 items 序列，实现算法功能。

算法思路：计票程序可以建立字典，键值对为<人名>：<得票数>。遍历列表 vote 中每一个 name 字符串，如果字典中已存在，则得票数增 1；如果字典中不存在，则创建新的键值对。然后操作字典，排序后输出。算法描述如下：

```
1 创建空列表 voteCount
2 循环遍历列表 vote 中每一个 name
  2.1 如果 name 已存在于字典中，则得票数值增 1
      否则增加新的键值对(name,1)
3 获得 items 对象的列表 L
4 列表按得票数排序
5 输出列表
```

程序实现代码如下：

```
vote = ['鲁智深','柴进','宋江','吴用','林冲','卢俊义',\
'柴进','柴进','孙二娘','史进','吴用','卢俊义','柴进',\
'林冲','宋江','宋江','卢俊义','吴用','吴用']
voteCount = dict()
for name in vote:
    if name not in voteCount: # 字典中还没名字
        voteCount[name] = 1
    else:
        voteCount[name] += 1

result = list(voteCount.items())
result.sort(key = lambda x:x[1],reverse = True)
for x in result:
    print("{:s}\t{:d}".format(x[0],x[1]))
```

运行结果如下：

```
柴进      4
吴用      4
宋江      3
卢俊义    3
林冲      2
鲁智深    1
孙二娘    1
史进      1
```

说明：使用字典同样可以很方便地解决出现次数的计数问题，构造好字典后，使用 keys、values 和 items 序列可以解决最值问题。

值得注意的是使用两种方法得到的结果却不完全相同：票数相同的候选人的次序不同。这是由于方法一使用了 set()函数去重，集合中数据的顺序并不遵守数据出现的顺序，而字典中数据的顺序与数据创建时的顺序相同。

【例 4-4-9】使用字典实现【例 4-4-5】中数据出现次数的计数，输出出现次数最多的整数。

算法思路：为序列中的每个数据计算出现次数，可以建立字典，键值对为<数据>:<出现次数>。

遍历序列中的每个数据，如果字典中不存在，则增加键值对；如果字典中已存在，则值增 1。字典建立好后，使用字典的 values 序列和 items 序列可以方便地访问键和值。算法描述如下：

```
1 输入数据到列表 L
2 转换列表中数据类型为整数
3 创建一个空字典
4 循环遍历 L 中每一个 x
    4.1  使用字典的 get()方法计算 x 的出现次数
5 获取字典的 values 序列，求最大值 mcount
6 循环遍历字典的键值对(key,value)
    6.1  如果 value 等于 mcount 则输出 key
7 输出 mcount
```

程序实现代码如下：

```
L = map(int,input("请输入一组整数，以逗号分隔:").split(",") )
d = { }
for x in L:
    d[x] = d.get(x,0) + 1
mcount = max(d.values())
mnum = []
for num,c in d.items():
    if c == mcount:
        mnum.append(num)
print("出现次数最多的是{},出现了{}次".format(mnum ,mcount))
```

说明：

(1)【例 4-4-9】使用 get()方法简化了【例 4-4-5】中的选择结构，如果变量 x 在字典的 key 序列中不存在，则 get()方法返回 0，加 1 后通过赋值语句增加键值对 x:1；如果 x 在字典的 key 序列中已存在，则 get()方法返回对应的值，加 1 后通过赋值语句修改值。

(2)使用 max()函数求得 values 序列中的最大值，再通过迭代循环取键值对，遍历寻找与最大值相同的值，将对应的键 num 追加到列表 mnum。

小练习

1. 使用字典实现【例 4-4-7】的立定跳远成绩统计问题。

2. 改写【例 4-4-7】中代码，要求输出最好成绩及运动员编号，运动员的最好成绩有可能重复。

3. 使用字典的 get() 方法修改【例 4-4-8】的字典实现方法代码。

4.5 程序练习题

1. 程序改错题

(1)程序功能：输入一组以逗号分隔的浮点数，求出这组浮点数中的最小值。下面程序中存在三处错误，请找出并修改，使程序能够正确运行。

运行结果如下：

```
输入：-20.4, -10.1, -4.3, 10.85, 5, 9
输出：最小元素 = -20.4
```

程序实现代码如下：

```
x = input().split()
x = [int(i) for i in x ]
minf = x[0]
i = 0
while i < len(x):
    if minf > x[i]:
        minf = x[i]
        i = i + 1
print( "最小元素 = ",minf)
```

(2)程序功能：有两份节选的美国各州人口统计表，存储在两个字典 ad 和 bd 中，请将字典 ad 中的州名与字典 bd 中的州名不重复的记录加入字典 bd，并显示到屏幕上。下面程序中存在三处错误，请找出并修改，使程序能够正确运行。

运行结果如下：

```
Illinois:12875255
Indiana:6537334
Iowa:3074186
Kansas:2885905
Kentucky:4380415
Louisiana:4601893
Georgia:9919945
Hawaii:1392313
Idaho:1595728
```

程序实现代码如下：

```
ad = { 'Georgia':9919945,
       'Hawaii':1392313,
```

```
        'Idaho':1595728,
        'Illinois':12875255,
        'Indiana':6537334,
        'Iowa':3074186}
        bd = {'Illinois':12875255,
        'Indiana':6537334,
        'Iowa':3074186,
        'Kansas':2885905,
        'Kentucky':4380415,
        'Louisiana':4601893
}
for a in ad.keys:
    if a not in bd:
        bd[a] = a
for a,n in bd:
    print('{}:{}'.format(a, n))
```

2. 程序设计题

(1)寻找最高位等于其余各位之和的整数。

编写程序,输入若干个以逗号分隔的整数,统计符合最高位等于其余各位之和要求的数的个数,并输出符合要求的整数。

提示:使用字符串转化为列表的特性,分解一个整数的数字位,并判断这个数的最高位是否等于其余各位数的和。

运行结果如下:

```
输入:
-725,-362,0,9360
输出:
符合要求的数有 2 个
-725   9360
```

(2)穷举三位数。

编写程序,实现功能:输入一组数字,例如,输入 1,5,0,2,5,1,穷举由这些数字组成的所有三位数。具体要求如下。

①输入一组数字,用逗号分隔。去重后,不足三个数字则报错。

②使用这组不重复的数字组合(从小到大),得到互不相同且无重复数字的三位数并输出。

(3)体育特长标注。

已知小组所有成员姓名存在于字符串 group 中,其中有足球特长和乒乓球特长的人员名单分别存在于字符串 footBallGroup 和 pingpangGroup 中。有足球和乒乓球特长的人员不重复。

group='鲁智深 柴进 宋江 林冲 卢俊义 孙二娘 史进 吴用 李逵'

footBallGroup='吴用 卢俊义 鲁智深'

pingpangGroup='林冲 孙二娘 李逵'

编写程序，实现功能：标注小组成员的体育特长。具体要求如下。

①创建上述三个字符串，再通过列表操作。

②生成列表，其中每个数据项对应每个成员的名字及该成员的特长字符串。

③输出标注后的内容，以中文逗号分隔，以中文句号结束。

运行结果如下：

```
鲁智深(足球)，柴进，宋江，林冲(乒乓球)，卢俊义(足球)，孙二娘(乒乓球)，史进，吴用(足球)，李逵(乒乓球)。
```

(4)计算气体浓度占比。

字符串 str 保存了气体浓度传感器的 4 条数据，每条数据的第一个字段是传感器编号，第二个字段是气体名称，第三个字段是浓度值。例如：

TGS2402:甲醛:1.36;TGS2500:氮气:5.20;TGS2310:甲烷:1.70;TGS2820:乙烯:2.43

在屏幕上按照浓度值递减的顺序，输出每种气体名称、浓度及其浓度在 4 种气体浓度中所占的百分比。

运行结果如下：

```
输入：
TGS2402:甲醛:1.36;TGS2500:氮气:5.20;TGS2310:甲烷:1.70;TGS2820:乙烯:2.43
输出：
氮气的浓度是:5.20,占比：49%
乙烯的浓度是:2.43,占比：23%
甲烷的浓度是:1.70,占比：16%
甲醛的浓度是:1.36,占比：13%
```

(5)省会(首府)查询。

中国各省、直辖市、自治区和特别行政区的字典数据如下：

capitals = {'湖南':'长沙','湖北':'武汉','广东':'广州','广西':'南宁','河北':'石家庄','河南':'郑州','山东':'济南','山西':'太原','江苏':'南京','浙江':'杭州','江西':'南昌','黑龙江':'哈尔滨','新疆':'乌鲁木齐','云南':'昆明','贵州':'贵阳','福建':'福州','吉林':'长春','安徽':'合肥','四川':'成都','西藏':'拉萨','宁夏':'银川','辽宁':'沈阳','青海':'西宁','海南':'海口','甘肃':'兰州','陕西':'西安','内蒙古':'呼和浩特','台湾':'台北','北京':'北京','上海':'上海','天津':'天津','重庆':'重庆','香港':'香港','澳门':'澳门'}

编写程序，实现功能：创建一个省会(首府)字典 capitals，接收用户输入的省、直辖市、自治区和特别行政区名称，输出对应的省会(首府)名称，当输入错误时输出“输入错误”。程序可以重复接收用户的输入，直接按回车键退出程序。

(6)交换字典的键和值。

已有职工字典：dic = {"alice":1001,"john":1003,"kate":1002}，键是职工姓名，值是职工工号。

编写程序，实现功能：交换职工字典的键和值，键是职工工号，值是职工姓名，并按工号降序输出职工信息，每行一条职工记录(输出格式为“工号\t 姓名”)。

(7)就业行业统计。

编写程序,实现功能:输入某班各个学生就业的行业名称,行业名称之间用空格分隔(按回车键结束输入)。统计各行业就业的学生数量,按数量从高到低的顺序输出。

运行结果如下:

```
输入:
交通 金融 计算机 交通 计算机 计算机
输出:
计算机:3
交通:2
金融:1
```

(8)计算门店奖金。

公司某一地区连锁门店一个月的利润已保存在字符串 shopInfo 中。

shopInfo="12 号店 48528 23 号店 56380 18 号店 32854 4 号店 68385 53 号店 92383 6 号店 28387 37 号店 40238 8 号店 70823"

编写程序,实现功能:计算公司一个月的平均利润和各门店奖金。具体要求如下。

①创建字符串 shopIndo。

②构造并输出门店利润二维列表,二维列表由各门店名称及该门店的利润组成,格式如下:

[[店名 1,利润 1],[店名 2,利润 2],[店名 3,利润 3],……]

③计算并输出公司平均利润。

④为利润超过平均值的门店给予奖励,奖金是超过平均值部分的 8%,计算并输出得到奖金的门店名称及所得奖金。运行结果如下(结果保留 2 位小数):

```
各店利润:[('12 号店', 48528), ('23 号店', 56380), ('18 号店', 32854), ('4 号店', 68385),
('53 号店', 92383), ('6 号店', 28387), ('37 号店', 40238), ('8 号店', 70823)]
平均利润:54747.25
23 号店奖金:146.95
4 号店奖金:1227.40
53 号店奖金:3387.22
8 号店奖金:1446.82
```

(9)请构造门店利润字典,实现第(8)题的程序功能。

本章范例与参考答案

第 5 章

程序的模块化设计方法

本章概要

在第 1 章中，通过解决一些简单的问题实例，学习了以三种基本控制结构为核心的结构化程序设计。当计算机解决的问题越来越复杂时，程序也会变得越来越复杂，一是代码越来越长，二是控制结构的嵌套层次越来越深。算法设计的难度和程序理解的难度也会随之增加。计算机科学家提出了模块化设计方法，把复杂的大任务分解为若干个小任务，分层分解任务的难度。程序通过函数实现模块化设计。

本章将介绍模块化设计的思想和开发过程，在 1.2.4 节的基础上，继续探索 Python 函数和模块的语法与特点。

学习目标

完成本章的学习后，读者应达到如下目标：

(1)了解模块化设计的思想；

(2)学习模块化程序的设计；

(3)掌握 Python 函数的定义、调用，理解函数的执行过程；

(4)掌握 Python 函数的参数传递和返回值的概念；

(5)理解 lambda 函数和递归函数；

(6)了解 Python 模块的概念。

5.1　模块化设计

5.1.1　模块化设计的思想

模块化程序设计模式

1. 软件开发的根本困难

软件开发的根本困难在于管理软件系统的复杂度。软件系统的复杂度包括物理上的规模，如包含多少个源文件，总共有多少行源代码；也包含逻辑上的规模，如有多少个子系统，多少个模块，多少个功能点，多少个用户界面等；还包含开发和维护系统的人员规模，需要 1 个人开发和维护的系统，比需要100个人开发和维护的系统要简单得多。

计算机软件的本质是人类让计算机工作的一系列指令，如果指令出错，计算机也不会正常工作，有时候甚至会产生可怕的后果。软件系统的复杂度增加之后，会带来一系列问题，核心问题就是软件开发者不能简单清晰地知道软件代码是如何在计算机中执行的，也就无法保证软件在各种情况下的正确性。

如果软件只是输出一句"Hello World"，它的复杂度几乎为零，现实中真正有用的软件通常有着不低的复杂度，动辄成千上万行源代码，需要很多人经过很多年才能做出来。

其实，让计算机在显示器上输出一句话的复杂度很高，只不过大量的工作被操作系统和程序设计语言完成了。如果可以确定那些软件都是可靠的，就可以说输出"Hello World"本身的复杂度很低。这正是将要讲到的软件开发的核心理念之一——"化整为零、分而治之"。

2. 软件危机

在计算机诞生初期，软件确实就是如下所示的计算机指令的列表。

```
1 从某个地方读一个数 a
2 从另一个地方读一个数 b
3 把 a 和 b 加起来
4 在终端上打印结果
5 结束
```

这种平铺直叙的指令只能做很简单的事情，稍微复杂的事情需要借助"条件判断"才能实现，例如：

```
1 从某个地方读一个数 a
2 从另一个地方读一个数 b
3 如果 b 是 0 或者正数，执行第 4 步，否则执行第 5 步
4 计算 a + b，跳到第 6 步
5 计算 a - b
6 在终端上输出结果
7 结束
```

这里就有了条件判断、分支和跳转，上例中的分支跳转是根据输入的数决定的，而输入的数是在软件运行时才确定的，软件开发者不能确定程序的实际执行顺序。这还只是一个非常简单的例子，现实世界中的软件是由成千上万行这种代码叠加构成的，其结构和执行路径极其复杂。

随着计算机硬件不断升级，软件做的事越来越复杂，出现了大批一直完不成的软件项目(一直出错甚至一直无法完整运转起来)。人们把工程化方法应用在软件开发领域，并建立了一系列重要的方法论体系。这其中非常重要的两个分别是软件质量管理(software quality management, SQM)和结构化程序设计(structured programming)。前者把文档化、软件测试等质量管理方法引入软件开发的完整生命周期(从需求产生到开发、上线、维护直至被废弃)中；而后者则引入了软件开发模块化(modularity)的重要概念，这个概念现在也未过时(在可预见的将来也不会过时)。

3. 模块化

模块化是结构化程序设计的核心理念，原理很简单，就是"化整为零、分而治之"的古老智

慧的程序设计版本。既然大型软件系统的复杂度不可避免，那就通过分解和组装来简化。

(1)分解：大型系统分解成中型，中型系统分解成小型，小型系统分解成一个个子系统和模块，模块分解成若干代码段，最后这些代码段都足够简单，对给定输入给出可预期的输出，易于描述、易于实现、易于测试，这样的代码段统称为过程(procedure)或者函数(function)，也有各种其他称谓，但本质相同。

(2)组装：通过调用简单函数完成更复合、更复杂的任务，不断重复调用函数，只要小模块都是正确的，那么组合而成的系统也应该是正确的。

应用模块化的理念，前面的例子可以改写成：

```
1 定义函数 add()，输入是两个数，输出是两个数相加之和
2 定义函数 sub()，输入是两个数，输出是第一个数减去第二个数的差
3 定义函数 print()，输入是一个数，print()函数将其显示在默认终端上
4 定义函数 main()，完成下述流程
  4.1  读一个数 a
  4.2  读一个数 b
  4.3  如果 b>=0 则定义 c=add(a,b)，否则 c=sub(a,b)
  4.4  调用 print(c)
  4.5  结束
```

这样整个程序被分解成 add()、sub()、print()和 main()四个函数，每个函数都只做很简单的、易于验证的事情，每个函数可以被不同的人编写和测试，复杂度就被分解和降低了；而这些函数可以用严格定义的程序流程(如条件分支、循环等)组合起来，形成更大的函数。

这种“分而治之”的思想，称为责任分离(separation of concern，SoC)，这里除了“分”，还隐含着“黑盒”的理念，也就是每个函数执行自己的任务，调用函数的程序不用理会被调用的函数是如何执行的，并默认所调用的函数是正确的，各司其职，互不干扰，只要输入/输出的格式不发生变化，整个系统就能正常运行。这也给了每个函数的编写者最大的自由，可以互不影响地不断优化迭代(如修正错误、提升性能等)。

模块化的另一个好处是获得更好的复用性(reusability)，一个模块如果解决了一个普遍性问题，而且其实现既正确又高效健壮，就可以用在很多地方，不需要多次修改。

小练习

1. 软件程序设计存在一些常见的方法论，以下选项中(　　)不属于此。

A. 面向过程程序设计　　B. 面向对象程序设计

C. 函数式程序设计　　D. 面向薪水程序设计

2. 软件开发的根本困难，是(　　)。

A. 技术人员没有彻底精通一门程序设计语言

B. 软件系统的复杂度越高，管理就越困难，导致可靠性大幅下降，成本大幅上升

C. 需求臃肿且变更频繁，比如，产品经理提交无厘头的需求，或管理者横插一杠拍脑袋决策

D. 项目管理模式落后，没有采用敏捷开发，还在用瀑布式模式

3. 关于模块化，以下说法中错误的是(　　)。

A. 模块化是结构化程序设计的核心理念

B. 通过分解和组装来简化复杂度

C. 和古老智慧"化整为零,分而治之"相似

D. 只有面向对象程序设计才属于模块化,其他编程范式不属于

4. 在软件开发领域谈及"黑盒",这意味着(　　)。

A. 人们只需要知道它需要什么(输入),产出什么(输出),对它的内在机制无须关心

B. 黑色的纸箱或其他材质的盒子

C. 团队成员应该对项目了解得事无巨细,对局部的内在机制毫不关心是不负责任的

D. 黑盒的理念是软件开发领域独有的,对于其他领域毫无启发

5. 在软件开发领域谈及复用性时,以下说法中(　　)是错误的。

A. 程序设计语言自带的内置常量、内置函数、内置库是代码复用的体现,是程序设计语言的开发者或社区为语言的使用者提供的

B. 在写代码时,所定义的函数和类都是代码复用的体现,可方便自己或其他同事调用

C. 在软件开发领域,经常遇到的问题通常都存在不止一种解决方案,甚至开箱可用,是前辈们智慧与知识的复用

D. 复用性可视为一种程序设计思想,只在软件开发领域有用,对普通人并无帮助

6. 程序模块化和可重用性是软件工程的中心目标之一,可以通过(　　)实现这一目标。

A. 复制运算　　B. 函数　　C. 循环结构　　D. 多文件

5.1.2 模块化程序的开发过程

解决复杂问题的程序,通常并不是从第一行代码开始,逐行顺序地完成。程序的开发要经过自顶向下的设计,自底向上的实现。

1. 自顶向下的设计方法

自顶向下、逐步求精是分析问题的基本方法,具体的做法是把一个大任务分割成小的、容易控制的任务,再继续细分为更小、更容易控制的任务,直到所有的小任务都能很容易地实现。

以安排一次竞赛活动为例,整个竞赛活动可以先划分为"报到""开幕式""现场答辩""现场活动""闭幕式"5个模块,再对每一模块进行细化。"报到"模块可以细化为"注册缴费""抽签""发放资料""办理入住"4个子模块。"注册缴费"又可以向下细化为"核对信息""缴费""开发票"子模块,如图5-1-1所示,如有需要,还可以一层一层地向下细化,直到每一功能块的任务都清晰明了为止。

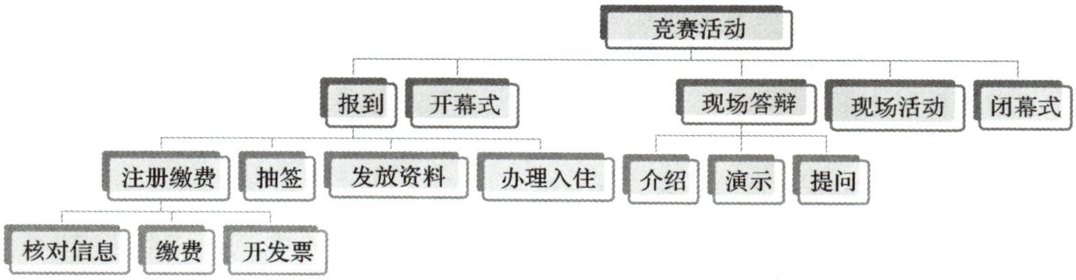

图 5-1-1　竞赛活动的任务划分

自顶向下、逐步求精的结果是得到一系列以功能块为单位的算法描述。竞赛活动安排的算法描述如下:

```
1 报到
  1.1 注册缴费
      1.1.1 核对信息
      1.1.2 缴费
      1.1.3 开发票
  1.2 抽签
  1.3 发放资料
  1.4 办理入住
2 开幕式
3 现场答辩
  3.1 介绍
  3.2 演示
  3.3 提问
4 现场活动
5 闭幕式
```

【例 5-1-1】 模块化实现用自定义字符画一个“工”字。

程序的功能是输入变量 n 和 ch，ch 表示构成输出图案的字符，画出的“工”字由 2 条 $2n+1$ 个 ch 字符组成的横线和 1 条 n 个 ch 字符组成的竖线构成，运行结果如图 5-1-2 所示。

解决【例 5-1-1】问题可以设计两个基础模块：画横线和画竖线，再设计一个图形模块画“工”字，模块结构如图 5-1-3 所示。模块 hline 的功能是画一条由 $2n+1$ 个 ch 字符构成的横线。模块 vline 的功能是画一条由 n 个 ch 字符组成的竖线。模块 figure 的功能是调用模块 hline 和 vline 画“工”字。主模块 draw 执行输入 n 和 ch，输出图形的功能。主程序只需调用模块 draw 就可实现功能。

```
n=5
ch=*
***********
     *
     *
     *
     *
     *
***********
```

图 5-1-2 【例 5-1-1】运行结果

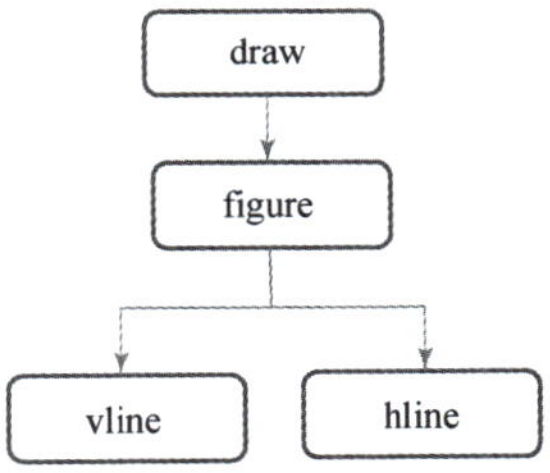

图 5-1-3 模块结构

2. 自底向上的实现

自顶向下的设计是创建层次化模块结构的过程，从程序实现和测试的角度看，最好从模块结构的底层开始实现、运行、测试每一个函数，然后逐步上升，实现上层模块，自底向上直至主程序得以实现。

【例 5-1-1】的画“工”字程序，经过自顶向下的设计，得到了模块结构（见图 5-1-3），依据模块结构可以得到如下的程序框架结构。其中 pass 语句是空语句，此处只是完整呈现一个函数的语法结构，函数的功能待开发。

```
#【例 5-1-1】的程序框架结构
def hline(n,ch):
    pass
def vline(n,ch):
```

```
    pass
def figure(n,ch):
    pass
def draw():
    pass
draw()
```

在模块化设计中,测试程序最适合采用单元测试技术,即先分别测试每一个小模块,然后逐步测试较大的模块,直至最后测试完整程序。自底向上的实现首先从最底层的模块 hline 和 vline 开始,Python 语言支持在交互平台中测试函数,在程序框架中完成两个函数的代码,执行 Run 菜单下的 Run module 命令,可以切换到交互界面 IDLE Shell 窗口,使用命令行测试函数,测试过程如图 5-1-4 所示。

```
#【例 5-1-1】的底层模块实现
def hline(n,ch):
    for i in range(2 * n + 1):
        print(ch,end = "")
    print()
def vline(n,ch):
    for i in range(n):
        for j in range(n):
            print(" ",end = "")
        print(ch)
```

```
>>> hline(5,"8")
88888888888
>>> vline(5,"8")
     8
     8
     8
     8
     8
>>> hline(3,"@")
@@@@@@@
>>> vline(3,"@")
   @
   @
   @
```

图 5-1-4　底层模块测试过程

hline()函数和 vline()函数的测试结果正确,再实现 figure()函数并测试 figure()函数。

```
#【例 5-1-1】的第二层模块实现
def figure(n,ch):
    hline(n,ch)
    vline(n,ch)
    hline(n,ch)
```

最后实现顶层 draw()函数,完成整个程序的运行测试。

```
#【例 5-1-1】的顶层模块实现
def draw():
    n = int(input("n = "))
    ch = input("ch = ")
    figure(n,ch)
```

在模块化设计中,运用自顶向下、逐步求精的方法分层设计,得到功能独立的模块,再以模块为单位进行程序设计,实现其求解算法。

完整的程序实现代码如下:

```
#【例 5-1-1】的完整实现
def hline(n,ch):
    for i in range(2 * n + 1):
```

```
        print(ch,end = "")
    print()

def vline(n,ch):
    for i in range(n):
        for j in range(n):
            print("  ",end = "")
        print(ch)

def figure(n,ch):
    hline(n,ch)
    vline(n,ch)
    hline(n,ch)

def draw():
    n = int(input("n = "))
    ch = input("ch = ")
    figure(n,ch)
draw()
```

小练习

1. 修改【例 5-1-1】的程序：要求当输入一个偶数时，图形用 * 绘制，当输入一个奇数时，图形用@绘制，运行结果如图 5-1-5 所示。

2. 修改【例 5-1-1】的程序：要求输出如图 5-1-6 所示的图形。

```
n=5
@@@@@@@@@@@
     @
     @
     @
     @
     @
@@@@@@@@@@@
```

```
n=4
*********
    *
    *
    *
    *
*********
```

图 5-1-5　1 题的运行结果

```
n=4
ch=$
$$$$$$$$$
$       $
$       $
$       $
$       $
$$$$$$$$$
```

图 5-1-6　2 题的运行结果

3. 按下面要求，使用 Python 语言编写三个函数，主程序调用 main()函数实现程序功能：读入两个整数变量 a 和 b，如果 b 大于或等于 0，则计算并输出两数之和，否则输出 a 减去 b 的差值。要求如下。

(1)定义 add()函数，输入是两个数，输出是两个数相加之和。

(2)定义 sub()函数，输入是两个数，输出是第一个数减去第二个数的差。

(3)定义 main()函数，完成下述流程：

```
1 读一个数 a
2 读一个数 b
3 如果 b>=0 则 c=add(a,b),否则 c=sub(a,b)
4 输出 c
```

4. 以下说法中，(　　)是错误的。

A. 使用自顶向下分析、自底向上编码的方法是实现大程序的好方法

B. 使用函数的程序更易于编写、调试、维护和修改
C. 模块化设计是面向对象的程序设计技术
D. 模块化是自顶向下分层设计的结果
5. 以下选项中,(   )不是使用函数的优点。
A. 减少代码的重复　　　　B. 降低程序设计的复杂度
C. 增加程序的可读性　　　　D. 执行速度更快

5.1.3 模块化设计实例:素数问题

素数,又称质数,是指除了1和它本身之外没有其他因数的自然数。围绕着素数有很多有趣的话题和数学未解难题,如梅森素数、孪生素数、哥德巴赫猜想等。本节将用程序分析方法对素数问题一探究竟。

1. 素数问题分析

【例5-1-2】 判断一个数 n 是不是素数。

最直接的判断方法是从素数的定义出发,从2到 $n-1$ 逐个验证 n 能否被整除,能被整除则 n 不是素数,不能被整除则 n 是素数。

算法设计的重点在于:判定 n 不是素数,只需验证 n 能被从2到 $n-1$ 中的一个数整除,就可以停止验证,得出结论。

判定 n 是素数,要对 $2\sim n-1$ 的所有数验证结束,才能得出结论。

算法描述如下:

```
1 输入一个数n
2 i=2
3 循环当 i<n
    3.1 如果n能被i整除则跳出
    3.2 i=i+1
4 如果 i==n,则输出n是素数
    否则输出n不是素数
```

说明:这个算法的循环结构有两个出口:一个是“循环当 i<n”条件不满足;另一个是“如果n能被i整除则跳出”。两个出口分别代表不同的结论。从第一个出口结束循环,n是素数;从第二个出口结束循环,n不是素数。

两个出口都汇聚到算法的第4步。在此,如何区分两种不同的情况?

仔细观察程序循环结构的执行,结束循环时,i的值是不同的。循环正常结束,i的值等于n;在循环结构中如果n能被i整除,跳出循环,i的值在2和n−1之间。利用i值可以区分n是不是素数。

程序实现代码如下:

```
n=int(input("n="))
i=2
while i<n:
    if n%i==0 :
        break
```

```
    i = i + 1
if i == n:
    print(n,"是素数")
else:
    print(n,"不是素数")
```

说明：跟踪输入 n=2 时程序的执行流程。n=2，i=2，while 语句的条件不成立，则不执行循环语句，执行下一句；if 条件 i==n 成立，输出 2 是素数。虽然 2 是一个特殊点，但程序执行结果符合预期，不需要特别处理。

while 语句和 for 语句在很多场合都可以相互转换，但下面的程序却转换失败。请思考：发生错误的原因是什么？

```
n = int(input("n = "))
for i in range(2,n):
    if n %i == 0 :
        break
if i == n:
    print(n,"是素数")
else:
    print(n,"不是素数")
```

运行结果如下：

```
n = 3
3 不是素数
```

说明：本算法是根据 i 的终值来判断 n 是不是素数的。for 语句实现的程序和 while 语句实现的程序的不同之处在于：for 循环正常执行结束（不从 break 跳出）时，i 值是 n−1，而 while 循环正常结束时，i 值是 n。也就是说，一个素数执行 for 循环结束后，i 值为 n−1。例如，n=3，for 语句迭代运行 i=2，n%i==0 不满足，不执行 break 语句，迭代结束退出 for 语句。换句话说，使用 for 语句，无法用 i 值区分循环的最后一次是通过 break 结束循环的，还是正常执行结束循环的。

要解决这个问题，可以使用一个标志变量 flag 表示 n 是不是素数，而不再根据 i 的终值判断。

【例 5-1-3】用 for 语句判断一个数 n 是不是素数。

初始假定 n 是素数，flag 设为 True。循环迭代验证时，如果 n 能被整除，则设置 flag 为 False，表示 n 不是素数。最后根据 flag 的值判断 n 是不是素数。

算法描述如下：

```
1 输入一个数 n
2 设置 flag 为 True
3 循环 i 从 2 到 n-1
    3.1 如果 n 能被 i 整除则
        3.1.1 设置 flag 为 False
        3.1.2 跳出循环
4 如果 flag == True，则输出 n 是素数
  否则输出 n 不是素数
```

用 for 语句实现判断素数的程序代码如下：

```
n = int(input("n = "))
flag = True
for i in range(2,n):
    if n%i == 0 :
        flag = False
        break
if flag:
    print(n,"是素数")
else:
    print(n,"不是素数")
```

Python 语言的 for…else 语句也可以解决这个问题。其中 else 子句是在 for 语句循环正常结束的时候进入，也就是说从 break 语句跳出循环时，不进入 else 子句，这样就可以区分两种情况了。用 for…else 语句实现判断素数的程序代码如下：

```
n = int(input("n = "))
for i in range(2,n):
    if n%i == 0 :
        print(n,"不是素数")
        break
else:
    print(n,"是素数")
```

2. 模块化判断素数

【例 5-1-4】模块化设计实现判断一个数 n 是不是素数。

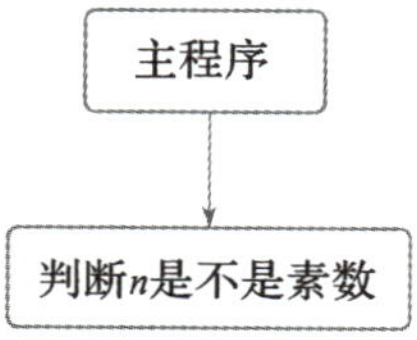

图 5-1-7　判断素数的模块结构

【例 5-1-3】是在主程序中直接设计算法实现，那么模块化设计要如何解决这个问题呢？如图 5-1-7 所示的模块结构，判断 n 是不是素数是一个独立的功能，在顶层算法中不展开，设计一个子模块完成这个功能，第二层算法就是对该子模块的算法描述。

顶层算法描述如下：

```
1 输入一个数 n
2 如果 n 是素数
    则输出 n 是素数
    否则输出 n 不是素数
```

第二层算法描述如下：

```
1 设置 flag 为 True
2 循环 i 从 2 到 n-1
    2.1 如果 n 能被 i 整除则
        2.1.1 设置 flag 为 False
        2.1.2 跳出循环
3 返回 flag
```

下面自底向上实现模块结构，首先实现判断 n 是不是素数的子模块，即编写一个判断 n 是不是素数的函数。函数设计如下。

函数名：isPrime。

参数：n。

返回值：n是素数则返回True，不是素数则返回False。

```
#【函数代码】
def isPrime(n):
    flag = True
    for i in range(2,n):
        if n%i == 0 :
            flag = False
            break
    return flag
```

下面使用return的特性优化函数。当函数执行到return语句时，函数的执行结束，回到调用函数处。所以循环结构中当验证为n可以被i整除，直接使用return False返回，得出结论不是素数。那么能正常执行完for语句的n都是素数，不需再作判断，直接使用return True 返回。

```
#【函数代码】
def isPrime(n):
    for i in range(2,n):
        if n%i == 0 :
            return False
    return True
```

数学上已证明如果 n 不能被从 2 到 $\sqrt{n}$ 中的数整除，就可以确定 n 为素数，进一步优化算法，再考虑 n 的合法性，得到下面的函数代码。

```
#【函数代码】
from math import sqrt
def isPrime(n):
    if n<2:
        return False
    m = int(sqrt(n))
    for i in range(2,m + 1):
        if n%i == 0 :
            return False
    return True
```

测试isPrime()函数正确后，继续实现主程序。isPrime()函数的返回值为布尔值，可以直接作为if条件判定的结果，所以在if条件处直接调用isPrime()函数。完整的程序代码如下：

```
from math import sqrt
def isPrime(n):
    if n<2:
        return False
```

```
        m = int(sqrt(n))
        for i in range(2,m + 1):
            if n%i == 0 :
                return False
        return True

#主程序代码
n = int(input("n = "))
if isPrime(n):
    print(n,"是素数")
else:
    print(n,"不是素数")
```

小练习

调用 isPrime()函数,编写下面函数并测试。

(1)编写 pntPrime(a,b)函数,输出[a,b]区间中所有的素数。

(2)编写 maxPrime(n)函数,返回小于或等于 n 的最大素数,若不存在则返回−1。

5.2 Python 函数

函数和函数定义

5.2.1 再探 Python 函数的定义

从第 1 章开始,已经使用过很多函数,也自定义过一些函数;理解了函数的概念来自代数:从输入参数出发,计算出函数的返回值;也知道可以用 def f()语句定义函数。因为函数的定义非常复杂,无法在第 1 章介绍时就讲清楚,所以之前就先将函数用起来,本节将围绕函数的定义再深入学习。

1. 为函数命名

只要是函数,即使是空函数,它也要有个名字,名字后面还要加上圆括号,以表明它是个函数,而不是某个变量。

【例 5-2-1】定义一个空函数。

```
>>> def do_nothing():
        pass
>>> do_nothing()
```

do_nothing()就是一个空的函数,关键字 pass 就是“什么也不干”的意思。

给函数命名(变量命名也一样)需要遵循的规则如下:

(1)名称不能以数字开头,能用在名称开头的只有大小写字母和下画线;

(2)名称中不能有空格,如果一个名称里有好几个词汇,可以用下画线分隔(如 do_nothing),也可以用驼峰式(camel case)风格(如 doNothing);

(3)绝对不能与 Python 语言的关键字(keyword)重名。

2. 函数没有参数或函数有一个或多个参数

函数可以没有参数，也可以有一个或者多个参数。没有参数就意味着，这个函数的执行不依赖于用户输入。

【例 5-2-2】定义一个函数，在程序结束时输出退出提示。

```
>>> def exit_info():
        print('Program exits. Bye.')
>>> exit_info()
    Program exits. Bye.
```

注意：即使函数没有参数，无论定义函数还是调用函数时，函数名后面的括号也都是不可省略的，这是函数身份的标志。

函数也可以有多个参数，调用时输入的参数值是严格按照参数的顺序匹配的。

【例 5-2-3】定义一个函数，输出某年与某年之间的所有闰年。

```
def is_leap(year):
    return (year%4 == 0 and year%100 != 0) or (year%400 == 0)

def leap_years(begin, end):
    year = begin
    while year < end:
        if is_leap(year):
            print(year)
        year += 1
leap_years(2000, 2020)
```

说明：当执行 leap_years(2000,2020)语句时，输入两个参数值 2000 和 2020，按照顺序匹配函数定义 leap_years(begin,end)，begin=2000，end=2020。所以参数的顺序不能是错的。

is_leap(year)函数用于判断参数 year 是不是闰年，返回布尔值到 if 的条件判断语句，如果判断结果为 True，则输出 year。

3. 函数没有返回值或函数有一个或多个返回值

和参数一样，Python 函数可以没有返回值，也可以有一个或者多个返回值。

在【例 5-2-2】和【例 5-2-3】中，exit_info()函数和 leap_year()函数都是没有返回值的，它们的功能都通过 print()函数体现。实际上没有返回语句的函数，等价于在其最后有 return None 语句，表示函数返回一个空值 None。

大部分函数是有返回值的，因为函数的作用几乎都是进行数据处理，从输入出发，得到输出。

一般情况下，函数都只有一个返回值，但 Python 函数允许函数有多个返回值。

【例 5-2-4】求任意两个数的和、差、积、商。

定义一个函数，参数是任意两个数，函数返回这两个数的和、差、积、商。

```
def f(x,y):
    return x+y,x-y,x*y,x/y
r1,r2,r3,r4 = f(15.3,3)
print('r1 = ',r1,'r2 = ',r2,'r3 = ',r3,'r4 = ',r4)

t = f(15.3,3)
print(t,type(t))
```

运行结果如下：

```
r1 = 18.3 r2 = 12.3 r3 = 45.900000000000006 r4 = 5.1000000000000005
(18.3, 12.3, 45.900000000000006, 5.1000000000000005) <class 'tuple'>
```

说明：在【例 5-2-4】中，4 个变量 r1、r2、r3、r4 依次接收 4 个返回值。多个返回值和多个变量之间用逗号分隔，一一对应。也可以使用一个变量来接收返回值，多个返回值以元组的形式返回。变量 t 接收 f() 函数的返回值，t 得到了一个元组。通过下标可以依次访问元组中的数据。

4. 全局变量和局部变量

在函数内部定义的变量称为局部变量，包括函数的形参。不在任何函数或类的范围内定义的变量称为全局变量。局部变量和全局变量的作用域不一样，局部变量只能在定义它的函数中被程序引用，离开该函数时作用域终止，全局变量可以被在全局变量定义位置后调用的函数访问。

如果局部变量和全局变量同名，同名的局部变量堵塞对全局变量的访问，不会把该变量当作全局变量。

全局变量的生命期是整个程序执行期间，局部变量在函数调用时产生，当函数调用结束时，局部变量也被释放，其生命期结束。

【例 5-2-5】区分全局变量和局部变量。

```
def increase_one(n):
    n += 1
    return n
n = 1
print(increase_one(n))
print(n)
```

全局变量
和局部变量

说明：【例 5-2-5】最后输出 2 和 1。

第一个 print 语句输出的是调用 increase_one(n) 函数的返回值。在调用 increase_one(n) 函数时，按照作用域原理，实参 n 的值是全局变量 n 当时的值，也就是 1；在 increase_one(n) 函数的定义内，形参 n 是输入参数，即局部变量，带着传进来的值 1，经过加 1 之后返回，返回值是 2；第一个 print 语句输出这个返回值，输出 2；在 increase_one() 函数中定义的形参 n 是一个局部变量，与全局变量 n 同名，同名局部变量堵塞对全局变量的访问。

第二个 print 语句输出的是全局变量 n 的值，输出 1。

【例 5-2-5】用来说明作用域的概念，实际写程序时最好避免使用重名的变量，这样可以提高代码的清晰度和可读性。

【例 5-2-6】全局变量的使用。

```
def f1():
    y = x + 1
    print("in f1,x = ",x,"y = ",y)
x = 10
f1()
print("x in programm",x)
```

运行结果如下：

```
in f1,x= 10 y= 11
x in programm 10
```

说明:【例 5-2-6】定义的全局变量 x，在 f1()函数中可以正确访问，也可以在该函数外部正确访问。

【例 5-2-7】使用 global 语句声明全局变量。

```
def f2():
    global x,y
    x=5
    y=10
    print("in f2 x=",x,"y=",y)
x=10
f2()
print("in programm x=",x,"y=",y)
```

运行结果如下：

```
in f2 x= 5 y= 10
in programm x= 5 y= 10
```

说明:可以在函数内部使用 global 语句声明全局变量，这样既可以使用在函数外部定义的全局变量，也可以在函数中创建一个全局变量，然后在函数外部使用它。【例 5-2-7】中，变量 x 在函数外部定义，变量 y 在函数内部定义，使用 global 语句将 x、y 都设定为全局变量，无论在 f2()函数中还是主程序中，x、y 的值都是一致的。

【例 5-2-8】使用 global 语句声明全局变量的场合。

```
def f3():
    #global y
    y=y+5
    print("in f3 x=",x,"y=",y)
x=10
y=30
f3()
print("in programm x=",x,"y=",y)
```

说明:【例 5-2-8】运行后，执行到 y=y+5 语句会触发异常，即 UnboundLocalError: local variable 'y'referenced before assignment。

Python 语言中通过赋值语句确定一个变量的创建。在 f3()函数中，赋值语句 y=y+5 会创建一个局部变量 y，但是右边的表达式中要引用 y 的值参加表达式计算，所以产生异常。

将 f3()函数中的注释语句放开，global 语句声明 y 是一个全局变量，程序就可以顺利执行。运行结果如下：

```
in f3 x= 10 y= 35
in programm x= 10 y= 35
```

注意:f3()函数中没有对 x 声明全局变量,但并不影响全局变量 x 在 f3()函数中的正常访问。而函数中赋值语句产生同名的局部变量 y,才使得在 f3()函数中使用全局变量 y 必须声明全局变量。

尽管允许使用全局变量,但是在一个函数中允许修改全局变量并不是一个好习惯,全局变量会增加不同函数之间的隐式耦合度,从而降低代码可读性。数据在函数之间的流动,更可靠的方式还是通过参数传入数据,使用 return 语句返回数据。

小练习

1. 判断下面的说法是否正确。

(1)定义函数时,即使该函数不需要接收任何参数,也必须保留一对空的圆括号来表示这是一个函数。 (　　)

(2)pass 语句仅起到占位的作用,并不会做任何操作。 (　　)

(3)在一个软件的设计与开发中,所有类名、函数名、变量名都应该遵循统一的风格和规范。 (　　)

(4)函数中必须包含 return 语句。 (　　)

(5)在 Python 程序中定义函数时,需要声明函数的返回值类型。 (　　)

(6)不同作用域中的同名变量之间互相不影响,也就是说,在不同的作用域内可以定义同名的变量。 (　　)

(7)全局变量不会增加不同函数之间的隐式耦合度,可以避免传参,因此应尽量使用全局变量。 (　　)

2. 如果函数中没有 return 语句或者 return 语句不带任何返回值,那么该函数的返回值是(　　)。

A. True　　B. False　　C. None　　D. null

3. 在 Python 语言中,关于全局变量和局部变量,以下选项中(　　)是不正确的。

A. 一个程序中的变量包含两类:全局变量和局部变量

B. 全局变量不能和局部变量重名

C. 局部变量只能在定义它的函数内部使用

D. 全局变量在程序执行的全过程有效

4. 声明全局变量的关键字为(　　)。

A. import　　B. finally

C. assert　　D. global

5. 执行下面一段程序,输出的结果为(　　)。

```
def func(a,b):
    n = b
    return a * n
n = 1
s = func(10,2)
print(n,s)
```

A. 2 20　　B. 1 20　　C. 1 10　　D. 2 10

6. 执行下面一段程序，输出的结果为(　　)。

```
def func(a,b):
    c = a * b
    return c
s = func(10,2)
print(c,s)
```

A. 20 20

B. 0 20

C. 0 10

D. NameError: name 'c' is not defined

5.2.2 再探函数的参数传递

1. 参数传递的实质

在 C 语言中，参数传递区分为传值和传地址，而 Python 语言中所有的数据都是对象，变量的实质是指向对象的引用，Python 语言中参数传递的实质是传递对象的引用。当调用带参数的函数时，每个实参的引用值被传递给形参变量。

【例 5-2-9】单变量和列表变量传递参数的区别。

```
def changeInt(n):
    n = n + 1
def changeList(L):
    for i in range(len(L)):
        L[i] = L[i] * 1.05


x = 1
print("start x:",x)
changeInt(x)
print("end x:",x)
Ls = [10,20,30]
print("start Ls:",Ls)
changeList(Ls)
print("end Ls:",Ls)
```

函数的调用

参数传递的实质

运行结果如下：

```
start x: 1
end x: 1
start Ls: [10, 20, 30]
end Ls: [10.5, 21.0, 31.5]
```

说明：如【例 5-2-9】的运行结果所示，变量 x 的值传递给 changeInt() 函数的参数 n，无论 changeInt() 函数做什么，x 的值都不变。但是将列表 Ls 的值传递给 changeList() 函数的参数 L，changeList() 函数将每一个列表项 L[i] 的值增加至原值的 105%。主程序的 Ls 中每一项发生了改变。这是为什么？

原因是：整数、浮点数、字符串等对象是不可变对象，不可变对象的内容是不会改变的。将一个新的数据赋值给变量时，Python 语言会为这个数据创建新的对象，变量获取新的引用值。

在【例 5-2-9】中，变量 x 是指向整型对象 1 的引用，将这个引用值传递给形参变量 n，n 也指向这个整型对象 1，当执行 n＝n＋1 时，n＋1 产生一个新的数据，Python 语言为这个数据创建新的对象，n 获取新对象的引用值。而 x 的引用值并没有发生改变。

列表是可变对象，将列表 Ls 的引用值传递给 changeList()函数的形参变量 L，L 获取了 Ls 所指列表对象的引用值，指向同一个列表对象。虽然 changeList()函数直接修改 L[i]的数值，但 L 的引用值始终没有改变，Ls 和 L 指向同一个列表对象，在 changeList()函数中对 L[i]的修改等同于对 Ls[i]的修改。

在【例 5-2-9】的程序中增加过程输出语句，可以更好地理解参数传递的实质。

【例 5-2-10】增加输出语句查看引用。

```
def changeInt(n):
    print("2.id(n)",id(n))
    n = n + 1
    print("3.id(n)",id(n))
def changeList(L):
    print("2.id(L)",id(L))
    for i in range(len(L)):
        L[i] = L[i] * 1.05
    print("3.id(L)",id(L))

x = 1
print("start x:",x)
print("1.id(x)",id(x))
changeInt(x)
print("end x:",x)
print("4.id(x)",id(x))

Ls = [10,20,30]
print("start Ls",Ls)
print("1.id(Ls)",id(Ls))
changeList(Ls)
print("4.id(Ls)",id(Ls))
print("end Ls",Ls)
```

运行结果如下：

```
start x: 1
1.id(x) 1739895872
2.id(n) 1739895872
3.id(n) 1739895904
end x: 1
4.id(x) 1739895872
start Ls [10, 20, 30]
1.id(Ls) 2999244964680
2.id(L) 2999244964680
3.id(L) 2999244964680
4.id(Ls) 2999244964680
end Ls [10.5, 21.0, 31.5]
```

说明：调用 changeInt()函数，传递变量 x 的值到形参变量 n，x 和 n 指向同一数据对象，引用值为 1739895872。之后 n 指向新的数据对象，引用值为 1739895904。而 x 的引用值不变。

changeList()函数调用过程中列表 Ls 和形参变量 L 的引用值没有发生改变，一直是 2999244964680，说明两个变量始终指向同一个列表对象。

所以，Python 语言中参数传递的实质是传递引用。当传递的是不可变对象时，对形参变量的修改是让形参变量指向新的数据对象，不会影响实参变量的值；当传递的是可变对象时，形参变量和实参变量同时指向同一个可变对象，直接对该对象的内容进行修改。

根据参数传递的特性可知，类似列表、字典等可改变的数据容器，可以传递到函数中直接操作。

【例 5-2-11】将输入字符串中的英文单词的首字母大写后输出。

```
#方法一
def wordUpdate(L):
    for i in range(len(L)):
        L[i] = L[i].lower().capitalize()

wordList = input("请输入字符串").split()
wordUpdate(wordList)
print(" ".join(wordList))
#方法二
def wordUpdate(L):
    outL = []
    for word in L:
        word = word.lower().capitalize()
        outL.append(word)
    return outL

wordList = input("请输入字符串").split()
wordList = wordUpdate(wordList)
print(" ".join(wordList))
```

说明：【例 5-2-11】的算法思路是将输入字符串分隔成单词列表，调用 wordUpdate()函数将列表中的单词修改为首字母大写形式，再连接为字符串后输出。请对比【例 5-2-11】的 wordUpdate()函数实现和调用的区别。在方法一中，将 wordList 列表传入函数，通过列表的下标访问，直接修改列表中的单词，主程序中使用了函数调用语句：wordUpdate(wordList)。在方法二中，使用了一个新列表，将处理好的单词加入新列表 outL 中并返回。主程序中使用赋值语句 wordList＝wordUpdate(wordList)，使 wordList 获得新列表。

由于方法一的 wordUpdate()函数的返回值是 None，因此不能使用赋值语句 wordList＝wordUpdate(wordList)。如果使用赋值语句，变量 wordList 的值将被修改为 None，则列表丢失。

2. 二维列表的局部数据传递参数

在第 4 章中介绍了结构化的批量数据通常会存储在一个二维列表中，在结构化的批量数据问题的模块化设计中，一个功能模块的设计通常不是针对整个二维列表，而是针对其中一维的子列表，甚至是子列表的切片数据，这可以通过局部传递参数来实现。

【例 5-2-12】 筛选符合条件的疫苗数据。

在程序内的列表 Vaccines 中，存放着一批疫苗临床试验的数据，每款疫苗信息保存在子列表中，包括“疫苗名”和在不同人群中测试所获得的有效率数据。

```
Vaccines=[
    ['疫苗 A',0.88,0.91,0.92,0.90,0.93],
    ['疫苗 B',0.85,0.89,0.91,0.90,0.88],
    ['疫苗 C',0.92,0.89,0.94,0.93,0.91],
    ['疫苗 D',0.83,0.88,0.89,0.87,0.86],
    ['疫苗 E',0.78,0.82,0.85,0.86,0.84]
]
```

编写 screenVac()函数，该函数有两个形参，第一个形参为列表，用于接收某款疫苗的所有有效率数据，第二个形参为浮点数，用于接收指定筛选的有效率，要求函数筛选出该组大于或等于该有效率的数据，并将筛选出的数据置于新列表中返回。

主程序读取列表 Vaccines，由键盘输入需要筛选的有效率，利用 screenVac()函数进行筛选，按如下格式输出结果(疫苗名和数据结果以制表符分隔)。

```
请输入需要筛选的有效率:
0.91
疫苗 A 的结果:    [0.91,0.92, 0.93]
疫苗 B 的结果:    [0.91]
疫苗 C 的结果:    [0.92, 0.94, 0.93, 0.91]
疫苗 D 的结果:    无
疫苗 E 的结果:    无
```

程序实现代码如下:

```
Vaccines = [
    ['疫苗 A',0.88,0.91,0.92,0.90,0.93],
    ['疫苗 B',0.85,0.89,0.91,0.90,0.88],
    ['疫苗 C',0.92,0.89,0.94,0.93,0.91],
    ['疫苗 D',0.83,0.88,0.89,0.87,0.86],
    ['疫苗 E',0.78,0.82,0.85,0.86,0.84]
]


def sceenVac(L,rate):
    outL = []
    for v in L:
        if v> = rate:
            outL.append(v)
```

```
    return outL

#主程序
rate = float(input("请输入需要筛选的有效率:\n"))
for vacc in Vaccines:
    print(f'{vacc[0]}的结果:',end = '\t')
    result = sceenVac(vacc[1:],rate)
    if len(result) == 0:
        print ("无")
    else:
        print (result)
```

说明:sceenVac()函数处理的是每一款疫苗的有效率数据,调用时首先通过迭代访问获取列表 Vaccines 中的子列表 vacc,通过切片传递符合要求的有效数据:sceenVac(vacc[1:] , rate)。

从【例 5-2-12】中,可体会模块化设计的一些原则:功能小而独立,通过参数传入数据,通过 return 语句返回数据。输入/输出安排在应用端处理。

小练习

1. 对于下面代码,以下选项中(　　)是错误的。

```
Lcolor = ["red","blue"]
def func(color):
    Lcolor.append(color)
    return
func("green")
print(Lcolor)
```

A. Lcolor.append(color)语句中的 Lcolor 是局部变量

B. color 是局部变量

C. print(Lcolor) 语句中的 Lcolor 是全局变量

D. 程序语句的运行结果是['red', 'blue', 'green']

2. 改错题。

程序功能:设 x 为任一实数(浮点数),定义函数 $f(x)=[x]$,这里$[x]$表示取不超过 x 的最大整数。程序从键盘接收若干个浮点数(一行一个,直接按回车键表示输入结束)并放入列表中,调用 process()函数将列表中所有数逐个应用 $f(x)$函数进行处理,并在标准输出设备上输出处理前和处理后的列表。程序代码中有三处错误(语法错误或逻辑错误),请改正,使程序能正常运行并输出要求的结果。

正确的程序运行结果如下:

```
请输入一个浮点数:3.14
请输入一个浮点数:5.25
请输入一个浮点数:7
```

```
请输入一个浮点数：6.33
请输入一个浮点数：9.8
请输入一个浮点数：
处理前的列表为：[3.14,5.25,7.0,6.33,9.8]
处理后的列表为：[3,5,7,6,9]
```

错误的程序代码如下：

```
def process(L):
    import math
    for i in range(len(L)):
        L[i] = math.ceil(L[i])
    return

L1 = []
while True:
    k = input('请输入一个浮点数：')
    if k:
        L1.append(k)
    else:
        break
print("处理前的列表为：",L1)
print("处理后的列表为：",process(L1))
```

5.2.3 默认参数

默认参数和变长参数

1. 设置默认参数

在函数定义中，Python 语言允许某个参数使用等号(＝)给自己设定一个默认值，调用时可以省略传入这个参数的值，直接采用默认值，这个参数称为默认参数；当然，也可以在调用时传入这个参数的值来覆盖掉默认值。这种特性相当于这个函数调用有两个版本，一个带某个参数，另一个不带参数，不带参数的版本就指该参数是某个默认值。

【例 5-2-13】设定默认值的 pause()函数。

给 pause()函数设定默认值 100 000，使它的调用形式更加灵活。

```
>>> #使用默认参数定义函数
>>> def pause(times = 100000):
        c = 0
        while(c < times):
            c = c + 1
>>> #默认参数的调用示例
>>> pause()
>>> pause(200000000)
```

说明：函数使用了默认参数，在调用函数时，就可以不给这个参数赋值而使用默认值。

pause()函数在被调用时，参数 times 的值取默认值 100 000；当调用 pause(200000000)时，传递了参数值，参数 times 就用传递的参数值 200 000 000 来覆盖默认值。

2. 指定参数名来调用函数

调用函数时传入的参数值会严格按照顺序匹配参数变量，第一个值赋给第一个参数变量，第二个值赋给第二个参数变量，以此类推。因为有了默认参数，这个规则出现了变通的可能。

如果一个函数有多个带默认值的参数，想忽略掉某几个参数(使用其默认值)，但指定后面某一个参数的值(覆盖默认值)，可以用“参数名＝值”的方式调用函数。

【例 5-2-14】定义和调用求三角形面积的函数。

求三角形面积的 getTriangleArea()函数有底和高两个参数。可以按需要进行不同的调用。

```
>>> #定义包含多个默认参数的函数
>>> def getTriangleArea(bottom = 1,height = 1):
        return (bottom * height)/2
>>> #多个默认参数调用示例
>>> #底和高都使用默认值
>>> getTriangleArea()
    0.5
>>> #底和高都不使用默认值
>>> getTriangleArea(3,4)
    6.0
>>> #底不使用默认值,高使用默认值
>>> getTriangleArea(3)
    1.5
>>> #底使用默认值,高不使用默认值
>>> getTriangleArea(height = 4)
    2.0
```

一个函数可以有多个带默认值的参数，但有一个限制：所有这些带默认值的参数只能写在参数表的最后，也就是说，当定义的参数表中出现一个带默认值的参数时，它后面的参数都必须带默认值。

【例 5-2-15】定义和调用一个问候函数。

```
>>> def greeting(name, msg = 'Hi'):
        print(f'{msg}, {name}!')
>>> greeting('Neo')
    Hi, Neo!
>>> def greeting(msg = 'Hi',name):
        print(f'{msg}, {name}!')

   SyntaxError: non - default argument follows default argument
```

如果把【例 5-2-15】的 greeting()函数的两个参数调换一下，会抛出一个异常，即 SyntaxError: non－default argument follows default argument。

因为所有带默认值的参数都在普通参数的后面，所以只要记住：

(1)调用函数时先传入所有不带默认值参数的值,严格按照函数定义的位置顺序传值;

(2)想指定哪些带默认值参数的值,就用“参数名=值”的格式在后面列出,未列出的参数就使用默认值。

【例 5-2-16】定义多默认参数的问候函数。

```
>>> def greeting(name, msg = 'Hi', punc = '!'):
        print(f'{msg}, {name}{punc}')

>>> greeting('Neo', punc = '.', msg = 'Good night')
    Good night, Neo.
```

小练习

1. 判断下面的说法是否正确。

(1)一个函数如果带有默认值参数,那么必须所有参数都设置默认值。 ( )

(2)定义函数时,带有默认值的参数必须出现在参数列表的最右端,任何一个带有默认值的参数右边不允许出现没有默认值的参数。 ( )

2. 有函数定义如下:

```
def dup(str,times = 2):
    print(str * times)
```

以下语句中,( )是不能正确调用 dup()函数的语句。

A. dup("knock",4)　　B. dup("knock")

C. dup(str="knock",times=5)　　D. dup( )

5.2.4 变长参数

Python 函数还可以定义变长参数(arbitrary argument)。变长参数就是传入的参数个数是可变的,可以是一个、两个或任意多个,还可以是零个。定义变长参数仅需要在参数前面加一个 *,表示这个变量其实是一组值,多少个都可以。

【例 5-2-17】变长参数。

程序实现代码如下:	运行结果如下:
`def say_hi( * names):`	1:
`        for name in names:`	Hi, Neo
`            print('Hi,', name)`	2:
`print("1:")`	Hi, Neo
`say_hi('Neo')`	Hi, Trinity
`print("2:")`	3:
`say_hi('Neo', 'Trinity')`	Hi, Neo
`print("3:")`	Hi, Trinity
`say_hi('Neo', 'Trinity',' Morpheus')`	Hi, Morpheus

说明:在【例 5-2-17】中,* names 是一个变长参数,调用函数时可以传入一个或者多个值,函数会把这些值看成一个列表,赋给局部变量 names。names 其实不是列表,而是一个元组,

在函数体中可以用 for…in 语句对这个 names 循环取值。

在使用变长参数的场合,有以下几点需要注意。

(1)参数变量名最好用复数单词,一看就知道是一组数据;这个变量在函数里通常都会用 for…in 语句处理,用复数名词就可以写类似 for name in names 的循环语句。

(2)这种参数变量只能有一个,因为从它开始后面的输入值都会被当成它的一部分。显然,如果有这种参数,它必须放在参数表的最后。

其中(2)有一个不太常见的例外,那就是一个函数既有变长参数又有默认参数的情况,那么可以先有变长参数,从第二个参数开始必须是带默认值的默认参数。

【例 5-2-18】 混合参数。

程序实现代码如下:	运行结果如下:

def say_hi(* names, msg = 'Hi', punc = '! '):
    for name in names:
        print(f'{msg}, {name}{punc}')
say_hi('Neo', 'Trinity', punc = '.')
	Hi, Neo.
	Hi, Trinity.

小练习

1. 判断下面的说法是否正确。

(1)在定义函数时,某个参数名字前面带有一个 * 表示变长参数,可以接收任意多个普通实参并存放于一个元组之中。 (　　)

(2)在定义函数时,某个参数名字前面带有两个 * 表示变长参数,可以接收任意多个关键参数并将其存放于一个字典之中。 (　　)

2. 有函数定义如下,可变参数 b 的类型是(　　)。

```
def vfunc(a, * b):
…
```

A. int　　　　B. tuple　　　　C. list　　　　D. str

3. 定义一个 mutiply()函数,实现通过传递不定长度的数值参数,计算并返回这些数值的乘积。运行结果如下:

```
>>># 可变参数的调用示例
>>> mutiply()
    1
>>> mutiply(10,20,30)
    6000
```

5.3 特殊的函数

5.3.1 lambda 函数

函数也是一种对象。函数虽然是操作数据的工具,但它也是对象,可以对它进行各种各样的操作,甚至在运行时可以动态地构造出一个函数,这些都是 Python 语言(以及很多流行的现代化程序设计语言)的特点。

1. 函数别名

在 Python 语言中,所有函数也是对象,证据就是它们都有对象 ID。既然函数也是一种对象,那么函数名具有和变量名一样的作用与操作。

【例 5-3-1】 函数的别名。

```
>>> def _is_leap(year):
        return (year % 4 == 0 and year % 100 ! = 0) or year % 400 == 0
>>> id(_is_leap)
    56667496
>>> type(_is_leap)
    <class 'function'>
>>> is_leap = _is_leap
>>> id(is_leap)
    56667496
>>> _is_leap(2018)
    False
>>> is_leap(2018)
    False
```

lambda 函数

说明: Python 语言会为创建的每个对象指定唯一的 ID 值,可以用内置函数 id()查看该值,函数也有这个 ID 值,同样可以使用 id(_is_leap)函数查看_is_leap()函数的 ID 值。

既然函数有 ID 值,是一个对象,那是什么类型的对象?可以用内置函数 type(_is_leap)查看,所以_is_leap()函数是一个 function 类型的对象。

既然函数是一个对象,就可以用赋值语句来创建函数的别名(alias),【例 5-3-1】中为_is_leap()函数创建了别名 is_leap。其实质是两个函数名引用同一个 function 类型的对象。

可以看到,这两个函数的 ID 值完全一样,是同一个对象的两个名字而已。那么用这两个名字来调用这个函数,完全没有区别。

很多时候为了提供更好的代码可读性,比如,在特定上下文中让某个函数的作用更显而易见,还有一种情况是一个函数需要在运行时动态指向不同的实现版本。这里只简单描述一个典型场景:假定要渲染一段视频,如果系统里有兼容的显卡(GPU),就调用 GPU 来渲染,会更快更省电,如果没有则用 CPU 来渲染,会慢一点和更耗电一点。于是把用 GPU 渲染的算法写成_render_by_gpu()函数,把用 CPU 渲染的算法写成_render_by_cpu()函数,而检测是否存在可用 GPU 的算法写成 is_gpu_available()函数,然后可以用下面的方法定义一个 render()函数:

```
if is_gpu_available():
    render = _render_by_gpu
else:
    render = _render_by_cpu
```

这样 render()函数就成为一个当前系统中最优的渲染函数,在程序的其他地方不用知道细节,直接使用这个函数即可。这就是动态函数别名的作用。

2. 匿名函数

有的函数需要两个名字甚至更多个名字，有的函数却一个也不要。当在一个地方使用一个函数，且不会在其他地方调用它时，Python 语言对这种情况提供了方便的关键字 lambda，不需要关键字 def，一行就可以写完一个函数。这种函数就是匿名函数，lambda 是希腊字母 λ 的英语音译。

定义匿名函数的语句格式如下：

```
lambda <参数序列>: <表达式>
```

例如：

```
lambda x, y: x + y
```

先写上关键字 lambda，然后分为两个部分，其中冒号之前是参数表，冒号之后是表达式，这个表达式的值就是这个函数的返回值。

注意：lambda 语句中，冒号之后有且只能有一个表达式，所以它比较适合用一句话说明的函数。

【例 5-3-2】匿名函数。

```
>>> #普通函数的定义和调用示例
>>> def add(x, y):
        return x + y
>>> add(3, 5)
    8
>>> #匿名函数的定义和调用示例 1
>>> add = lambda x, y: x + y
>>> add(3, 5)
    8
>>> #匿名函数的定义和调用示例 2
>>> (lambda x, y: x + y)(3, 5)
    8
```

说明：add(x,y)函数是一个很简单的函数，功能是返回变量 x 与变量 y 的和，可以使用关键字 def 定义一个普通的用户自定义函数。

还可以用关键字 lambda 改写 add(x,y)函数，返回 function 类型的对象，用 add 命名，再调用。

甚至更简单一点，名字也不要。【例 5-3-2】的“匿名函数的定义和调用示例 2”，就是典型的匿名函数。简单地说，lambda 可以生成一个函数对象，出现在所有需要一个函数的地方，可以将其赋给一个变量(如 add)，这个变量就称为函数变量(别名)，可以当作函数使用；也可以直接把 lambda 语句用括号括起来当作一个函数名使用。

3. lambda 函数的应用

lambda 函数一般功能简单，单行表达式决定了 lambda 函数不可能完成复杂的逻辑，只能完成非常简单的功能。由于其实现的功能一目了然，因此不需要用专门的名字来说明。

lambda 函数比起用关键字 def 定义的用户自定义函数，行文更简单。但是它更适合作为

Python 语言的一些内置高阶函数的参数。

1)filter()函数

filter()函数用于过滤序列,过滤掉不符合条件的元素,返回由符合条件的元素组成的新 filter 对象,filter 对象可以转化为序列对象。它的语句格式如下:

```
filter(function, iterable)
```

filter()函数接收两个参数,第一个为条件函数,第二个为序列对象,序列对象的每个元素作为参数传递给条件函数进行判断,返回 True 或 False,将返回 True 的元素放到 filter 对象中。lambda 函数用于指定过滤列表元素的条件。

【例 5-3-3】 在 filter()函数中使用 lambda 函数指定过滤条件。

```
>>> L=[4, 1, 4, 3, 8, 2, 8, 5, 8, 9]
>>> Ld=list(filter(lambda x:x%2==0,L))
>>> Ld
    [4, 4, 8, 2, 8, 8]
```

说明: lambda 函数指定将列表 L 中能够被 2 整除的元素过滤出来,其结果是[4,4,8,2,8,8]。其中 lambda 函数的参数依次取 L 中的每个元素 x,当 x 能被 2 整除时,lambda 函数返回 True,filter()函数就会留下 x 的值。

2)map()函数

map()函数的作用是根据提供的函数对指定序列做映射。它的语句格式如下:

```
map(function, iterable, …)
```

第一个参数是函数,第二个参数是可迭代对象,可以有多个可迭代对象。以可迭代对象中的每一个元素调用 function()函数,返回包含 function()函数返回值的新 map 对象,map 对象可以转换为列表对象。此时 lambda 函数用于指定对列表中每个元素的共同操作。例如,将列表 salary 中的每一个工资值增加 20%,可以用 map()函数完成。

【例 5-3-4】 在 map()函数中使用 lambda 函数指定对序列的操作。

```
>>> #实现职工工资增长20%
>>> salary=[3580,5320,7380,4720,5269]
>>> m_salary=list(map(lambda x:x*1.20,salary))
>>> m_salary
    [4296.0, 6384.0, 8856.0, 5664.0, 6322.8]
>>> #计算得到新列表c,c中的元素是列表a和列表b中对应元素之和
>>> a=[12,56,89,10]
>>> b=[67,78,23,98]
>>> c=list(map(lambda x,y:x+y,a,b))
>>> c
    [79, 134, 112, 108]
```

说明: 调用 lambda 函数,将列表 salary 中的每个元素传递给参数 x,分别乘以 1.2,其结果是[4296.0,6384.0,8856.0,5664.0,6322.8]。

有多个序列参数时,lambda 函数可以有多个参数一一对应。列表 a 的每一项对应 lambda 函数的第一个参数 x,列表 b 的每一项对应 lambda 函数的第二个参数 y,返回 x+y 的值,其结

果是[79,134,112,108]。

小练习

1. 想要把 a_def_name()函数化名为 defx,以下语句中(　　)是正确的。

A. defx＝a_def_name　　B. defx＝＝a_def_name

C. a_def_name()＝defx()　　D. a_def_name()＝＝defx()

2. 在某个 Python 文件中,已经为 a_def_name()函数设置别名为 defx,之后想要调用该函数时,(　　)。

A. 只能调用 defx　　B. 只能调用 a_def_name

C. 调用 a_def_name 和 defx 都可以　　D. a_def_name 和 defx 都不可以调用

3. 关于 Python 语言的 lambda 函数,以下选项中(　　)是错误的。

A. lambda 函数将函数名作为函数结果返回

B. f＝lambda x,y:x＋y 执行后,f 的类型为数字类型

C. lambda 用于定义简单的、能够在一行内表示的函数

D. 可以使用 lambda 函数定义列表的排序原则

4. 已知 f＝lambda x:5,那么表达式 f(3)的值是(　　)。

A. 5　　B. 3　　C. 8　　D. 15

5. 执行下面代码,得到的输出是(　　)。

```
FA = lambda x,y:(x = = y) * x + (x! = y) * y
FB = lambda x,y:(x = = y) * y + (x! = y) * x
a = 15
b = 25
print(FA(a,a))
print(FB(a,b))
```

A. 15
15　　B. 15
25　　C. 25
15　　D. 25
25

6. 编写程序,实现如下功能。

(1)使用 map 语句实现类型转换,输入一组以逗号分隔的整数,将其保存到列表 L 中。

(2)使用 filter 语句和匿名函数,过滤列表中能被 3 或 5 整除的整数。

运行结果如下:

```
请输入一组逗号分隔的整数:21,23,156,71,35,175,99,97
[21,156,35,175,99]
```

5.3.2　递归函数

1. 递归

递归函数

递归(recursion)是一个很有趣也很有用的概念。所谓递归,就是“用自己定义自己”,或者“自己包含自己”。例如:

从前有座山,山里有座庙,庙里有个老和尚,正在给小和尚讲故事呢!故事是这样的:从前有座山,山里有座庙,庙里有个老和尚,正在给小和尚讲故事呢!故事是这样的:从前有座山……

如果把这个故事写成 Python 代码，大致如下：

```
def a_monk_telling_story():
    print('从前有座山，山里有座庙，庙里有个老和尚，正在给小和尚讲故事呢！故事是这样的：')
    return a_monk_telling_story()
```

这个简短的程序体现了递归的本质：一个函数的定义中调用了函数自己。但不能这样写程序，因为它会无限地自我调用下去，形成“无限循环”或者“死循环”。

递归的来源是数学。例如，阶乘的定义是一个经典的递归，n 的阶乘($n!$)就是从 1 开始一直乘到 n，阶乘的定义很简单：

$$\begin{cases} 0! = 1 & ① \\ n! = n \times (n-1)! & ② \end{cases}$$

给定 n 求 n 的阶乘，根据公式②，把问题简化为求$(n-1)!$，求$(n-1)!$又可以简化为求$(n-2)!$，直到简化为 $0!$，再反推回来，求得 $n!$。公式①称为终止条件。

2. 递归函数

递归作为一种算法，在程序设计语言中广泛应用，把一个大型的复杂问题层层转化为一个与原问题相似的规模较小的问题来求解。通常递归策略只需少量的程序就可描述出解题过程所需要的多次重复计算，极大地减少了程序的代码量。递归是通过定义一个能够直接或间接地调用自己的函数实现的。

使用 Python 语言实现一个计算阶乘的函数，可以有两种方法：循环迭代和递归。

【例 5-3-5】实现计算阶乘的函数。

循环迭代方法实现计算阶乘的代码如下：

```
def factorial(n):
    result = 1
    for i in range(n):
        result = result * (i + 1)
    return result
print(factorial(4))
```

递归方法实现计算阶乘的代码如下：

```
def factorial(n):
    if n == 0:
        return 1
    else:
        return n * factorial(n - 1)
print(factorial(4))
```

使用循环迭代方法计算阶乘很容易理解。递归函数的执行要经历一个先递推后回溯的过程。一个递归调用会产生新的递归调用，但问题会不断简化，直到满足终止条件，把结果返回到调用处，这个过程会持续进行，直到回到最初的调用处为止。图 5-3-1 演示了使用递归方法求解 4!的函数调用过程。

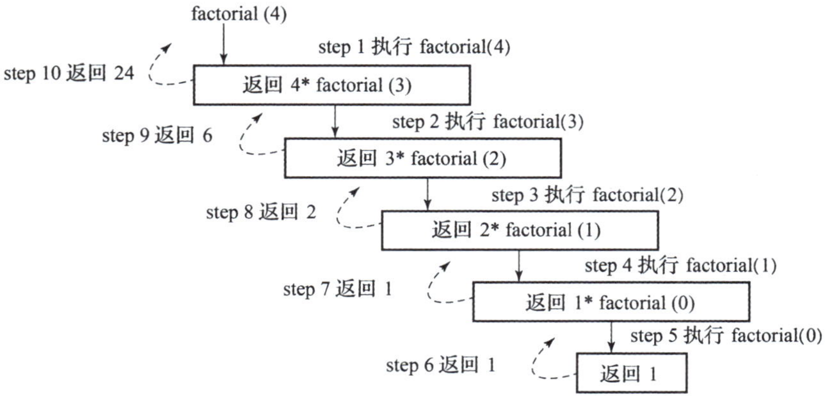

图 5-3-1 使用递归方法求解 4!的函数递归调用过程

在程序的执行过程中，每当执行函数调用时，必须完成以下任务：

(1)计算当前调用函数的实参值；

(2)为当前被调函数分配一片存储空间，并将这片存储空间的首地址压入堆栈中；

(3)将当前被调函数的实参、调用后返回到主调函数的地址等数据存入所分配的存储空间中；

(4)控制转到当前被调函数的函数体，从其第一个可执行语句开始执行。

当从被调函数返回时，必须完成以下任务：

(1)如果被调函数有返回值，则记下该返回值，同时通过栈顶元素到该被调函数对应的存储空间中取出其返回地址；

(2)把分配给被调函数的那片存储空间回收，栈顶元素出栈；

(3)按照被调函数的返回地址返回到调用点，若有返回值，还必须将返回值传递给调用者，并继续程序的执行。

从求阶乘的函数可以看出递归程序设计具有以下两个特点。

(1)具备递归出口。在某种条件下，可直接给出值。递归出口定义了递归的终止条件，当程序的执行使它得到满足时，递归执行过程便终止。

(2)每次递归调用，问题有所简化。在不满足递归出口的情况下，根据所求解问题的性质，将原问题分解成若干子问题，这些子问题的结构与原问题的结构相同，但规模较原问题小。

递归函数不仅用于解决数学问题，还可以用于解决一些操作问题。

【例 5-3-6】用递归算法实现列表指定区域的倒置。

```
L = [x for x in range(1,25)]
def f(L,start,end):
    if (start<end):
        f(L,start + 1,end - 1)
        L[start],L[end] = L[end],L[start]
f(L,11,20)
print(L)
```

运行结果如下：

```
[1,2,3,4,5,6,7,8,9,10,11,21,20,19,18,17,16,15,14,13,12,22,23,24]
```

说明：本例实现了列表中下标为 11～20 的元素的倒置。读者可以自行追踪一下递归函数 f()的调用过程。

3. 实例：斐波那契数列问题

斐波那契数列(Fibonacci Sequence)，又称费氏数列、黄金分割数列。在数学上，斐波那契数列是以递归的方法来定义的：

$$\begin{cases} F_1=1, \\ F_2=1, \\ F_n=F_{n-1}+F_{n-2} \end{cases}$$

用文字来说，就是斐波那契数列由 1 和 1 开始，之后的斐波那契系数由之前的两数相加得到，如下所示：

1，1，2，3，5，8，13，21，34，55，89，144，233，377，610，987，1 597，2 584，4 181，6 765，10 946，…

下面讨论求第 n 项斐波那契系数的函数设计。函数的参数定义相同，函数调用方法相同，但函数的实现方法可以是不同的。

函数设计如下：

```
函数名：fib。
参数：n。
返回值：第 n 项 fib 系数。
```

函数调用如下：

```
x = fib(n)
```

1)单变量实现

递推算法是一种简单的算法，即通过已知条件，利用特定关系得出中间推论，直至得到结果的算法。对于斐波那契数列，就可以通过递推算法不断推算出新的数据。斐波那契数列的第 1 项和第 2 项都是 1，从第 3 项起，每一项都可以由前两项求和得到，递推公式为

$$F_3=F_1+F_2$$

【例 5-3-7】使用单变量实现求斐波那契数列第 n 项的函数。

使用 3 个单变量 f1、f2、f3，表示每次计算需要的 3 个数。算法思路：第 3 个数由前两个数相加得到。求得第 3 个数之后，开始准备下一次运算，当前的第 2 个数和第 3 个数变为下一次运算的第 1 个数和第 2 个数。

函数算法描述如下：

```
1 如果 n = 1 或 2 则返回 1
2 f1,f2 置初值 1
3 循环当 n 大于或等于 3
    3.1 计算 f3 = f1 + f2
    3.2 f2→f1,f3→f2
    3.3 n 减 1
4 返回 f3
```

程序实现代码如下：

```
def fib(n):
    if n <= 2:
        return 1
```

```
    f1,f2 = 1,1
    #i = 3
    while n >= 3:
        f3 = f1 + f2
        f1,f2 = f2,f3
        n = n - 1
    return f3

n = int(input("n = "))
print(fib(n))
```

2)列表实现

使用列表存储斐波那契数列,使下标和斐波那契系数的序号一致,算法理解更简单。下标0对应值为0,下标1对应值为1,从下标2开始,每一个值都是前两项之和。

【例 5-3-8】使用列表实现求斐波那契数列第 n 项的函数。

使用列表 FL 存放斐波那契数列。算法思路:数列的前两项是0,1,从第3项起:FL[i]=FL[i−1]+FL[i−2],FL[n]或 F[−1]是第 n 项斐波那契数列系数。

函数算法描述如下:

```
1 FL 置初值[0,1]
2 下标 i 置初值 2
3 循环当 i 小于 n
    3.1 追加 FL[i-1]+ FL[i-2]到 FL
    3.2 i=i+1
4 返回列表最后一项
```

程序实现代码如下:

```
def fib(n):
    FL = [0,1]
    i = 2
    while i <= n:
        FL.append(FL[i - 1] + FL[i - 2])
        i = i + 1
    return FL[n]

n = int(input("n = "))
print(fib(n))
```

3)字典实现

使用字典存放斐波那契数列,键值对定义为<n>:<第 n 项斐波那契系数>。

【例 5-3-9】使用字典实现求斐波那契数列第 n 项的函数。

算法思路:字典 dic 中保存序号和对应的斐波那契系数的键值对,字典 dic 初值为{0:0,1:1},i 取从2开始到 n,执行 dic[i]=d[i−1]+d[i−2]。

函数算法描述如下：

```
1 创建空字典 dic
2 循环 i 从 2 到 n
    2.1 将键值对<i, dic[i-1]+dic[i-2]>添加到字典 dic
3 返回字典 dic[n]
```

程序实现代码如下：

```
def fib(n):
    dic = {0:0,1:1}              #定义字典
    for i in range(2,n+1):
        dic[i] = dic[i-1] + dic[i-2]      #添加斐波那契系数到字典
    return dic[n]

n = int(input("n = "))
print(fib(n))
```

4)递归函数

【例 5-3-10】使用递归函数求斐波那契数列第 n 项的函数。

递归函数算法的实现很简单，从递归公式出发，使用选择结构实现，当变量 n 等于 1 或 2 时，返回 1；当 n 大于 2 时，返回递归公式。程序实现代码如下：

```
def Fib(n):
    if n<1:
        return 0
    elif n == 1 or n == 2:
        return 1
    else:
        return Fib(n-1) + Fib(n-2)

n = int(input("n = "))
print(Fib(n))
```

Fib(5)的执行过程如图 5-3-2 所示，n 为 5，圆括号中的数字表示程序执行的顺序。从执行过程可以看到，同一个参数的 Fib()函数被反复调用执行，如 Fib(2)函数被调用了 3 次。函数每执行一次，都有开销，从而影响程序的执行效率。

5)优化的递归函数

【例 5-3-11】使用递归函数和字典实现求斐波那契数列第 n 项的函数。

利用 Python 语言的数据结构(如字典)可以将计算过的函数的值保存起来，这样在执行递归函数的时候，先查阅字典中是否已保存，保存过直接返回值，没有保存过，再执行递归公式，这样就能去除函数的重复计算，提高程序的效率。

定义一个全局字典变量 d_fib 保存斐波那契数列，格式为<n>:<第 n 项斐波那契数列系数>。

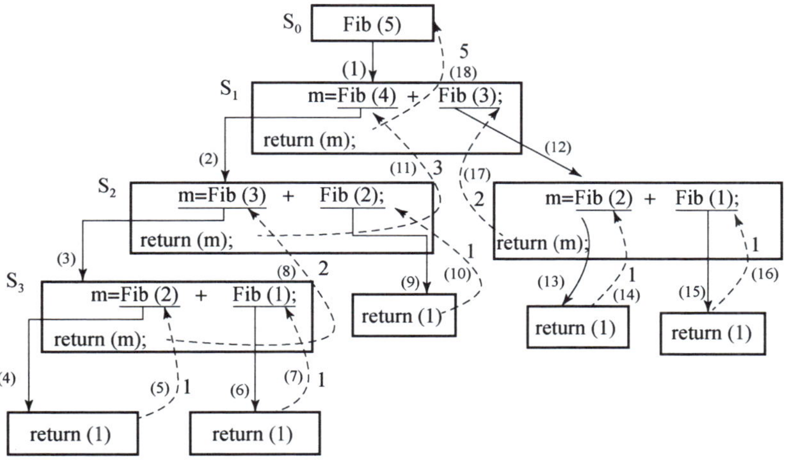

图 5-3-2 Fib(5)函数的执行过程

算法描述如下：

```
1 如果 n 在字典关键字中存在
    则返回字典值
2 计算递归公式，获得第 n 项斐波那契系数，追加到字典 d_fib
3 返回 d_fib[n]
```

程序实现代码如下：

```
d_fib = {0:0,1:1,2:1}
def Fib(n):
    if n in d_fib :
        return d_fib[n]
    d_fib[n] = Fib(n-1) + Fib(n-2)
    return d_fib[n]

n = int(input("n = "))
print(Fib(n))
```

思考：变量 d_fib 为什么要定义为全局变量？

小练习

1. 关于递归函数的描述，以下选项中（　　）是正确的。

A. 包含一个循环结构　　B. 函数名作为返回值

C. 函数比较复杂　　D. 函数内部包含对自身的调用

2. 有斐波那契数列递归函数的定义如下，则用 fib(6)函数的结果是（　　）。

```
def fib (n):
    if n == 0:
        return 0
    elif n == 1:
        return 1
    return fib(n-1) + fib(n-2)
```

A. 5　　B. 6　　C. 7　　D. 8

3. 使用递归方法求最大公约数。

(1)编写 gcd(m,n)函数,递归函数的定义如下。

如果 m%n 为 0,则 gcd(m,n)函数的值是 n;否则,gcd(m,n)函数的值是 gcd(n,m%n)。

(2)调用 gcd()函数,测试 gcd()函数的正确性。

4. 使用递归方法逆序输出一个整数中的数字。

(1)编写 reverseDisplay(value)函数,递归函数的定义如下。

如果参数 value 大于 0,则输出个位数,并继续递归调用 reverseDisplay(value//10)函数;否则函数结束。

(2)调用 reverseDisplay()函数,测试 reverseDisplay()函数的正确性。示例结果如下:

```
>>> reverseDisplay(12345)
    54321
```

5. 使用递归方法逆序输出一个字符串中的字母。

(1)编写 reverseDisplay(s)函数,递归函数的定义如下。

如果参数 s 的长度不等于 1,则 s 去首字符,继续递归调用;否则输出字符串的首字符。

(2)调用 reverseDisplay()函数,测试 reverseDisplay()函数的正确性。示例结果如下:

```
>>> reverseDisplay("abcde")
    edcba
```

5.4　模　　块

从第 1 章开始已经多次引用过 Python 语言的各种非内置模块,也熟悉了两种导入模块中函数或变量的语句。

(1)import xxxx:导入 xxxx 模块,可以用 xxxx.func()语句调用其中的函数(变量也类似)。

(2)from xxxx import func1, func2:导入 xxxx 模块中的若干函数或变量,可以直接调用不带模块名的 func1()、func2()函数。

到目前为止,程序中都是使用已实现的模块(Python 语言自带或者通过 pip install 命令安装的第三方库),用户也能创建自己的模块吗?

答案当然是肯定的。模块(module)就是保存成文件的 Python 语言源代码。

当需要做点稍微复杂的事情时,很难把所有代码写在一个文件里,因为文件会变得巨大,非常难查找、难阅读、难修改。而 Python 语言提供的模块化方法,让用户可以把源代码分成不同的文件,并在需要时引用到其他文件里使用。

本节将介绍如何创建自己的模块及如何使用它。

5.4.1　Python 模块

1. 创建模块

把 Python 语言的源代码保存成一个. py 文件,就是创建一个模块,这个文件的文件名(不含后缀.py)就是模块的名字。

例如,把如下函数保存为一个名为 myutil.py 的文件:

```
def is_leap(year):
    return (year % 4 == 0 and year % 100 != 0) or (year % 400 == 0)


def say_hi(*names, greeting='Hi', capitalized=False):
    for name in names:
        if capitalized:
            name = name.capitalize()
        print(f'{greeting}, {name}!')
```

2. 导入模块

保存好 myutil.py 文件之后,只要告诉解释器在哪里可以找到这个文件,就可以用 import 语句来导入和使用它了。

sys 是 Python 语言管理系统环境的模块,而 sys.path 保存着一个列表,其中是所有解释器"认识"的目录,这些目录都是解释器会自动查找模块的地方。执行下面两行语句,可以看到运行 Python 语言解释器的当前目录和 Python 语言环境的库所在的目录,用 pip 命令安装的库都会放在这些目录下。

```
>>> import sys
>>> sys.path
```

注意:每个人的环境里显示出来的这个 sys.path 列表的内容可能是不一样的。接下来把 myutil.py 文件所在的目录加入到 sys.path 中,假设 myutil.py 存放在 C:\sample 目录下,可以通过 sys.path.append()方法增加路径到 path 列表。

```
>>> sys.path.append('c:\\sample ')
```

然后就可以方便地导入这个模块,和导入 Python 语言自带的模块一样。

```
>>> import myutil
>>> myutil.is_leap(2021)
    False
>>> from myutil import say_hi
>>> say_hi('Neo', 'Trinity')
    Hi, Neo!
    Hi, Trinity!
```

3. 模块的分层

模块的使用可以分层。设想在一个目录下有很多.py 文件,可以分若干子目录,根据用途把.py 文件分到这些子目录中。现有如图 5-4-1 所示的一个目录,可以看到,在这个目录下有一些主程序的源文件,如 setup.py、main.py,一些工具性的源代码被放到 modules 子目录下,并根据其用途细分了一些子目录(如 math、string)。这样的结构很合理、很美观,也非常有伸缩性,再大的工程、再多的源代码也都能组织和管理好。那么要如何使用这些源代码呢？

第一步，需要确保 modules 目录在解释器的搜索路径中，也就是将其加入 sys. path 列表（可以在 setup. py 或者 main. py 文件里完成添加）。

第二步，要确保 modules 目录下有一个名为__init__. py 的文件，这个文件通常为空文件，用于标识该目录是一个包含多个模块的包(package)，所有模块都处在这个包的独立名字空间(namespace)下。

然后就可以导入 modules 目录下的所有模块了。比如，想导入 auth. py 中的所有函数，可以使用如下语句（假定要在 main. py 文件中使用）：

```
C: \Code\some_project:
├── modules/
│   ├── __init__.py
│   ├── auth.py
│   ├── helper.py
│   ├── math/
│   │   ├── calculus.py
│   │   ├── logic.py
│   └── string/
│       ├── codec.py
│       └── l10n.py
├── setup.py
└── main.py
```

图 5-4-1 模块文件目录示例

```
import auth
```

如果要使用 math 目录下 calculus. py 文件中的所有函数，可以使用如下语句：

```
import math.calculus
```

也可以写成：

```
from math import calculus
```

再或者写成：

```
from math.calculus import *
```

如果只需要其中某几个函数，可以使用如下语句：

```
from math.calculus import ode, pde
```

如果要一次导入 string 目录下的所有模块，可以使用如下语句：

```
from string import *
```

所以，只要一个目录满足下面两个条件，它就是一个 Python 语言的软件包：

(1)在 sys. path 列表中；

(2)目录中有__init__. py 文件。

以这个目录作为根，下面所有. py 文件（包括子目录下的文件）都可以作为模块被其他 Python 程序引入和使用。导入时写清逐级目录加最后的文件名，中间用“. ”隔开。

4. 设置模块或函数的别名

导入模块或者模块中的函数时，可以设置模块或者函数的别名，这个功能很重要，因为难免导入的模块或者函数可能与当前编写的代码重名，使用别名可以避免发生冲突。别名的语法很简单，在导入的时候加上 as xxx 即可，别名可以用于模块也可以用于函数，例如：

```
>>> from myutil import say_hi as sayHello
>>> sayHello('Neo', 'Trinity')
    Hi, Neo!
    Hi, Trinity!
```

小练习

1. 判断下面说法是否正确。

(1)如果只需要 math 模块中的 sin()函数,建议使用 import math 语句导入,而不要使用 from math import sin 语句导入整个模块。 ( )

(2)尽管可以使用 import 语句一次性导入任意多个标准库或扩展库,但是仍建议每次只导入一个标准库或扩展库。 ( )

(3)执行 from math import sin 语句之后,可以直接使用 sin()函数,如 sin(3)。 ( )

2. 关于 import 语句导入模块时的检索顺序,以下说法中( )是错误的。

A. 从同一个文件夹中导入模块时,如果有同名的 name. py 文件和 name 文件夹,只能导入文件夹

B. 导入模块时,首先搜索内置模块,然后按照 sys. path 所返回的目录列表顺序搜索

C. 当前目录在 sys. path 返回的列表中处于最前面,所以模块的搜索顺序通常是内置模块→当前目录中的模块→第三方模块

D. 首先搜索到的模块将被导入,后面的模块不会被导入

3. 关于 import 导入语句,以下说法中( )是错误的。

A. import A 语句导入的 A 只能是模块

B. 执行 import pandas as pd 语句后,名称 pandas 和 pd 都可以使用

C. 在 from A import B 语句中,A 只能是模块,B 则可以是子模块或模块中的类、函数等

D. from A import * 语句将导入模块 A 的所有公有属性

5.4.2 其他的一些说明

1. 查看系统内置模块

sys 模块还提供了 sys. builtin_module_names 列表常量,可以查看所有系统内置模块或者检查某个模块是不是内置模块。

```
>>> sys.builtin_module_names
    ('_abc', '_ast', '_bisect', '_blake2', '_codecs', '_codecs_cn', '_codecs_hk', '_codecs_
    iso2022', '_codecs_jp', '_codecs_kr', '_codecs_tw', '_collections', '_contextvars',
    '_csv', '_datetime', '_functools', '_heapq', '_imp', '_io', '_json', '_locale',
    '_lsprof', '_md5', '_multibytecodec', '_opcode', '_operator', '_pickle', '_random',
    '_sha1', '_sha256', '_sha3', '_sha512', '_signal', '_sre', '_stat', '_string',
    '_struct', '_symtable', '_thread', '_tracemalloc', '_warnings', '_weakref', '_winapi', '
    array', 'atexit', 'audioop', 'binascii', 'builtins', 'cmath', 'errno', 'faulthandler', '
    gc', 'itertools', 'marshal', 'math', 'mmap', 'msvcrt', 'nt', 'parser', 'sys', 'time', '
    winreg', 'xxsubtype', 'zipimport', 'zlib')
```

和 1.2.1 节介绍的系统关键字列表一样,无论是作为用户自定义的模块、类、函数还是变量名,最好不要使用系统已经存在的名字。

2. 模块中不只有函数

一个模块文件中,不一定只包含函数,它也可以包含函数之外的可执行代码。import 语句不过是让解释器加载指定的模块(源代码),并且从头到尾执行一遍,其中定义函数的部分让

这些函数可以被使用,其余部分就在 import 语句执行时执行一次而已。

Python 语言有一个彩蛋,恰好是可以用在此处的最佳例子——这个模块叫 this:

```
>>> import this
    The Zen of Python, by Tim Peters

    Beautiful is better than ugly.
    Explicit is better than implicit.
    Simple is better than complex.
    Complex is better than complicated.
    Flat is better than nested.
    Sparse is better than dense.
    Readability counts.
    Special cases aren't special enough to break the rules.
    Although practicality beats purity.
    Errors should never pass silently.
    Unless explicitly silenced.
    In the face of ambiguity, refuse the temptation to guess.
    There should be one -- and preferably only one -- obvious way to do it.
    Although that way may not be obvious at first unless you're Dutch.
    Now is better than never.
    Although never is often better than * right * now.
    If the implementation is hard to explain, it's a bad idea.
    If the implementation is easy to explain, it may be a good idea.
    Namespaces are one honking great idea -- let's do more of those!
```

这个模块的源代码如下所示,可以试试能否独立读懂这个文件中的代码。

提示:这段代码先通过一个规则生成一个密码表,保存在字典 d 中;然后将变量 s 中保存的“密文”翻译成英文。试着自己写一个函数,实现将一段英文加密成“密文”。

```
s = """Gur Mra bs Clguba, ol Gvz Crgref
Ornhgvshy vf orggre guna htyl.
Rkcyvpvg vf orggre guna vzcyvpvg.
Fvzcyr vf orggre guna pbzcyrk.
Pbzcyrk vf orggre guna pbzcyvpngrq.
Syng vf orggre guna arfgrq.
Fcnefr vf orggre guna qrafr.
Ernqnovyvgl pbhagf.
Fcrpvny pnfrf nera'g fcrpvny rabhtu gb oernx gur ehyrf.
Nygubhtu cenpgvpnyvgl orngf chevgl.
Reebef fubhyq arire cnff fvyragyl.
Hayrff rkcyvpvgyl fvyraprq.
Va gur snpr bs nzovthvgl, ershfr gur grzcgngvba gb thrff.
Gurer fubhyq or bar -- naq cersrenoyl bayl bar -- boivbhf jnl gb qb vg.
```

```
Nygubhtu gung jnl znl abg or boivbhf ng svefg hayrff lbh'er Qhgpu.
Abj vf orggre guna arire.
Nygubhtu arire vf bsgra orggre guna *evtug* abj.
Vs gur vzcyrzragngvba vf uneq gb rkcynva, vg'f n onq vqrn.
Vs gur vzcyrzragngvba vf rnfl gb rkcynva, vg znl or n tbbq vqrn.
Anzrfcnprf ner bar ubaxvat terng vqrn -- yrg'f qb zber bs gubfr!"""

d = {}
for c in (65, 97):
    for i in range(26):
        d[chr(i + c)] = chr((i + 13) % 26 + c)

print("".join([d.get(c, c) for c in s]))
```

注意：虽然这个模块中什么函数都没有，但是导入之后，里面所有全局变量都可以使用。

3. dir()函数

系统内置函数 dir()可以查看一个已经导入的模块里有哪些可以访问的变量和函数。

```
>>> dir(myutil)
    ['__builtins__', '__cached__', '__doc__', '__file__', '__loader__', '__name__', '__package__', '__spec__', 'is_leap', 'say_hi', 'sqrt']
>>> myutil.__name__
    'myutil'
```

可以看到前面有一些系统自动添加的函数或变量，这属于模块的元数据（metadata），可以依次查看里面是什么。

4. main 模块

关于模块中不在任何函数里的部分，还有一点值得了解。

设想编写一些函数，并在函数以外的部分写一些代码测试这些函数，然后将代码保存在一个模块(.py 文件)中供其他代码使用。如果不想在导入模块时运行这些测试代码，但以后仍需要它们对该模块进行修改维护，Python 语言对此情况提供了一个解决方案，这个方案就是使用特殊的模块名__main__。

当导入一个模块之后，可以用＜模块＞.__name__查看它的模块名，通常是它的文件名；Python 语言做了一个特殊的设定，当运行这个文件时，它的模块名__name__的值为'__main__'，这是个独一无二的值，不会出现在任何导入的模块中，这样就可以区分开“运行一个文件”和“导入一个模块”这两种行为，也就是把模块写成如下格式：

```
def func1():
    ...

def func2():
    ...

if __name__ == '__main__':
    # 把所有测试或者不希望被导入时执行的代码放在这里
```

当.py文件被当作模块,被import语句导入时,if判断失败,下面的代码不会被执行;当.py文件被运行时,if判断成功,下面的代码将被执行。

小练习

1. 对于dir()函数,以下说法中( )是错误的。

A. 不传参数调用,则返回当前作用域中的名称

B. 用一个导入的模块调用dir()函数,则模块的子模块名称一定在dir()函数返回的列表中

C. 使用dir()函数可以查看任何对象能够直接访问的属性

D. dir()函数是Python内置函数,可以直接调用

2. 假设有Python文件abc.py,其中只有一条语句print(__name__),那么直接运行该程序时得到的结果是( )。

A. __main__　　B. abc　　C. abc.py　　D. '__main__'

5.5 程序练习题

1. 温度转换

编写程序,实现功能:输入一个华氏温度,输出对应的摄氏温度。具体要求如下。

(1)定义getCelsius()函数,完成华氏温度转化为摄氏温度。

(2)在主程序中完成程序的输入,调用getCelsius()函数计算并输出摄氏温度。

运行结果如下:

```
input fahr:97.5
fahr = 97.5, celsius  =  36.4
```

2. 寻找闰年

编写程序,实现功能:输出1900年至今所有的闰年,每行10个。今年的年份由键盘输入,具体要求如下。

(1)编写isLeap(year)函数,判断参数year是不是闰年,如果是闰年则返回True,否则返回False。

(2)在主程序中调用isLeap()函数,完成程序功能。

运行结果如下:

```
year = 2023
1904 1908 1912 1916 1920 1924 1928 1932 1936 1940
1944 1948 1952 1956 1960 1964 1968 1972 1976 1980
1984 1988 1992 1996 2000 2004 2008 2012 2016 2020
```

3. 计算本月天数

编写程序,实现功能:输入一个8位数表示的年月日,读出月份数字并输出该月有多少天。具体要求如下。

(1)编写days_of_month(date_str)函数,根据8位日期字符串date_str,返回该月的天数。

(2)在主程序中调用 days_of_month()函数,完成程序功能。

4. 分段统计素数个数

编写程序,实现功能:统计 1 000 以内每 100 个整数中素数的个数,程序输出结果如图 5-5-1 所示。

```
1-100       有 26 个素数
101-200     有 21 个素数
201-300     有 16 个素数
301-400     有 16 个素数
401-500     有 17 个素数
501-600     有 14 个素数
601-700     有 16 个素数
701-800     有 14 个素数
801-900     有 15 个素数
901-1000    有 14 个素数
```

图 5-5-1 题 4 程序输出结果

具体要求如下:

(1)编写 isPrime(n)函数,判断参数 n 是不是素数,返回 True 或 False。

(2)编写 countPrimes(start,end)函数,调用 isPrime()函数判断素数,统计区间[start,end]中素数的个数,并返回素数的个数。

(3)主程序调用 countPrimes(start,end)函数,分 10 个子区间统计并输出 1~1 000 的素数个数。

5. 寻找回文素数

回文素数是指一个数既是素数又是回文数,如 131 既是素数又是回文数。编写程序,实现功能:用户输入一个正整数 $n(1\leqslant n\leqslant 100)$,请在一行内输出从小到大排列的前 n 个回文素数,数字之间用空格分隔。

具体要求如下。

(1)编写 isPrime(n)函数,判断参数 n 是不是素数,如果是素数则返回 True,否则返回 False。

(2)编写 isPalindrome (n)函数,判断参数 n 是不是回文数,如果是回文数则返回 True,否则返回 False。

(3)在主程序中调用 isPrime()和 isPalindrome()函数,完成程序功能。

6. 同构数

正整数 n 若是它平方数的尾部,则称 n 为同构数。如 5 的平方数是 25,且 5 是 25 的尾部,那么 5 就是一个同构数。同理,25 的平方数为 625,25 也是同构数。

编写程序,实现功能:随机输入若干个不超过 2 位的正整数(输入 −1 表示输入结束),找出其中所有同构数并排序输出。具体要求如下。

(1)输入/输出要求如下:输入时要求首先判断输入位数(应为 1~2)是否正确,其次判断输入内容是不是数字,然后判断它是不是同构数,最后输出的同构数要求从小到大排序,且不重复,结果显示在一行,各同构数间以空格分隔。

(2)isTgs(n)函数实现的功能是判断一个数是不是同构数,是则返回 True,不是则返回 False。

(3)check(instr)函数实现的功能是检查字符串 instr 是否合法,合法则返回字符串对应的整数,不合法则返回错误代码。

(4)getTgs()函数实现的功能是输入一组数据,将其中1～2位的同构数加入一个列表后返回列表。

(5)main()函数实现的功能是获取同构数,输出有序的不重复的同构数。

运行结果如下:

```
请输入一组正整数,以空格分隔:76 a9 625 5 -1 1 76 5 15 125 25
同构数有:1  5  25  76
```

7. 跳高预选赛成绩处理。

编写程序,实现功能:根据现有的若干小组的跳高预选赛成绩,列出每个小组有资格参加初赛的成绩(大于或等于初赛资格142)。具体要求如下。

(1)程序中需建立passList()函数,要求如下。

函数有两个形参,第一个形参为一个序列(或元组),接收一个小组的成绩;第二个形参为接收资格线。函数从小组成绩中筛选出有初赛资格的成绩(大于或等于资格线),将其放入一个列表。函数返回筛选出的列表。

(2)程序中需建立main()函数,要求如下。

使用循环结构将每个小组成绩及资格线(142)作为实参,调用passList()函数,得到有资格参加初赛的成绩列表。

(3)输出每个小组获得参加初赛的成绩列表(组号与成绩之间用冒号分隔,各成绩之间用空格分隔)。

部分程序代码如下:

```
#计算每一个跳高预选赛比赛小组中能进入初赛的成绩,初赛资格线:142
groups = (
    (78,150,90,102,110,141),          #第一组
    (149,88,132,95,108,112,143),      #第二组
    (100,123,125,99,106,118,133),     #第三组
    (152,86,132,95,70,122,149,124),   #第四组
)
def passList(scores,lowlimit):
    # TODO: write code...passList()
def main():
    # TODO: write code...main()
main()
```

运行结果如下:

```
获得初赛资格的成绩
第 1 组: 150
第 2 组: 149 143
第 3 组:
第 4 组: 152 149
```

8. 编写程序完成模块化测试

在 cal. py 模块中定义一组运算函数，请编写程序，调用 cal. py 模块中的函数进行四则运算。运行结果如下：

```
输入：
3.4
+
1.8
输出：
5.2
```

cal. py 文件代码如下：

```
#cal.py
def add(a, b):    # 加法运算函数
    return a + b
def subtract(a, b):    # 减法运算函数
    return a - b
def multiply(a, b):    # 乘法运算函数
    return a * b
def divide(a, b):    # 除法运算函数
    if b == 0:    # 考虑除零情况
        return 'Divide by zero'
    else:
        return a / b
def floorDivide(a, b):    # 整除法运算函数
    if b == 0:
        return 'Divide by zero'
    else:
        return a // b
def power(a, b=2):    # 幂运算函数，参数 b 默认为 2，返回参数 a 的平方
    p = 1
    for i in range(b):
        p = p * a
    return p
```

本章范例与参考答案

第 6 章

文件和文件格式

本章概要

程序的交互性可以体现为两种形式：键盘交互和文件交互。键盘交互是指通过键盘输入数据，在显示屏上显示结果，也称标准输入/输出。文件交互是指程序从数据文件中读取数据，运行后还可以将结果写入一个文件中的交互方式。

至此，本书介绍的程序与外部的交互只限于 input()、print()函数提供的标准输入/输出交互，与外部的交互很少，处理大批量数据使用键盘输入也很不方便。

本章将介绍一种文件交互方式。文件中的数据可以长期存储，并且文件也是不同程序之间数据交互的载体。根据存储数据的编码方法，数据文件可分为文本文件、二进制文件。

学习目标

完成本章的学习后，读者应达到如下目标：

(1)掌握文件和文件操作的基本概念；

(2)掌握文本文件的基本读写操作；

(3)掌握将文本文件中的字符流转化为程序中的结构化数据结构的方法；

(4)了解 CSV 格式、JSON 格式、XML 格式的表示和文件的处理方法。

6.1　Python 文件的基本操作

6.1.1　文件概述

1. 数据和文件

数据就是计算机记录下来的“事实(facts)”。计算机程序处理的任何事实都是数据，如最经常遇到的“用户数据”。如图 6-1-1 所示，这就是典型的数据，属于一个人的各种属性，数据类型各不相同，但都是关于这个人的。这里用了 Python 语言的字典来记录用户数据。

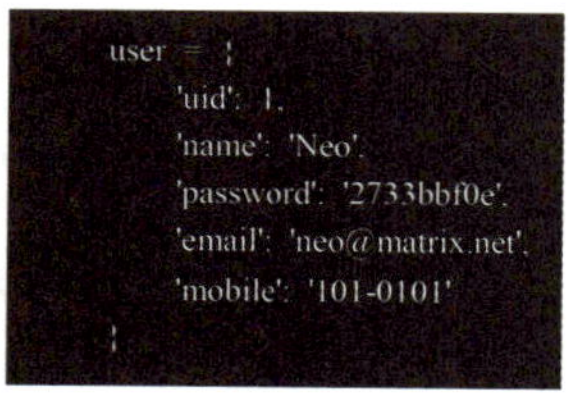

图 6-1-1　用户数据

通过现代程序设计语言提供的各种强大的数据类型，人们可以轻易地表达和处理各种各样的数据，但是依旧存在数据的“持久化(persistency)”问题，即如何确保数据不会因为计算机断电而丢失——换句话说，人们需要一种方法把内存里的数据(如上面的字典 user)长久地保存起来，并在需要时随时将其恢复到内存中。

该方法就是把数据存到如硬盘的“持久化设备”上。只需约定好保存格式，程序根据此格式写入，根据此格式读出后恢复成需要的对象(object)即可。

那么该如何使 user 数据持久化呢？最简单的方法是逗号分隔值(comma-separated values，CSV)数据文件格式，它可以把 user 这样的数据变成一个文本文件，user 中的每个元素变成文件中的一行，这一行是这个元素的各个属性，属性之间用逗号隔开。还可以在文件最开始加一行，记录每个属性的名字是什么。上面的 user 数据转成 CSV 格式的文件如图 6-1-2 所示。

```
uid, name, password, email, mobile
1, 'neo', 'thereisnospoon', 'neo@matrix.net', '101-0101'
2, 'trinity', 'iloveyouneo', 'trinity@matrix.net', '101-1010'
3, 'morpheus', 'ibelieve', 'morpheus@matrix.net', '101-1111'
```

图 6-1-2　user 数据转成 CSV 格式的文件

CSV 格式简单直接，不用借助特殊的程序就能读懂其内容，编写程序读写 CSV 文件也比较容易，所以其应用很广泛。很多主流软件(如微软开发的电子表格软件 Excel)都支持读写 CSV 文件。

总而言之，解决持久化问题的方法是设计一种格式，把内存中的数据保存成这种格式的文件，在需要时读取这种格式的文件，将其还原成内存中的对象。这两个操作通常称为序列化(serialization)和反序列化(deserialization)。

至此，前面章节中所学习的“数据”都是指程序中处理的数据，也就是内存中的数据，“持久化”也就是把数据永久保存下来的技术，包括数据文件和数据库技术。本章将学习几种常见的数据文件的读写访问和应用。

2. 文件和文件目录

在程序设计中，文件是由一些具有永久存储特性及特定顺序的字节组成的一个有序并具有名称的集合，它保存在磁盘、光盘、磁带等存储设备上。标准的输入/输出数据是内存存储的数据，内存数据在程序执行结束后就不复存在。大批量的原始数据和处理后的结果数据通常需要长久保存，可以将其保存在文件中。

通常情况下，文件按树状目录结构进行组织。完整地描述一个文件需包括驱动器、目录路径和文件名三方面的内容。例如，C:\sample\datas\data. txt 表示存放在 C 盘，文件夹 sample\datas 下的文件 data. txt，这种表示方法称为绝对路径文件名。

文件还可以以相对路径文件名的方式表示，相当于从当前路径出发表示一个文件。例如，当前路径为 C:\sample 时，文件 data. txt 可以表示为 datas\data. txt。当前路径为 C:\sample\datas 时，直接使用文件名 data. txt 即可。

一个正在执行的程序，其当前路径就是该程序所在的文件夹，如果读取的数据文件与 Python 程序在同一文件夹或子文件夹中，可以使用相对路径文件名表示。如果处理的数据文件在不同的文件夹及子文件夹下，就要用绝对路径文件名表示。

3. 访问文件的流程

访问文件的流程一般如下。

```
1 打开文件
2 访问文件(读/写)
3 关闭文件
```

程序可访问的数据文件分为二进制文件和文本文件,二进制文件直接按数据的二进制编码组织数据,文本文件逐个字符存储字符的 ASCII 码或 Unicode 码。打开文件可以进行的操作有读、写、追加等,打开文件时要明确文件的访问方式,打开后按访问方式有限制地访问文件,若要改变文件的访问方式,必须先关闭文件,再按新的访问方式打开文件。

访问文件包括将文件中的数据读取到内存中和将存储在内存中的程序数据写入文件中。通常文本文件是由字符构成的,没有数据类型,读入文本文件与标准输入相似,由处理文件的程序确定数据类型。

文件是流式结构或顺序结构的,所以在顺序地读取文件中的字符串时,程序还要将读入的字符串转化为程序所需的数据类型,甚至构造所需的复杂的数据结构(链表、队列、树等)。写文件时,组织程序数据顺序地写入文件中。

文件交互的优势在于可以处理大批量的数据,并在文件中长久地保存计算结果。

小练习

1. 已有程序 D:\progs\anysis. py,程序需要访问数据文件 D:\files\scores. csv,那么在程序中描述数据文件名时用____________________。

2. 已有程序 D:\progs\anysis. py,程序需要访问数据文件 D:\ progs\scores. csv,那么在程序中描述数据文件名时用____________________。

3. 已有程序 D:\progs\anysis. py,程序需要访问数据文件 D:\ progs\files\scores. csv,那么在程序中描述数据文件名时用____________________。

6.1.2 打开和关闭文件

1. 打开文件

使用 open()函数打开一个文件,返回一个文件对象。open()函数的常用格式如下:

```
<文件对象> = open(file, mode = 'r', encoding = None)
```

参数 file 表示打开文件的名称,可以是绝对路径文件名,也可以是相对路径文件名。当打开的文件和程序在同一目录下时,只需提供加扩展名的文件名即可,不需要路径。

参数 encoding 表示编码方式,使用 ASCII 码的参数设置为 gbk,使用 Unicode 码的参数设置为 utf-8。encoding 的默认值为 None。

参数 mode 表示文件的访问方式,默认为 r,表示只读,mode 的取值含义如表 6-1-1 所示。

表 6-1-1 mode 的取值含义

mode 取值	含义
r	以只读方式打开一个文件
w	以写方式打开一个文件,当这个文件存在时,覆盖原来的内容。当这个文件不存在时,创建这个文件

续表

mode 取值	含义
x	创建一个新文件，以写方式打开，当文件已存在时，报错 FileExistsError
a	以写方式打开一个文件，写入内容追加在文件的末尾
b	表示二进制文件，添加在其他控制字符后
t	表示文本文件，默认值
+	以修改方式打开，支持读写

最后三个符号 b、t、+是修饰符，添加在 r、w、x、a 的后面，例如 rb 表示以只读方式打开一个二进制文件，r+表示以修改方式打开一个文本文件，rb+表示以修改方式打开一个二进制文件。

例如，在 C 盘 sample 目录下创建一个 test.txt 文件，返回文件对象 f，f 是由开发者命名的用户标识符，之后就可以使用 f 调用文件操作的方法操作文件。

```
f = open(r"c:\sample\test.txt", "w")
```

说明：

(1)第一个参数是表示文件名称的字符串，文件名的字符串包括路径，路径的分隔符(\)在字符串中会解释为转义字符前缀，在字符串前加 r 是防止字符转义。

(2)第二个参数是打开方式 mode，解释为以写方式打开文本文件，如果文件不存在，则自动创建文件。

(3)如果需要以二进制方式打开文件，则需要在 mode 后面加上 b，如 rb、wb 等。

注意：

(1)open()函数不具备创建文件夹的功能，所以上面示例中 C:\sample 文件夹必须是存在的文件夹。执行完文件创建命令，可以在 C:\sample 文件夹下找到 test.txt 文件。

(2)使用 r 开始的原生字符串，可以避免转义字符在路径表示时带来的混淆。

(3)第一个参数也可以是相对路径文件名，如直接写文件名。在程序文件中使用相对路径文件名，程序文件所在的目录为当前目录，下面的语句表示在程序文件的同目录下创建 mytest.txt 文件：

```
f = open("mytest.txt", "w")
```

2. 关闭文件

文件操作完毕后，一定要记得关闭文件，释放分配给文件的系统资源，将资源分配给其他文件使用。调用文件对象的 close()方法来关闭文件，调用格式如下：

```
<文件对象>.close()
```

例如，关闭上面打开的文件对象 f 的语句如下：

```
f.close()
```

3. with 语句和上下文管理协议

文件操作容易产生异常，最后需要关闭打开的文件对象，确保文件对象占用的资源可以释放。Python 语言中与资源相关的对象可以使用 with 语句实现上下文管理协议，with 语句的格式如下：

```
with context [as <对象>] :
    #具体的操作程序段
```

with 语句定义了一个上下文。执行 with 语句时，首先调用 context 对象的_enter()_方法，将返回值赋给对象；在离开 with 语句块的时候，自动调用 context 对象的_exit()_方法，确保释放资源。

文件对象使用 with 语句，可以确保打开的文件自动关闭：

```
with open(文件,打开方式) as f:
    #操作打开的文件程序段
```

使用 with 语句就不需要调用 close()函数关闭文件。例如，打开并输出当前路径下 mytest.txt 文件的语句如下：

```
with open("mytest.txt") as f:
    print(f.read())
```

小练习

1. 使用 open()函数打开一个文件时，如果要以写方式打开，并且写入内容追加在文件的末尾，mode 对应的参数应为(　　)。

A. x　　B. r　　C. w　　D. a

2. 以"w"模式打开文件，(　　)。

A. 对文件只能读，不能写

B. 可以将写入内容加到文件末尾

C. 如果指定的文件已经存在，则删除已有数据

D. 如果指定的文件不存在，则报错

3. 使用 open()函数打开文件时，如果需要以修改方式打开，并支持读写，mode 对应的参数应为(　　)

A. r　　B. w　　C. r+　　D. rw

4. Python 语言中，使用 open()函数打开文件并且写入操作结束后，应调用文件对象的(　　)方法。

A. exit()　　B. end()　　C. shutdown()　　D. close()

6.1.3 读取文件数据

1. 文件的读方法

文件类提供了三种方法读取文本文件的内容，分别是 f. read(size)、f. readline()和 f. readlines()。

1)f. read(size)

该方法返回一个字符串，是内容长度为 size 的文本。参数 size 表示读取的数量，可以省略。如果省略 size 参数，则表示读取文件的所有内容，作为一个字符串返回。

2)f. readline()

该方法返回一个字符串，内容为文件当前行的文本。

3)f. readlines()

该方法返回一个列表，列表的元素为一行的文本[line1,line2,…,lineN]。再通过循环操

作逐行访问列表中每一行的内容。

2. 迭代循环读取数据

文本文件对象也是可迭代对象，可以使用 for 循环语句遍历所有的行。格式如下：

```
for line in f:
    #操作一行数据 line
```

3. 文本文件的操作示例

执行 import this 命令，获取 Tim Peter 写的 *The Zen of Python*（《Python 编程和设计的指导原则》），保存为 zen. txt 文件。

【例 6-1-1】 读取 zen. txt 文件，显示在屏幕上。

read()函数可以读取文件的所有内容，以一个字符串的形式返回，用来处理本例最合适。

程序代码如下：

```
f = open("zen.txt")
s = f.read()
print(s)
f.close()
```

用 open()函数打开 zen. txt 文件，默认打开方式为 r，返回 f 文件对象。f 对象调用 read()方法读取文件的内容，返回字符串 s，显示在屏幕上，最后关闭文件。

【例 6-1-2】 读取当前程序的源文件，加行号显示在屏幕上

程序文件加行号显示会更加清晰。Python 标准模块 sys 提供了 argv[0]参数获取本程序文件名，这样可以在程序运行时访问当前运行的程序文件。

要在每行前加行号，必须逐行读取文件中的内容，使用 readline()、readlines()函数及迭代循环都能够实现逐行访问。

方法一：使用 readline()函数。

readline()函数每次读取一行数据。算法需要设计逐行访问的循环模式，当读入一行为空白时，文件读取结束。算法模式如下：

```
line = f.readline()
while line != "":
    #处理 line
    line = f.readline()
```

程序代码实现和运行结果如下：

```
import sys
filename = sys.argv[0]
with open(filename,encoding = "utf-8") as f:
    line_no = 0
    line = f.readline()
    while line != "":
        line_no += 1
        print(line_no,":",line,end = "")
        line = f.readline()
```

```
1 : import sys
2 : filename = sys.argv[0]
3 : with open(filename) as f:
4 :     line_no = 0
5 :     line = f.readline()
6 :     while line! = "":
7 :         line_no + = 1
8 :         print(line_no,":",line,end = "")
9 :         line = f.readline()
```

方法二：使用 readlines()函数。

readlines()函数返回列表，列表元素为一行字符串。可以通过列表下标访问或迭代访问，逐个访问列表中的每一项，完成逐行处理。算法模式如下：

迭代访问模式	下标访问模式

L = f.readlines()
for line in L:
    #处理 line
	L = f.readlines()
	for i in range(len(L)):
	    #处理 L[i]

本例要处理行号，采用下标访问模式，程序实现代码如下：

```
import sys
filename = sys.argv[0]
with open(filename,encoding = "utf - 8") as f:
        L = f.readlines()

for line_no in range(len(L)):
        print(line_no + 1,":",end = "")
        print(L[line_no],end = "")
```

方法三：使用迭代循环。

迭代循环访问文件对象，正好是逐行读取，更符合本例需要。

使用 for 迭代循环，程序实现代码如下：

```
import sys
filename = sys.argv[0]
line_no = 0
with open(filename,encoding = "utf - 8") as f:
    for line in f:
        line_no + = 1
        print(line_no,":",line,end = "")
```

小练习

1. 在 file1. txt 文件中只有两行数据，第 1 行为 34，第 2 行为 56。使用语句 f＝open("file1. txt")打开该文件后，执行语句 m＝f. readline()，此时 m 为(　　)。

A. '34'　　　　B. '34\n'

C. '34\n56\n'　　　　D. '34\n56'

2. 打开文本文件 text. txt 生成文件对象 f，经过下面的操作后，变量 a 的数据类型是(　　)。

```
a = f.read()
```

A. 字符串　　　　B. 列表

C. 元组　　　　D. 字典

3. 打开文本文件 text. txt 生成文件对象 f，经过下面的操作后，变量 a 的数据类型是（　　）。

```
a = f.read().split()
```

A. 字符串　　B. 列表

C. 元组　　D. 字典

4. 打开文本文件 text. txt 生成文件对象 f，经过下面的操作后，变量 a 的数据类型是（　　）。

```
a = f.readline()
```

A. 字符串　　B. 列表

C. 元组　　D. 字典

5. 打开文本文件 text. txt 生成文件对象 f，经过下面的操作后，变量 a 的数据类型是（　　）。

```
a = f.readlines()
```

A. 字符串　　B. 列表

C. 元组　　D. 字典

6.1.4 将数据写入文件

将数据写入文件，可以调用文件类的 write()方法，语法格式如下：

```
<文件对象>. write(string)
```

将一个字符串写入文件，write()函数不提供换行，如果需要换行，则要添加换行符“\n”。例如，执行以下语句：

```
f.write('hello')
f.write('hello')
```

得到文件的文本内容是 hellohello。要得到两行的文本可以写为如下格式：

```
f.write('hello\nhello\n')
```

【例 6-1-3】创建一个文本文件示例。

```
f = open(" test.txt", "w")
f.write("hello\nhello\n")
f.close()
```

在以上程序文件的同一个目录下，可以看到 test. txt 文件，test. txt 文件中的文本如下：

```
hello
hello
```

注意：若以创建或写入方式在程序中打开文件，对文件进行了写入操作，则必须执行关闭文件操作后，再次打开才能看到文件内容的变化。

小练习

实践：活动信息文件的创建和维护。

下面的练习在 IDLE Shell 窗口中完成，先创建一个实验目录，如 C:\sample 文件夹，文件名使用绝对路径描述。

1. 在 C 盘 sample 文件夹中创建 test.txt 文件(sample 文件夹已存在)。

```
>>> f = open(r"c:\sample\test.txt", "w")
```

2. 在 test.txt 文件中写入两条记录。

```
>>> f.write("2014-1-21,东方艺术中心,晚 19:30, 维也纳儿童合唱团")
    32
>>> f.write("\n2014-6-3,大学生活动中心,晚 18:00,信息学院毕业晚会")
    33
```

返回的 32 和 33 表示写入的字符个数。

3. 读取 test.txt 文件的内容，先要关闭以创建方式打开的文件，再以只读方式打开文件。

```
>>> f.close()
>>> f = open(r"c:\sample\test.txt", "r")
>>> print(f.read())
    2014-1-21,东方艺术中心,晚 19:30, 维也纳儿童合唱团
    2014-6-3,大学生活动中心,晚 18:00,信息学院毕业晚会
```

4. 增加一条记录。以追加方式重新打开 test.txt 文件。

```
>>> f.close()
>>> f = open(r"c:\sample\test.txt", "a")
>>> f.write("2014-6-20,实验 A 楼 213,早 8:00,计算机考试")
    29
>>> f.read()                        #追加方式打开的文件不能进行读取操作
    Traceback (most recent call last):
      File "<pyshell#33>", line 1, in <module>
        f.read()
    io.UnsupportedOperation: not readable
```

6.1.5 文件内容重定位

1. 文件指针

在进行文件的读取或写入操作时，必须知道文件指针的概念，文件指针也称文件游标。文件指针指向读写操作的当前位置。

以"r"方式打开文件，文件指针指向文件的开始。执行文件读取操作，文件指针就会以字节为单位向后移动，每一次都从当前位置开始向后读取。如果执行 f.read()或 f.eadlines()语句，读取之后，文件指针直接到达文件的末尾。

以"w"方式打开文件，文件指针指向文件的开始。以"a"方式打开文件，文件指针指向文件的末尾。

文件对象的 tell()方法可以返回文件指针的位置，单位也是字节。tell()方法的语法格式如下：

```
f.tell()
```

【例 6-1-4】文件指针示例。

```
with open("cursor.txt","w") as f:
    print("w:",f.tell())
    f.write("文件的指针在哪里? \n")
with open("cursor.txt","a") as f:
    print("a:",f.tell())
    f.write("文件的指针又在哪里呢? \n")
with open("cursor.txt") as f:
    print("r,打开文件\n 读第一行:",f.tell(),end = ",")
    print("内容:",f.readline(),end = "")
    print("读第二行:",f.tell(),end = ",")
    print("内容:",f.readline(),end = "")
    print("r,读第二遍:",f.tell(),"内容:", f.read())
```

运行结果如下:

```
w: 0
a: 20
r,打开文件
读第一行: 0,内容: 文件的指针在哪里?
读第二行: 20,内容: 文件的指针又在哪里呢?
r,读第二遍: 44 内容:
```

说明:

(1)第 1 次以"w"方式创建文本文件 cursor.txt,文件指针的位置是 0。写入一行文本"文件的指针在哪里? \n"后结束。中文字符占 2 字节,西文字符占 1 字节,共 20 字节。

(2)第 2 次以"a"方式打开文本文件 cursor.txt,文件指针的位置是 20。写入一行文本"文件的指针又在哪里呢? \n"后结束。

(3)第 3 次以"r"方式打开文本文件 cursor.txt,文件指针的位置是 0。f.readline()语句读一行文本,文件指针移到 20;再读一行,文件指针移到 44,即文件末尾。此时继续执行 f.read()语句,就读不到内容,返回空字符串。

2. 重定向

如果想再次读取文件全部内容,必须将定位指针移动到文件开始处:

```
f.seek(0)
```

该函数的语法格式如下:

```
f.seek(offset, from_what)
```

其中,offset 表示从 from_what 再移动一定量的距离,单位是字节。

from_what 值为 0 时表示自文件起始处开始,为 1 时表示自文件指针当前位置开始,为 2 时表示自文件末尾开始。参数 from_what 可以忽略,其默认值为 0,此时从文件头开始。

【例 6-1-5】定位函数。

```
>>> f = open("test.txt", 'w+')
>>> f.write('0123456789abcdef')
>>> f.seek(5) # 定位到文件的第 6 个字节
    5
>>> f.read(1)
    '5'
>>> f.seek(0) # 定位到文件的开始
    0
>>> f.read(1)
    '0'
```

注意:

(1)当以创建方式在程序中打开文件时,文件指针会自动指向文件的开始位置,是对原文件覆写,原来的内容被覆盖。

(2)以"w"方式打开文件,只能执行写操作,以"w+"方式打开文件,既能写又能读。

(3)"a+"方式与"w+"方式的区别仅在以"a+"方式打开文件,文件指针指向文件末尾。

小练习

1. 在文件打开模式中,使用"w"模式,文件指针会指向(　　)。

A. 文件头　　B. 文件尾
C. 文件随机位置　　D. 空

2. 在文件打开模式中,使用"a"模式,文件指针会指向(　　)。

A. 文件头　　B. 文件尾　　C. 文件随机位置　　D. 空

3. 打开 text.txt 文件生成文件对象 f,执行下列操作后,文件指针会指向(　　)。

```
f.readlines()
f.seek(0)
```

A. 文件头　　B. 文件尾　　C. 文件随机位置　　D. 空

6.2　数据文件访问

文本文件的纯文本格式的特性决定了文本文件非常适合作为各种不同应用程序间交流的数据格式,例如,可以把一张 Excel 表存储为 CSV 格式的文本文件或直接复制到文本文件中,在 Python 程序中读入后继续处理,处理数据后再返回 Excel 表。一般应用程序都提供了文本数据的导出导入接口。所以,文本文件是存放批量数据的常用形式。

6.2.1　数据文件访问的程序设计

1. 从文件中读取批量数值数据

Python 语言按文本读入文本文件中的数据,进行处理前,要按数据本身的含义进行相应的类型转换。

如果数据仅是一组整数，按文件中数据的组织形式可以区分为一行、一列和多行多列，不管哪种方式，只要数据之间的分隔符一样，如是空格、逗号、制表符等，都可以先使用 read()函数将数据全部读取到一个字符串变量中，再使用字符串对象的 split()函数分离数据，最后修改数据的数据类型。

【例 6-2-1】将数据文件中的整数读取到一个列表中。

数据文件 data1. txt 中存放了一行整数，每个整数之间用一个空格分隔；data2. txt 中存放了一列整数，一行一个整数；data3. txt 中存放了多行整数，每行整数之间用制表符分隔。假设所有的数据文件都与程序文件存放在同一个目录下，将整数从文件中读取到一个列表的算法描述和程序实现代码如下。

算法描述如下：	程序实现代码如下：

1 以只读方式打开文件
2 读入全部内容，返回一个字符串对象
3 按回车、制表符、空格分隔字符串，得到一个列表
4 将列表中字符串元素转化为整型
5 输出列表
	with open("data1.txt") as f:
	    a = f.read()
	    L = a.split()
	    print(L)
	    L = [int(L[i]) for i in range(len(L))]
	    print(L)

运行结果如下：

```
['34', '78', '47', '787', '84', '25', '69', '25', '58', '67', '52', '77', '12', '67', '325', '
33']
[34, 78, 47, 787, 84, 25, 69, 25, 58, 67, 52, 77, 12, 67, 325, 33]
```

说明：从文件中读入数据，与从键盘读入数据一样，也是读入字符，但要注意数据类型的转换。read()函数将所有文件内容作为一个字符串对象读入，再对字符串对象做分离操作，按空格分离为若干个字符串。从第一次输出的列表可以看到，每个整数数据是一个字符串形式，然后再将其转化为整数类型。从第二次输出的列表可以看到一组整数数据。

将上面程序中的文件名修改为 data2. txt 和 data3. txt，都能够成功地将数据读到列表中，因为 split()函数在不带参数的情况下，默认将空格、制表符和回车都视为分隔符。

【例 6-2-2】将文件 data4. txt 中存储的多行用逗号分隔的数据（见图 6-2-1）读到一个一维列表中。

图 6-2-1 多行用逗号分隔的数据

因为数据的分隔符有两种：回车和逗号，所以需要分开处理。首先分行，再对每行使用逗号分离，将每行分离出来的数据追加到一个列表中。程序需要采用逐行访问，【例 6-1-2】介绍的三种算法模式都适用于本例。本例使用迭代循环方式，算法描述和程序实现代码如下：

算法描述如下:	程序实现代码如下:

1 列表初始化
2 打开文件,创建文件对象 f
3 循环迭代访问 f
  3.1 将每一行分离后追加到列表
4 将列表元素转化为整型
5 输出列表
	L = []
	with open("data4.txt") as f:
	    for line in f:
	        L += line.split(",")
	L = [int(L[i]) for i in range(len(L))]
	print(L)

运行结果如下:

```
[679, 69, 191, 510, 73, 815, 182, 583, 96, 153, 450, 109, 107, 443, 371, 140, 136, 242, 206, 236,
378, 993, 802, 131, 428, 994, 169, 572, 201, 687, 30, 953, 519, 58, 247, 891, 727, 934, 441, 518,
94, 942, 587, 389, 799]
```

如果需要从 data4.txt 文件生成一个二维结构的列表,每行一个子列表,程序实现代码如下:

```
L = []
with open("data4.txt") as f:
    for line in f:
        L.append([int(x) for x in line.split(",")] )
print(L)
```

运行结果如下:

```
[[679, 69, 191, 510, 73, 815, 182, 583, 96], [153, 450, 109, 107, 443, 371, 140, 136, 242], [206,
236, 378, 993, 802, 131, 428, 994, 169], [572, 201, 687, 30, 953, 519, 58, 247, 891], [727, 934,
441, 518, 94, 942, 587, 389, 799]]
```

2. 输出列表数据到文件

文件类的 write()函数只能输出一个字符串对象到文件中,数据的分隔、换行等效果都要由开发者自行构造字符串完成。

【例 6-2-3】将一维数值数据输出到文件。

方法一:循环迭代访问列表,每读一个数据,转换为字符串对象,写入文件中。

```
L1 = [34, 78, 47, 787, 84, 25, 69, 25, 58, 67, 52, 77, 12, 67, 325, 33]
with open("data6.txt",'w') as f:
    for i in L1:
        f.write(str(i) + '\n')
```

方法二:循环迭代访问列表,构造输出字符串对象,最后一次性写入文件中。

```
L1 = [34, 78, 47, 787, 84, 25, 69, 25, 58, 67, 52, 77, 12, 67, 325, 33]
s = "\n".join([str(x) for x in L1])
with open("data6.txt",'w') as f:
    f.write(s)
```

在程序文件所在的目录中找到并打开刚才创建的 data6.txt 文件，可以看到 16 个整数以一列的形式排列。读者可以自行实现显示一行数据和多行多列数据(如每行 5 个)的算法。

小练习

1. 在文本文件 records.txt 中，存放了多行数值数据，每行数据以若干空格分隔，每行的数据数不等，请编写程序，计算每一行数据的平均值。

运行结果如下：

```
第 1 行的平均值是 -82.4207
第 2 行的平均值是  95.3755
第 3 行的平均值是  30.7397
第 4 行的平均值是   4.5000
第 5 行的平均值是 -0.8300
```

2. 有二维列表 L=[[34,78,47],[787,84,25],[69,25,58],[67,52,77],[12,67,325]]，请将列表中数据分别按下列要求，分别写入一个文本文件中。

(1)排成一行，每个数据以\t 分隔。

(2)排成一列。

(3)排成 5 行 3 列，每行数据以逗号(,)分隔。

6.2.2　数据文件访问应用示例

1. 批量数值数据示例

【例 6-2-4】分析班级计算机课程期末考试情况，统计各分数段的人数。考试成绩按一行存储在文本文件 score.txt 中，分数段分为 90 分以上；89～80 分；79～70 分；69～60 分；59～40 分；40 分以下。

算法描述如下：

```
1 读入文件数据到列表 L
  1.1 以只读方式打开文件 score.txt
  1.2 使用 read()方法读取数据，得到一个字符串对象 a
  1.3 使用 split()方法分离数据，转换数据类型，得到整数列表 L
2 分类统计各分数段人数到列表 c
  2.1 列表 c 初始化
  2.2 循环迭代遍历 L 中的每一个元素 x
        如果 x>=90 则 c[0]增 1
        否则如果 x>=80 则 c[1]增 1
        否则如果 x>=70 则 c[2]增 1
        否则如果 x>=60 则 c[3]增 1
        否则如果 x>=40 则 c[4]增 1
        否则 c[5]增 1
3 输出各分数段统计结果
```

程序实现代码如下：

```
#读入文件数据到列表 L
with open("score.txt") as f:
        a = f.read()
        L = [int(x) for x in a.split()]

#分类统计各分数段人数到列表 c
c = [0,0,0,0,0,0]
for x in L:
    if x>= 90:
        c[0] += 1
    elif x>= 80:
        c[1] += 1
    elif x>= 70:
        c[2] += 1
    elif x>= 60:
        c[3] += 1
    elif x>= 40:
        c[4] += 1
    else:
        c[5] += 1
#输出各分数段统计结果
print(f"90 分以上{c[0]:d}人,89～80 分{c[1]:d}人,79～70 分{c[2]:d}人,\
69～60 分{c[3]:d}人,59～40 分{c[4]:d}人,40 分以下{c[5]:d}人。")
```

score.txt 中的数据如下，在文件中排列成一行。

```
99  63  55  62  13  83  64  92  78  77  84  77  55  97  93  86  82  89  96
97  80  93  69  87  90  84  94  75  76  89  83  83  33  72  48  66  86  98
89  89  88  87  63  87  81  100 80  37  68  71  77  98  66  47  29  87  93
96  100 70  85  83  35
```

运行结果如下：

```
90 分以上 15 人,89～80 分 22 人,79～70 分 9 人,69～60 分 8 人,59～40 分 4 人,40 分以下 5 人。
```

说明：

(1)数据文件中的数据排列成一行，数据之间只用制表符分隔，因此选择 read()方法来完成读入操作。

(2)分类统计完成 6 个分数段的计数，可选用列表 c 作为计数变量的列表，每个列表元素对应一个分数段，计数前要置 0。

2. 批量结构数据示例

【例 6-2-5】计算手机销量年增长率。

文件 smartphone.txt 中存放着某些公司的手机年销量数据，每行为每家公司若干年的销量(百万级)，数据间的分隔符为制表符。读取 smartphone.txt 文件的数据，计算并在屏幕输出各公司年销量是否快速增长的情况(设年销量的增长率均超过 30%为快速增长)，各数据间以制表符相隔。

smartphone.txt 文件的内容如下所示，第一行为标题行，每行存放一个公司的销量记录。

```
公司       2020 年    2021 年    2022 年    2023 年
phone A    311        322.9      310.3      318.7
phone C    192.9      231.6      215.2      215.8
phone R    73.6       104.8      139.1      153.1
phone K    29.9       50.1       92.9       121.1
phone V    19.5       40.5       74.3       100.7
phone F    43.8       56.2       60.1       44.9
phone G    59.2       59.7       55.1       55.9
phone Y    70.1       74.1       50.7       49.7
phone X    61.1       70.7       61.5       96.1
```

运行结果如下：

```
手机公司      是否快速增长？
phone A            否
phone C            否
phone R            否
phone K            快速
phone V            快速
phone F            否
phone G            否
phone Y            否
phone X            否
```

首先编写一个函数 isBigGrowth(L,rate)，形参 L 为一组含有数值型数据的列表（某公司各年份的销量），rate 为年增长率，判断并返回年销量是否快速增长，若每年销量增长率都超过给定的 rate，则结果为 True，否则结果为 False。

然后在主程序中读取文件到列表，删去标题行数据，将每行数据中的年销量转为数值型数据，利用函数 isBigGrowth(L,rate)计算年销量是否快速增长以获得布尔值，并输出是否快速增长的判断信息。程序实现代码如下：

```
def isBigGrowth(L,rate):
    for i in range(1,len(L)):
        r = (L[i] - L[i - 1])/L[i - 1] #计算每年销量增长率
        if r<rate:
            return False
    return True

def main():
    print ("手机公司\t是否快速增长?")
    with open("smartphone.txt") as f:
        L = f.readlines()
        del L[0]                    #删除标题行
```

```
    for line in L:
        line = line.split()        #分裂一行,得到列表
        for i in range(1,len(line)):   #将列表中销售量转化为浮点型
            line[i] = float(line[i])

        if isBigGrowth(line[1:],30/100):   #参数:销售量数据不包括公司名
            print ("{}\t\t{}".format(line[0],"快速"))
        else:
            print ("{}\t\t{}".format(line[0],"否"))

main()
```

小练习

1. 使用模块化设计改写【例 6-2-4】,分析班级计算机课程期末考试情况,还可增加其他分析功能。

2. 改写【例 6-2-5】,计算手机销量年增长率,使用 read()函数读取文件内容,重新实现 main()函数。如果 smartphone.txt 文件最后存在空格,要如何处理?

6.3 常用文本格式读取和解析

6.3.1 CSV 格式

CSV 是存储表格数据的常用文件格式。由于 CSV 格式简洁且易于处理,很多应用程序都支持这种格式,如可直接用 Excel 打开 CSV 文件并另存为.xls/.xlsx 文件。

CSV 格式文件 ranks.csv 用于存放一些著名的游乐园过山车的标识、名称和游客推荐的排名,内容如下:

```
ID,Name,Rank
240,Steel Dragon ,1
152,Leviathan,2
101,Fujiyama,3
...
```

CSV 文件中各行用换行符分隔,行中列与列之间用逗号分隔。虽然 CSV 文件还可以用制表符(Tab 字符)或其他字符来分隔一行中的各列,但不太常见。

CSV 文件是个文本文件,可以用常规的方法进行解析和处理。

【例 6-3-1】读取 ranks.csv 文件并输出各行各字段内容。

```
with open("ranks.csv") as f:           #打开文件
    for line in f:                     #迭代读取每一行
      L = line.strip().split(',')  #行去掉首尾空白字符后分离
      for i in range(len(L)):
```

```
        print(L[i],end = "\t")
    print()
```

另外，Python 还提供了 csv 模块，可以很方便地创建、修改一个 CSV 文件。

csv 模块的 reader 和 writer 对象可用于读取和写入序列，详细用法可参见 Python 文档 https://docs.python.org/3/library/csv.html。对应地，csv 模块也提供了 reader()和 writer()方法来构造 reader 和 writer 对象。

【例 6-3-2】使用 csv 模块写入 CSV 文件。

```
import csv
with open("phonelist.csv","w",newline = '') as csvfile:   #打开文件写
    writer = csv.writer(csvfile)                          #构造 writer 对象
    writer.writerow(("name","age","sex","phone"))         #写入标题行
    writer.writerow(("张三","29","男","11111111"))        #写入数据行
    writer.writerow(("李四","21","男","22222222"))
```

说明：在【例 6-3-2】中，通过 csv 模块的 writer()方法构造了一个 writer 对象[writer()方法最常见的参数就是一个已打开且可写的文件对象，对应要写入的 CSV 文件，该方法返回一个 writer 对象]。writer 对象的 writerow()方法，其参数是要写入 CSV 文件的各字段值组成的元组或列表，该方法能将参数内容按指定格式或默认格式写入 writer 对象并作为它的一行，行分隔符默认为逗号。如果要使用其他行分隔符，则在构造 writer 对象时使用 delimiter 参数指定。

程序运行后，就会在代码所在的目录下生成 phonelist.csv 文件，文件内容如下：

```
name,age,sex,phone
张三,29,男,11111111
李四,21,男,22222222
```

注意：程序在使用 open()函数打开文件时，需指定参数 newline='',如果不指定，则用 writerow()方法写入时，会添加空行。

对写入的 phonelist.csv 文件，同样可用 csv 模块的 reader 对象读入。

【例 6-3-3】使用 csv 模块读入一个 CSV 文件。

```
import csv
with open("phonelist.csv","r") as csvfile:
    lines = csv.reader(csvfile)        #生成 reader 对象
    for line in lines:                 #从 reader 对象中遍历各行
        print(line)                    #line 对应 row 对象，是包含行中各字段的列表
```

说明：用 csv 模块的 reader()方法构造 reader 对象。reader()方法的参数可以是 CSV 文件名或文件对象，该方法的返回值为 reader 对象，是一个包含文件各行内容的列表，类似用文件对象的 readlines()方法得到的列表，但与其不同的是，列表中的元素不再是行对应的字符串，而是由行的各列组成的列表，称为 row 对象。程序中 for 循环的循环变量 line 对应的就是 row 对象，循环遍历 reader 对象的各个 row 对象并在标准输出设备上打印。

程序运行后，输出 CSV 文件中各行对应的列表：

```
['name', 'age', 'sex', 'phone']
['张三', '29', '男', '11111111']
['李四', '21', '男', '22222222']
```

另外,csv 模块还提供了 DictReader 和 DictWriter 类,使得开发者能够以字典的格式来读写数据。

【例 6-3-4】使用 DictWriter 类创建 CSV 文件。

```
import csv
with open('phonelist2.csv', 'w', newline='') as csvfile:      #打开文件写
        head = ['name','age','sex','phone']          #字段名列表
        #构造 DictWriter 对象
        writer = csv.DictWriter(csvfile, fieldnames=head)
        writer.writeheader()                          #写入标题(字段名)
        #写入数据行
        writer.writerow({'name': '张三', 'age': '29','sex':'男','phone':'11111111'})
        writer.writerow({'name': '李四', 'age': '21','sex':'男','phone':'22222222'})
```

该文件也可以用 DictReader 类读取。

【例 6-3-5】使用 DictReader 类读取 CSV 文件。

```
import csv
with open('phonelist2.csv') as csvfile :          #打开文件读
      reader = csv.DictReader(csvfile)            #构造 DictReader 对象
      for row in reader:            #遍历 DictReader 对象中的 row 字典对象
          print(row['name'], row['age'],row['sex'], row['phone'])
```

运行结果如下:

```
张三 29 男 11111111
李四 21 男 22222222
```

与前面的 reader 对象不同,DictReader 类对象中行对应的 row 对象,实际上是对应行中各字段值(值)与对应的字段名(键)组成的字典,应按字典的方式处理。

由于 CSV 文件格式简单、处理方便,在网络数据采集时,也经常会将获取的 HTML 表格数据写入 CSV 文件。

小练习

1. 以下关于 CSV 文件的说法中,错误的是(　　)。

A. CSV 文件可用来存储表格数据,并可用 Excel 应用程序打开

B. CSV 文件中各行用换行符分隔,行中列与列之间用逗号分隔

C. CSV 文件不是文本文件,必须用 csv 模块进行解析和处理

D. CSV 文件可以用 Windows 操作系统中的记事本程序打开和编辑

2. 假设执行以下代码:

```
import csv
with open("ranks.csv","r") as csvfile:
        lines = csv.reader(csvfile)
```

这里将 reader()方法的返回值赋给 lines 变量,以下有关 lines 变量的说法中正确的是(　　)。

A. lines 变量是一个列表，列表的每个元素是 CSV 文件中一行对应的字符串

B. lines 变量是一个列表，列表的每个元素是 CSV 文件中一行的各列组成的列表

C. lines 变量是一个字符串，包含 CSV 文件的所有行的内容，行之间用字符'\n'分隔

D. lines 变量是一个字符串，包含 CSV 文件的所有行的内容，行之间用字符','分隔

6.3.2　JSON 格式

JSON(JavaScript Object Notation，JavaScript 对象表示法)是一种轻量级的数据交换格式，它是基于 ECMAScript(欧洲计算机协会制定的 JavaScript 规范)的一个子集，采用完全独立于程序设计语言的文本格式来存储和表示数据。简洁清晰的层次结构使 JSON 成为理想的数据交换语言。

由于 JSON 格式的文档易于用户阅读和编写，同时易于机器解析和生成，因此数据处理中经常会遇到这种格式。

JSON 基于 JavaScript(简称 JS)脚本语言，语法也类似于 JS。在 JS 语言中，一切都是对象。JSON 是 JS 对象的字符串表示法，它使用文本表示一个 JS 对象的信息，本质是一个字符串。典型的 JSON 格式，如 JSON 对象，通常由键值对组成，键值对中的键名和值由冒号分隔，例如{"firstName"："Json"}。

任何 JS 支持的类型都可以用 JSON 格式表示，JSON 格式的主要数据类型包括字符串、值、对象和数组。

1. 字符串(string)

JSON 字符串是由双引号及其包括的任意数量的字符组成的集合，字符串内部的特殊字符可使用反斜杠(\)转义。一个字符为一个单独的字符串。

要注意的是，JSON 字符串的定义与 JS 或 Java 对字符串的定义一致，需用双引号括起来；在 Python 语言中，字符串既可用双引号也可用单引号括起来。如果在 Python 语言中定义 JSON 字符串，最外层可用单引号括起来，而内部的字符串用双引号括起来。如果字符串内还有特殊符号，应使用反斜杠转义。

一个 JSON 字符串可这样定义：

```
var json = '{"a": "Hello", "b": "World"}';
```

2. 对象(object)

JSON 对象是使用花括号括起来的内容，数据结构类似{key1:value1，key2:value2，…}的键值对结构，如图 6-3-1 所示。其中，key(键)为对象的属性，必须用字符串表示；value(值)为属性对应的值，可以是任意值类型。

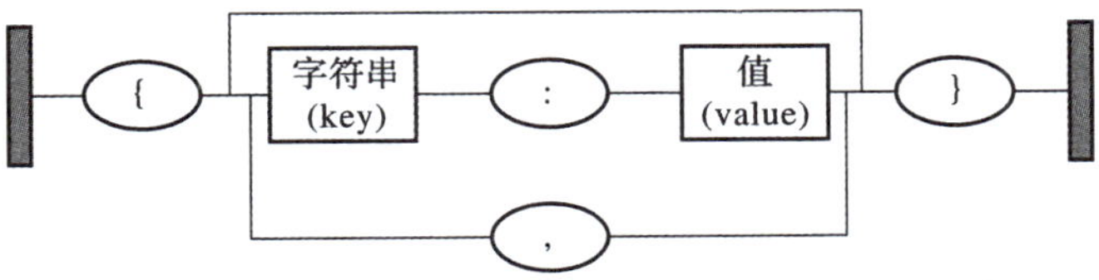

图 6-3-1　JSON 对象语法

JSON 对象很像 Python 语言中的字典，但不同的是 JSON 对象的 key 要求是字符串，不能是数字，所以如果 key 是常量的话，一般需用双引号括起来。

例如,一个 name 对象可定义如下:

```
{"firstName": "John", "lastName": "Smith"}
```

3. 数组(array)

JSON 数组与其他程序设计语言类似,使用方括号包括数组的元素,元素间用逗号分隔,如图 6-3-2 所示。数组的元素也可以是使用键值对的对象。但与 Python 语言的列表或元组不同,JSON 数组中所有元素的类型是相同的。

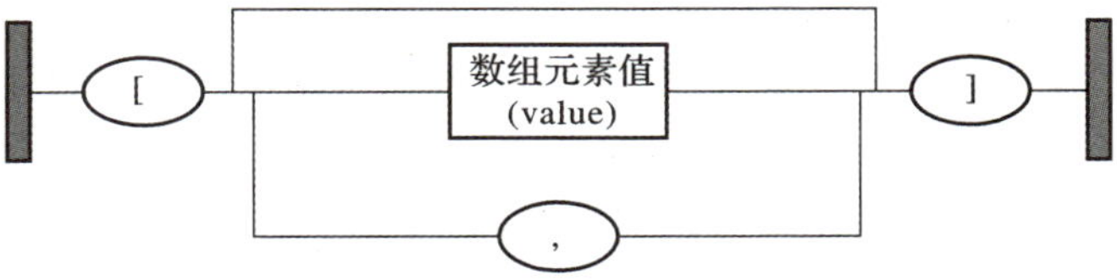

图 6-3-2 JSON 数组语法

以下是一个包含两个元素的对象,元素的 key 是字符串类型,value 均为数组,每个数组各含 3 个元素(这 3 个元素本身也是对象),如图 6-3-3 所示。

{"arrayOfNums":[{"number":0},{"number":1},{"number":2}],
"arrayOfFruits":[{"fruit":"apple"},{"fruit":"banana"},{"fruit":"pear"}]}

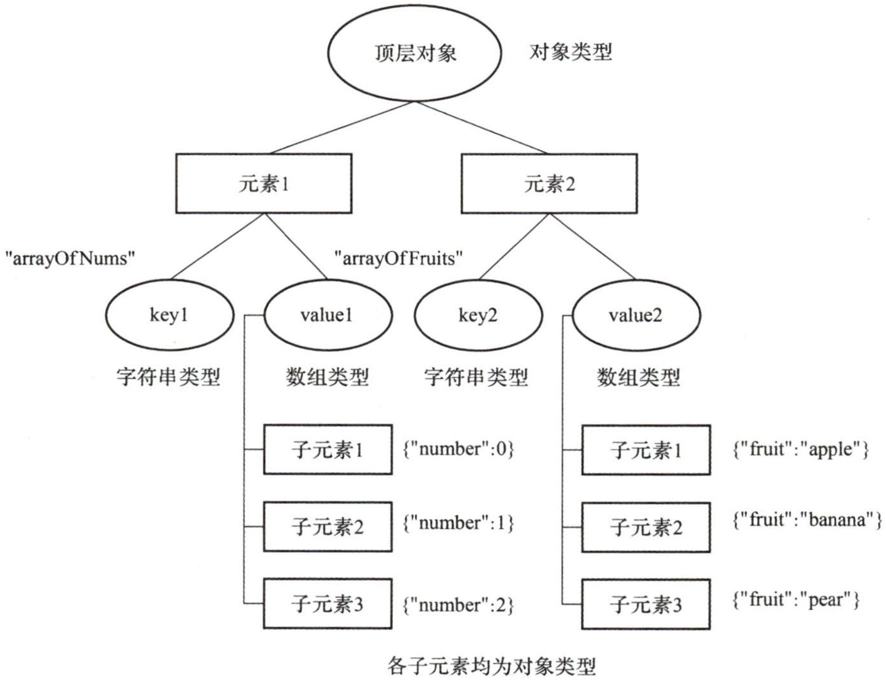

图 6-3-3 包括两个元素的对象结构

4. 值(value)

JSON 的值可以是双引号括起来的字符串、数值(number)、布尔值(boal)、空值(null)、对象或者数组,这些结构可以嵌套,如图 6-3-4 所示。

Python 语言中使用 json 模块来处理 json 格式的数据。JSON 模块包含在 Python 标准库中,不需要额外安装。使用时需要用 import 语句导入 json 模块。

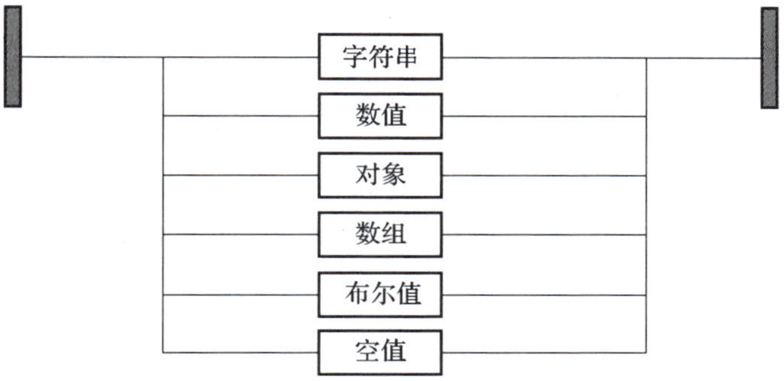

图 6-3-4　JSON 值语法

【例 6-3-6】使用 json 模块处理 JSON 格式数据。

程序实现代码如下：

```
import json
jsonString = '{"arrayOfNums":[{"number":0},{"number":1},{"number":2}],\
"arrayOfFruits":[{"fruit":"apple"},{"fruit":"banana"},{"fruit":"pear"}]}'
jsonObj = json.loads(jsonString)    #载入 JSON 格式字符串,返回字典对象
print(jsonObj.get("arrayOfNums"))    #获取字典中 key 为 arrayOfNums 的值(数组)
#获取字典中 key 为 arrayOfNums 的值(数组)的第 2 个元素(字典对象)
print(jsonObj.get("arrayOfNums")[1])
#获取字典中 key 为 arrayOfNums 的值(数组)的第 2 个元素(字典对象)中 key 为"number"的值
print(jsonObj.get("arrayOfNums")[1].get("number"))
#获取字典中 key 为 arrayOfNums 的值(数组)的第 2 个元素(字典对象)中 key 为"fruit"的值
print(jsonObj.get("arrayOfFruits")[1].get("fruit"))
```

运行结果如下：

```
[{'number': 0}, {'number': 1}, {'number': 2}]
{'number': 1}
1
banana
```

其中，loads()方法返回的是一个由参数类型决定的 Python 对象(指去除最外层引号后的实际对象类型，这里是字典对象)，该对象由 JSON 字符串中的键值对构成，可通过键来获得相应的值。

注意：载入字符串用 loads()方法，载入文件则用 load()方法，该方法的参数是一个 JSON 格式的文件对象。详细用法可参见 Python 文档 https://docs.python.org/3/library/json.html。

由于 loads()方法的参数要求是一个 JSON 字符串，如果已有的参数是 JSON 对象(字典)，则该对象不能直接作为参数使用，可用 dumps()方法或对象前后直接加引号使其变为 JSON 字符串类型。

【例 6-3-7】JSON 对象转为 JSON 字符串。

```
import json
dic = {"city1":[{1:-18,2:-15}],"city2":[{1:5,2:16}]}
jsonStr = "\"" + str(dic) + "\"" #将字典对象前后加双引号转为 JSON 字符串
```

```
#jsonStr = json.dumps(dic) #同样可将字典转为 JSON 字符串
jsonObj = json.loads(jsonStr) #loads 方法返回的 jsonObj 是与 dic 一样的 JSON 对象(字典)
print(jsonObj)
```

许多网站(特别是提供地图服务的网站)处理用户请求后返回的往往是 JSON 格式的数据。使用 json 模块结合网络爬虫,可方便地对爬取的数据进行处理。

小练习

1. 以下是 JSON 字符串的为(　　)。

A. "firstName"

B. {"firstName":"Json"}

C. '{"a":"Hello","b":"World"}'

D. [{"number":0},{"number":1},{"number":2}]

2. 以下关于 JSON 的描述,错误的是(　　)。

A. JSON 指的是 JavaScript 对象表示法

B. JSON 是存储和交换文本信息的语法,类似 XML

C. JSON 比 XML 体积稍大,但是更快,更易解析

D. JSON 是轻量级的文本数据交换格式

3. JSON 对象通常包含于(　　)之间。

A. 括号　　B. 花括号　　C. 单引号　　D. 圆括号

6.3.3 XML 格式

可扩展标记语言(extensible markup language,XML)是一种使用标签组织互联网信息内容的标记语言。它非常像 HTML,但与 HTML 不同,它的标签没有被预定义,而需要用户自行定义,其标签具有自我描述性,因此表达上更具灵活性。XML 的设计宗旨是传输数据,而非显示数据,它是由万维网联盟(W3C)推荐的开放标准,非常适合标准化传输数据,因此 XML 成为各种应用程序之间进行数据传输的最常用工具。

XML 被设计用来结构化存储及传输信息,它只表达信息,不做任何动作。

下面是张三写给李四的便签,存储为 XML 格式,命名为 note. xml。

```
<note>
<to>李四</to>
<from>张三</from>
<heading>会议提醒</heading>
<body>请别忘了周五下午的会议!</body>
</note>
```

该便签具有自我描述性,它拥有标题及留言,同时包含发送者和接收者的信息。需要说明的是,该文件中的标签(如<to>和<from>)没有在任何 XML 标准中定义过。这些标签由文档的创作者发明,这是因为 XML 没有预定义的标签。XML 允许创作者定义自己的标签和自己的文档结构。

该 XML 文件没有做任何动作,它仅仅是包装在 XML 标签中的纯粹的信息。通过编写软

件或者程序能够传送、接收和显示该文件。

XML 文件是一个纯文本文件。有能力处理纯文本的软件都可以处理 XML 文件(如可用记事本打开 XML 文件)。不过,能够读懂 XML 文件的应用程序可以有针对性地处理 XML 的标签。标签的功能性意义依赖于应用程序的特性。一般浏览器能打开 XML 文件,但其实看到的是 XML 源码,因为浏览器不会像解析 HTML 那样解析 XML。

XML 包含标签、元素、属性三种基本概念。

1. 标签

标签用于标识一段数据。标签必须成对出现,分别位于数据的开始位置和结束位置,分别称为开始标签和结束标签。结束标签以斜杠(/)开始,后面与开始标签相同,标签可嵌套使用。

2. 元素

被标签包围的数据称为元素。

3. 属性

元素可以具有属性,属性用来为元素提供额外信息。在 XML 中,属性必须在开始标签内部使用键值对指定。一个元素可以有多个属性,但它们的属性名不能重复。

XML 有相应的语法规则:XML 标签对大小写敏感,即大小写是有区别的,例如,<Message>AAA</message>的格式是错误的,因为标签的大小写必须保持一致;XML 必须正确地嵌套,例如,<b><i>This text is bold and italic</b></i>是错误的,因为<i>元素是在<b>元素内打开的,所以它必须在<b>元素内关闭;所有 XML 元素都必须有与开始标签对应的结束标签,XML 文件必须有根元素,XML 的属性值必须加引号,例如<note date=08/08/2008>应改为<note date="08/08/2008">。

XML 文件形成了一种树结构,它从“根”(称为根元素)开始,然后扩展到“枝叶”。XML 文件必须包含根元素,它是所有其他元素的祖先元素。根据树的层次结构,相邻两个层次中的上一层元素是父元素,下一层元素则为子元素,父元素拥有子元素。相同层级上的元素称为同胞(兄弟或姐妹)。所有元素均可拥有文本内容和属性。

名为 book.xml 的 XML 文件的内容如下:

```
<bookstore shelf = "Classics">
<book category = "CHILDREN">
    <title lang = "en">Harry Potter</title>
    <author>J. K. Rowling</author>
    <year>2005</year>
    <price>29.99</price>
</book>
</bookstore>
```

由此可知,成对出现、位于数据的开始和结束位置的就是标签,如<book></book>,<title></title>。标签中的数据主体称为元素。XML 元素指的是从开始标签直到结束标签的全部内容,如 year 元素的完整内容是<year>2005</year>。元素可包含其他元素、文本或者两者的混合物,也可以拥有属性。如 book 元素拥有属性 category,属性又分为属性名和属性值(通常以属性名=属性值的形式给出),category 是属性名,"CHILDREN"是属性值。book.xml 文件对应的树结构如图 6-3-5 所示。

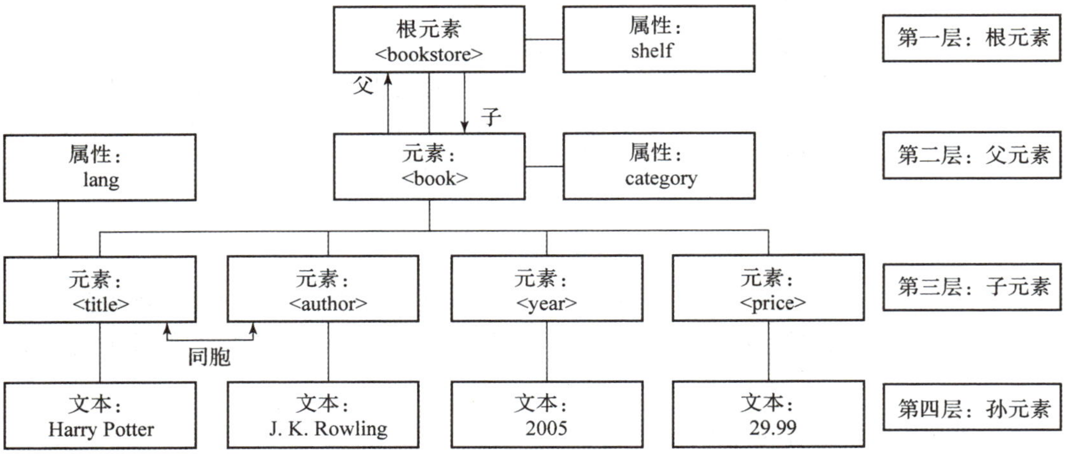

图 6-3-5　book. xml 文件对应的树结构

book. xml 文件中,根元素<bookstore>有子元素<book>,而<book>又是其他元素的父元素,<book>元素有 4 个子元素:<title>、<author>、<year>、<price>。而子元素标签包含的文本,如<year>标签包含的文本 2005,这里是作为<year>的子元素处理的。

Python 标准库中提供了相应的 XML 解析模块来处理 XML。最常用的两个 XML 数据处理 API 是 SAX 和 DOM 接口。

SAX(simple APIs for XML)接口是面向 XML 的简单 API,它基于事件处理方式并且是顺序进行的,即读到某个标签时才会调用相应的方法,因此不需要将数据存储在内存中,对处理大型文档具有优势。而 DOM(document object model,文档对象模式)接口是基于文档对象解析的,它是 W3C 指定的一套规范标准,核心是按树形结构处理数据,DOM 解析器读入 XML 文件并在内存中建立一棵“树”,该树的各节点和 XML 各标签完全对应,接口通过操纵此“树”来处理 XML 中的文件。与 SAX 的只读特性不同,DOM 允许更改 XML 文件,功能也更强。本书主要介绍 DOM 接口的使用。

Python 语言提供了 xml. dom. minidom 模块,可以方便地调用 DOM 接口。该模块包含在 Python 标准库中,不需要额外下载。使用时需先用 import 语句导入该模块。

以下是使用 DOM 接口的一个例子。针对后面给出的 sample. xml 文件,程序加载该 XML 文件并使用 xml. dom. minidom 模块的 parse()方法,该方法提供了一个简单的解析器,可以从 XML 文件快速创建一个 DOM 树。minidom 模块的详细文档可参见 https://docs.python. org/3/library/xml. dom. minidom. html。

解析 sample. xml 文件后,其中的各元素构成一棵 DOM 树,其 DOM 树的结构类似图 6-3-5,只是增加了两个父元素及下属的子元素和孙元素。

sample. xml 文件的内容如下:

```
<bookstore shelf = "Classics">
<book category = "COOKING">
    <title lang = "en">Everyday Italian</title>
    <author>Giada De Laurentiis</author>
    <year>2005</year>
    <price>30.00</price>
```

```
</book>
<book category = "CHILDREN">
    <title lang = "en">Harry Potter</title>
    <author>J. K. Rowling</author>
    <year>2005</year>
    <price>29.99</price>
</book>
<book category = "WEB">
    <title lang = "en">Learning XML</title>
    <author>Erik T. Ray</author>
    <year>2003</year>
    <price>39.95</price>
</book>
</bookstore>
```

【例 6-3-8】对 sample. xml 文件进行处理。

```
from xml.dom.minidom import parse
# Open XML document using minidom parser
DOMTree = parse("sample.xml")  #用 xml.dom.minidom.parse()方法构造 DOM 树
root = DOMTree.documentElement  #得到树中根节点(根元素 bookstore)
if root.hasAttribute("shelf"):  #打印根元素的属性值
    print ("Attribute of Root element : %s" % root.getAttribute("shelf"))
#获得 book 标签对应的所有元素(有 3 个 book 父元素)
books = root.getElementsByTagName("book")
# 打印每本书的信息
for book in books:#遍历 book 标签对应的所有元素(本例为 3 个)
    print ("*****Book*****")
    if book.hasAttribute("category"):  #如果当前 book 元素有属性 category
        print ("Category: %s" % book.getAttribute("category")) #打印属性值
    #在 book 父元素中查找标签为 title 的子元素
    title = book.getElementsByTagName('title')[0] #取结果列表的首个元素
    #打印<title>子元素的文本内容(文本是其子节点)
    print ("Title: %s" % title.childNodes[0].data)
    author = book.getElementsByTagName('author')[0]
    print ("Author: %s" % author.childNodes[0].data)
    year = book.getElementsByTagName('year')[0]
    print ("Year: %s" % year.childNodes[0].data)
    price = book.getElementsByTagName('price')[0]
    print ("Price: %s" % price.childNodes[0].data)
```

运行结果如下：

```
Attribute of Root element : Classics
*****Book*****
```

```
Category: COOKING
Title: Everyday Italian
Author: Giada De Laurentiis
Year: 2005
Price: 30.00
*****Book*****
Category: CHILDREN
Title: Harry Potter
Author: J. K. Rowling
Year: 2005
Price: 29.99
*****Book*****
Category: WEB
Title: Learning XML
Author: Erik T. Ray
Year: 2003
Price: 39.95
```

说明：

(1)xml.dom.minidom 模块的 parse()方法，能够通过一个 XML 文件名或文件对象来构造一个代表 DOM 树结构的 Document 对象。

(2)Document 对象的 documentElement 属性，能返回 XML 文件中主要元素的集合(本例为 collection)。通过该集合可以方便地获取 DOM 树中各层级的元素。如使用该集合的 getElementsByTagName("book")方法获得 book 标签对应的所有元素，【例 6-3-8】中有 3 个。

(3)随后程序用循环逐个打印每个 book 元素的属性和各自的子元素，属性值是通过 getAttribute(＜属性名＞)得到的，子元素同样是调用方法 getElementsByTagName(＜标签名＞)获得的，该方法返回带有指定标签名的所有元素的列表，这个列表实际上是 NodeList 对象，该对象代表一个有序的节点列表，列表中的节点可以通过索引号(下标)访问。在一个节点列表中，节点的排列顺序与它们在 XML 文档中被规定的顺序相同。因为上例中标签为＜title＞的子元素只有一个，所以列表只有一个元素，这里取索引值为 0。

(4)需注意的是，NodeList 对象的元素是 Element 对象，而 Element 对象包含的文本是作为其子节点处理的。例如，在＜year＞2005＜/year＞中，有一个元素节点(year)，同时此节点之下存在一个文本节点，其中含有文本(2005)。所以示例程序中又调用 childNodes 方法来返回元素的子节点的 NodeList，其元素是 DOM Text 对象，其 data 属性可返回属性对应的文本内容。

(5)对 NodeList 对象，其 length 属性可返回节点列表中的节点数量；其 item()方法可返回节点列表中指定索引号的节点。

小练习

1. XML 是一种(　　)。

A. 标准泛用标记语言

B. 扩展性标记语言

C. 超文本标记语言

D. 层叠样式表单，是.NET 托管程序的执行引擎

2. 以下 XML 文本定义中，(　　)是数据部分。

```
<Name StuNo = "10183903442">kalaiche</Name>
```

A. Name　　B. StuNo　　C. 10183903442　　D. kalaiche

3. 以下这行 XML 声明，表示该文档采用(　　)编码标准。

```
<?xml version = "1.0"?>
```

A. GB2312　　B. ANSI

C. Unicode UTF－8　　D. Windows－1252

4. DOM 对应的是(　　)概念。

A. XML 文档　　B. XML 文档对象模型

C. XML 模型语言　　D. XML 路径语言

5. 以下说法中错误的是(　　)。

A. XML 是 HTML 的一个子集

B. XML 包含标签、元素、属性三种基本概念

C. XML 的标签必须成对出现

D. XML 的标签没有被预定义，需要用户自己定义

6. 阅读下面 XML 文件的内容，以下说法中正确的是(　　)。

```
<book>
    <author>Giada </author>
    <price>30.00</price>
</book>
```

A. <book>是元素对象，同样也是文本对象

B. <author>是元素对象，同样也是文本对象

C. Giada 是文本对象

D. Giada 是元素对象

7. XML 格式如下，对应的 JSON 格式为(　　)。

```
<xml><xml>
<rows>
<interface>feth0</interface>
<description>aa</description>
</rows>
<rows>
<interface>feth1</interface>
<description>bb</description>
</rows>
<total>2</total>
</xml>scription>bb</description>
```

```
</rows>
<total>2</total>
</xml>
```

A. {"xml":{"rows":[{"interface":"feth0","description":"aa"},{"interface":"feth1","description":"bb"}],"total":"2"}}

B. {"xml":["rows":{"interface":"feth0","description":"aa"},"rows":{"interface":"feth1","description":"bb"},"total":"2"]}

C. {"rows":{"interface":"feth0","description":"aa"},"rows":{"interface":"feth1","description":"bb"},"total":"2"}

D. 以上都错

6.4 程序练习题

1. 考核评定

某职校对学员进行网络工程师岗位技能测试,测试由网络理论、网络组网实践和网络安全实践三部分构成,考核评定的规定如下:

(1)后两门实践课都达到 60 分,总分达到 180 分为合格;

(2)每门课达到 80 分,总分达到 255 分为优秀;

(3)总分不到 180 分或有任意一门实践课不到 60 分则不合格。

学员的考核成绩已经汇总到 student.txt 文件中,每行存放一位学员的考核成绩信息,依次为考号、网络理论成绩、网络组网实践成绩和网络安全实践成绩。

创建程序,实现功能:对该文件中学员的考核成绩进行评定,给出优秀、合格、不合格的评定结果,按每行一条记录(考号,评定结果)写到一个新文件中,如图 6-4-1 所示。

要求如下:

(1)编写函数 judge(L),L 是一个学生的三门课成绩列表,返回评定成绩字符串("优秀","合格","不合格")。

(2)编写函数 main(),打开文件 student.txt,逐条读入学生考核成绩记录,调用 judge()函数获得评定成绩。使用字符串构建输出文件文本,处理完所有学生成绩后,将字符串写入新文件 sturesult.txt 中。

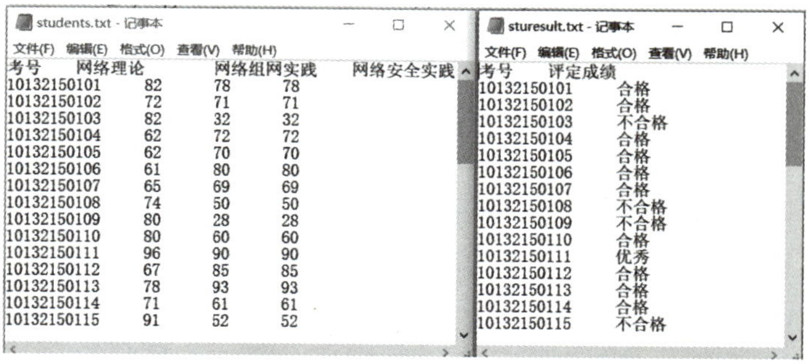

图 6-4-1 学员考核成绩与评定结果对比

2. 计算马拉松邀请赛平均成绩

创建程序，实现功能：文件 marathon.txt 中存放着某城市举办的国际马拉松邀请赛历届比赛成绩，每行为每届比赛前五位选手的成绩（小时:分钟:秒），数据间的分隔符为制表符。计算并在屏幕输出每届比赛的平均成绩（以小时:分钟:秒形式表示，秒数值保留 1 位小数），比赛年度和成绩之间以制表符相隔。同时统计并显示平均成绩快于 2:10:30 的年度赛事次数。

运行结果如下：

```
年度      平均成绩
2019 年   2:9:35.0
2018 年   2:10:10.8
2017 年   2:10:46.8
2016 年   2:12:23.4
2015 年   2:10:49.0
平均成绩快于 2:10:30 的年度赛事有 2 次。
```

要求如下：

(1)编写函数，形参为一组含有字符型数据的列表（某届比赛各位选手的成绩），函数计算并返回该组数据的平均成绩（通过整除和求余操作，先将各比赛成绩换算到秒后计算平均成绩（1 h=3 600 s，1 min=60 s），然后将结果换算成对应的小时、分钟和秒，以数值型列表[h,m,s]返回）。

(2)主程序读取 marathon.txt 内的数据，用每行数据中的比赛成绩构建字符型数据列表，调用函数 calcAvg(L)计算平均成绩。统计平均成绩超过 2:10:30 的年度赛事次数。

3. 统计文本文件中的行数和字符数

创建程序，实现功能：文本文件 abc.txt 中存放着若干行字符串，读入文本文件 abc.txt，统计文件中的行数和字符个数（不计回车符）并输出。文本文件 abc.txt 中的内容如下：

```
Hello
World!
Hi!
Computer
Good afternoon
Bye
```

运行结果如下：

```
行数为 6,字符数为 39
```

4. 气温数据统计

创建程序，实现功能：假设一年的日最高气温数据存放在 temperatures.txt 文件中，每行 10 个数据，编写程序，统计并输出一年的高温（最高气温为 35 ℃或更高）天数、舒适（最高气温为 10～35 ℃）天数及寒冷（最高气温低于 10 ℃）天数，最后显示平均气温。

运行结果如下：

```
高温天数:63,舒适天数:162,寒冷天数:140,平均气温:19.3 摄氏度
```

5. 统计总评成绩

文本文件 stu_score.txt 中存放着某班学生的计算机课程的成绩，共有学号、平时成绩、期末成绩三列。请根据平时成绩占 40%、期末成绩占 60% 的比例计算总评成绩(取整数，为简单起见，直接转 int 类型，不需四舍五入)，并在标准输出设备上输出。每个学生的记录占一行，每行包括学号和总评成绩两列，中间用制表符分隔。

创建程序，实现以上功能，文本文件 stu_score.txt 中的内容如下：

```
10101611101  75  69
10101611102  52  45
10101611103  81  76
10101611104  77  71
10101611105  78  73
```

运行结果如下：

```
10101611101     71
10101611102     47
10101611103     78
10101611104     73
10101611105     75
```

6. 词频统计

创建程序，实现功能：读入一个 freedom.txt 文件，自动生成一个词汇表，计算每个词在文件中出现的次数，将词汇表输出到一个文件中保存。注意：两个单词之间只有字母大小写形式不同应视为一个单词，例如，let 和 Let 是一个单词，都转化为小写字母后处理。创建程序，实现以上功能。

freedom.txt 文件的内容摘选自马丁·路德·金的演讲稿 *I have a dream*(《我有一个梦想》)，运行结果如图 6-4-2 所示。

```
file name:freedom.txt
Word frequency table:

alleghenies     1    and             1    but          1
california      1    colorado        1    curvaceous   1
every           2    freedom         8    from         8
georgia         1    heightening     1    hill         1
let             8    lookout         1    mighty       1
mississippi     1    molehill        1    mountain     2
mountains       1    mountainside    1    new          1
not             1    of              7    only         1
pennsylvania    1    ring            8    rockies      1
slops           1    snowcapped      1    stone        1
tennessee       1    that            1    the          4
york            1
```

图 6-4-2　运行结果

提示：

(1)单词分离前，先将文件中标点符号等特殊字符替换为空字符。

(2)统计前，将所有单词转换为小写，使用集合可以删除重复单词，获取单词表。按单词表组织循环再计数。

(3)列表的 count()函数可以统计元素的个数。

7. 利用两个城市的平均气温数据完成分析任务

北方甲市和南方乙市某一年 1 至 12 月的月平均气温统计表如表 6-4-1 所示。

表 6-4-1　北方甲市和南方乙市某一年 1 至 12 月的月平均气温统计表

月平均气温/℃		月份											
		1	2	3	4	5	6	7	8	9	10	11	12
城市	北方甲市	−18	−15	0	10	24	28	30	30	25	12	5	−10
	南方乙市	5	16	20	25	30	35	38	38	35	30	20	15

假设表 6-4-1 中的数据已放入两个字典变量：

```
city1 = {1:-18,2:-15,3:0,4:10,5:24,6:28,7:30,8:30,9:25,10:12,11:5,12:-10}
city2 = {1:5,2:16,3:20,4:25,5:30,6:35,7:38,8:38,9:35,10:30,11:20,12:15}
```

使用 Python 语言编程，完成以下功能。

(1)编写程序 1，将这两个城市的气温数据写入一个 CSV 文件，文件名为 city_temp.csv，格式如下：

```
城市,月份 1,月份 2,…,月份 12
北方甲市,-18,-15,…,-10
南方乙市,5,16,…,15
```

(2)利用(1)中生成的 CSV 文件，编写程序 2 求这两个城市的月平均最高气温和最低气温分别出现在几月份，分别是多少。

(3)利用(1)中生成的 CSV 文件，编写程序 3 求这两个城市哪个月的温差最大，差多少。

(4)假如某一农作物的生长周期为 7 个月，要求月平均气温不低于 20 ℃，利用(1)中生成的 CSV 文件，编写程序 4 判断这两个城市是否满足该农作物的生长要求。

(5)利用(1)中生成的 CSV 文件，编写程序 5 读取该 CSV 文件，将数据构造成 JSON 字符串的形式并在标准输出设备显示，每个城市对应一个 JSON 字符串。

JSON 字符串的结果应与如下输出结果类似：

```
北方甲市:{1: -18, 2: -15, 3: 0, 4: 10, 5: 24, 6: 28, 7: 30, 8: 30, 9: 25, 10: 12, 11: 5,
12: -10}
南方乙市:{1: 5, 2: 16, 3: 20, 4: 25, 5: 30, 6: 35, 7: 38, 8: 38, 9: 35, 10: 30, 11: 20, 12: 15}
```

8. 各省城市分析

假设文件 citys.xm 中以 XML 格式存放了中国各省/自治区的主要地级城市名称，格式类似如下。使用 Python 的 xml.dom.minidom 模块对该文档进行解析，完成如下功能。

(1)编写程序 1，统计浙江省的地级城市有几个，分别是哪些。

(2)编写程序 2，统计我国哪个省/自治区的地级城市最多，输出数量和各城市名称(如符合要求的省不止一个，找到第一个符合要求的即可)。

本章范例与参考答案

第 7 章

类 和 对 象

本章概要

早期的计算机程序设计方法是面向过程的，即先分析解决问题所需要的步骤，然后采用函数等手段逐步实现。随着计算机技术的发展，计算机需要处理的问题越来越复杂，所开发的系统也越来越庞大，使用面向过程方法处理这类问题时，逻辑变得过于复杂，编写的代码量大且难以理解，同时也无法有效解决重用、维护和系统扩展的问题，因此需要一种新思想、新方法来解决此类问题，于是就产生了面向对象的程序设计思想。面向对象的主要思想是使计算机直接模拟现实世界，以人类解决问题的思路、方法和步骤来分析设计，开发相应的应用系统。

本章主要介绍面向对象思想、面向对象中的基本概念及 Python 面向对象程序设计的基本方法。

学习目标

完成本章的学习后，读者应达到如下目标：

(1)理解面向对象思想；

(2)掌握面向对象中的基本概念；

(3)理解 Python 面向对象程序设计的基本思路；

(4)掌握 Python 类和对象的基本语法。

7.1 面向对象思想

面向对象思想

计算机问题求解的过程，实际上是将人们所关心的现实世界映射到计算机世界的过程：首先在正确认识现实世界(问题域)的基础上，借助某种建模思想建立相关模型，然后根据所建模型使用某种程序设计语言编程，最后将程序交由计算机执行。

目前计算机程序设计方法主要有两类：一类是面向过程方法，另一类是面向对象方法。在面向过程方法中，在正确分析问题域的基础上，借助流程图等手段建模并使用面向过程语言编程进行问题求解；在面向对象方法中，在正确认识现实世界的基础上，借助面向对象思想建模，并采用面向对象语言编程进行问题求解。

面向对象是一种思想、一种方法，它力求更客观、更自然地描述现实世界。面向对象更符合人们的认知习惯，可使计算机世界更贴近现实世界。

7.1.1 面向对象思想概述

自20世纪80年代以来，面向对象思想已深入计算机问题求解领域的各个方面。它不仅是用于解决具体问题的某种软件开发技术，更是关于如何看待计算机世界与现实世界之间的关系，以及用什么观点来分析研究问题并进行问题求解的思想与方法。它力求更客观、更自然地描述现实世界，使分析、设计和系统实现的方法与人们认识客观世界的自然思维方式尽可能一致。

1. 面向过程方法和面向对象方法的区别

在传统的面向过程方法中，系统分析、设计是围绕结构化体系模型进行的：首先将需要求解的问题域视为需要处理的一个大过程，其次进行功能分析，将系统（大过程）分解为若干个子功能模块（子处理过程）。根据问题的性质和复杂程度，子处理过程又可细化成更小的过程，直至整个系统被分解为一个个易于处理的细分过程，然后再解决系统的整体控制问题。在传统开发方法中，数据与过程常常分离，缺乏对问题基本组成元素的完整分析，也欠缺灵活性，尤其是当需求功能变化时，将导致大量修改，不易维护。

为了克服传统开发方法的不足，面向对象方法解决问题的思路是从现实世界中客观存在的事物入手，强调直接以问题域（现实世界）中的客观事物为中心来认识问题、分析问题，并根据这些事物的本质特征，把它们抽象地表示为计算机系统中的对象，把对象作为系统的基本构成单位，又通过将对象之间的相互作用、相互联系映射到计算机系统来模拟现实的客观世界。

2. 面向对象方法的主要优点

与较为传统的面向过程方法相比，面向对象方法的主要优点如下。

1. 自然高效

面向对象方法运用人们认识客观世界的自然思维方式来处理问题，使得软件开发者对问题域的认识更为透彻，并能以人们容易理解的方式表述出来，从而使从需求分析到系统设计的转换更加自然。

同时，由于系统是根据应用领域中的真实对象建模的，因此开发者能更有效、全面地理解问题模型的各个方面，整个开发工作更高效。

2. 易于重用

在分析问题时，面向对象方法要求透过事物表象抓住本质特征，通常在此基础上创建的对象（类）在其问题域中具有普适性，因而对象可应用于其他类似问题中。

开发者在创建某个类后，可以在包含该类对象的许多系统中重用它。若新系统具有新特征，可将类扩充，即在保持原有类的所有特性的基础上，通过添加新特征来重用原来的工作成果。

3. 便于维护

面向过程方法强调功能模块（过程）的实现方法，在具体实现时由于模块（过程）与数据分离，因而软件的开发与维护都较为困难。

而面向对象方法立足于对问题域中的事物（对象）及其相互关系进行透彻分析，因而，在此基础上完成的设计通常比较简洁且易于理解。同时，由于将数据和处理这些数据的操作作为一个整体——对象来处理，对象相对独立，因而一个对象的修改对其他对象的影响很小，系统开发出的类和对象会比较健壮，从而增强了系统的灵活性和扩展性。

小练习

以下关于面向对象方法的优点的叙述中,不正确的是(   )。

A. 符合人类习惯的思维方法　　B. 以功能分析为中心

C. 良好的可重用性　　D. 良好的可维护性

7.1.2　面向对象中的基本概念

1. 类和对象

顾名思义,面向对象方法是把一切事物都看作对象,而把类似事物的共同特征抽象出来称为类。类定义一类事物的特征,就像一个模板,需要时可以按照这个模板创造出一个具体的对象。在面向对象的程序设计语言中,程序具体操作的都是对象,而类只是描述一类对象共性的模板。

例如,工作台上有一盏台灯,这盏台灯就是一个对象,它拥有亮度、色温、电压等属性,还有一个操作界面——开关,按一次就打开,再按一次就关闭。

经过仔细思考,可以发现所有的灯基本都有这些属性和操作界面,所以可以抽象出一个“灯”类,具有亮度、色温、电压这些属性,提供一个接口,即开关。不管什么灯,其属性和接口都叫一样的名字,操作方法都一样。使用灯的人(或者其他程序,现在有很多可以通过计算机控制的灯),只需要与“开关”这个接口打交道,而不必关心灯内部的设计和原理。这是很伟大的设计思想,不仅实现了模块化,而且用现实世界作参照,易于理解和掌握。

2. 属性和方法

在程序设计过程中,经常需要对标现实世界中的事物进行抽象(abstract),抽象是为了更高效地描述现实世界而进行的“取舍”,只要抓准核心特征,其他的都可以省略,从而节省工作量。

图 7-1-1 中人们很容易认为这两个主体类似恐龙,但也很清楚它们肯定不是真实的恐龙,却已然接受这是两个漫画恐龙的形象。

图 7-1-1　抽象示例

这种描绘方式就是抽象,很多“没必要”的细节都被去掉了(没有被采用),留下 3 个特征,一个是头,一个是双眼——甚至那双“眼睛”都抽象到只剩下一个黑点,一个是尾巴。在前面关于灯的例子里,也忽略了灯的形状、尺寸、颜色、质地等特征。

“必要性”和具体问题有关,如果关注的是室内设计问题,那可能灯的大小和颜色就很重要了,也需要添加到抽象出来的类中。

这种被选出来的“必要的特征”称为对象的属性(attributes),进而这些抽象的对象实际上也能做一些抽象过后被保留下来的“必要的行为”,如说话、哭、笑,这些行为称为对象的方法。

从面向对象的程序设计语言角度去看世界,要定义一类事物,就需要建立一个类。类定义如下两类内容。

(1)属性:用自然语言描述,通常是名词,表示这类事物拥有的共同特征。

(2)方法:用自然语言描述,通常是动词,表示可以对这类事物做什么,或者请求它做什么。

面向对象的程序设计语言会在需要时用这个类作为模板,创建出一个具体的对象,让开发者很方便地操作这个对象,就像操作一件真实的物品。

这种思维模式非常经济，而且易于理解：基于现实世界的参照物，去掉不必要的东西，只留下有用的抽象模型。

3. 访问控制

面向对象的程序设计语言允许设置类的属性和方法是否对外可见，外部可以访问的叫作公有的(public)，不可见的叫作私有的(private)。

这种设计是为了贯彻"责任分离"的原则，如果类中有些数据和过程只被类自己内部使用，那么它们就不应该被外部看到，从而留下最大限度的修改灵活性；而所有公有属性和方法会被其他程序使用，其输入/输出的规格需要尽可能稳定，否则一旦修改就会造成大量的级联修改，非常麻烦而且容易出错。

简而言之，类的公有部分就像店铺的门面招牌，店铺内部可以随便布置，但招牌轻易不能动。

公有属性和方法因为具有这样特殊又重要的定位，又称为接口(interface)。接口的意义重大，有的面向对象的程序设计语言把接口单独拿出来，作为和类一样的关键字。

4. 抽象层次

面向对象方法通过将现实世界的事物抽象为类来实现"分而治之"，接下来通过多层次抽象来加强"责任分离"，同时带来更清晰和优雅的"复用"。

延续灯的例子，现有一种新式灯，除了拥有一般灯的特征，还可以多挡调节亮度，这种新式灯已经拥有一般灯的所有属性和方法，只需再增加"亮度范围"的特征和一个"调节亮度"的方法即可。那么是不是要把"灯"这个类照抄一遍，再加上这些新东西呢？在编程的世界里存在长得(几乎)一模一样的两个东西永远是不好的，因为它们有相当大的部分是可以复用的，如果另起炉灶从头做，既重复劳动又不好维护。面向对象的方法为此提供了现成的解决方案：继承和子类。

面向对象的程序设计语言允许"灯"类创建一个子类(sub-class)，子类拥有父类的一切(不需要再写一遍)，然后子类还可以拥有自己添加的任何东西，称为继承(inheritance)。

"灯"类处理电压、亮度、色温和开关，"可调亮度灯"类继承了这一切，再处理调节亮度的问题，做到了责任分离。这个操作可以一直做，从"灯"类开始，还可以派生出各种各样的灯，如会变色的灯、分挡调亮的灯和无级调亮的灯等。

与继承相反，还有一种反向操作，就是抽象出更一般性的类，这叫作泛化(generalization)。比如，除了灯以外，还有别的事物也是带一个开关的，如水龙头、电扇、电视等，那么可以将所有有开关的事物抽象出一个"可开关设备"类，该类只有一个方法"开关"，并把"灯"类里关于开关的处理代码移动到"可开关设备"类里，然后让"灯"类继承"可开关设备"类，这样"灯"类仍然保持以前的属性和方法，并且在创建其他可开关设备的类(如"电视"类)时，就可以继承"可开关设备"类，直接得到"开关"这个方法的所有逻辑和代码。

面向对象方法和程序设计语言提供了强有力的抽象和建模工具。软件开发者分析现实世界的问题和概念，然后建立对应的类来描述不同概念的属性和方法，把更一般性的共性用"泛化"抽象成公共的父类，根据需要"派生"出特定的子类，就能建立一个现实世界在计算机里的模型，而当现实世界的事物发生变化时，只要找出变化部分对应的类相应地修改即可。

现实世界映射是面向对象方法中常用的手段，但也有很多类并不来源于现实世界的事物，而只是为了满足抽象需要，如"可开关设备"类，就是一个抽象的共同特征而已。

5. 多态

多态(polymorphism)是理解面向对象方法的一个分水岭，很多专家认为多态是比继承更本质的概念,因为继承有替代方案,而多态没有。

还是回到灯的例子,“可调亮度灯”类的“亮度”这个属性,其实和不可调亮度的灯有差别,它到底是指最低亮度、最高亮度还是当前亮度呢?我们选择的方案是用这个属性来指当前亮度,而增加一个亮度范围来描述可调的最低、最高亮度。这种情况在实际软件开发实践中很常见,就是子类对父类定义过的属性或者方法会有一定的修改或者特化,在面向对象的术语中,这种修改和特化称为覆盖(override)。

实现一个获取灯的当前亮度的功能,该功能对所有灯都适用,所以应该在父类“灯”里添加这个“获取亮度”的方法,这样“灯”类及其所有子类都有了这个功能。当然,在“可调亮度灯”类里,这个获取亮度的方法会有区别,可以重写这个方法的实现代码,但接口遵循父类的定义没变,还是返回亮度数值,这种父类和子类“接口一致但实现各异”的做法称为面向接口程序设计(interface-based programming),是实现多态的一个关键前提。

假设需要开发一个家里所有灯都统一使用的中央控制系统,这个系统能显示所有灯的亮度,若家里有 10 盏灯,那么就有 10 个灯的对象,有的是“灯”类的,有的是“可调亮度灯”类的,有的是其他类的,这些灯的对象在安装时就已创建好并放在中央控制系统中,用一个列表 lights_in_house 保存。

这个列表里的对象要么是“灯”类对象,要么是某个子类对象,所以都有“获取亮度”方法,显示所有灯亮度的方法的代码如下:

```
for light in lights_in_house:
    display(light.brightness())
```

注意:获取灯的亮度是用 light.brightness()方法实现的,这个 light 可能是不同类的对象,程序在运行时才知道实际上是什么类,程序运行中会根据它的类型自动运行那个类对应的代码来获取亮度,不管它是一般灯还是可调亮度灯。

这就意味着,在编写代码的时候可以不管一个对象是什么类的对象,只要它支持某个属性或者方法,就可以直接使用,程序设计语言(编译器、运行环境或解释器)会在运行时自动根据其实际类型执行正确版本的代码。简单地说,这就是面向对象语言的多态特性。

这是一种强大的责任分离(separation of concern)工具,上面的例子中,为了显示亮度,完全不需要知道“灯”类有哪些子类,只要知道“灯”和它的子类都有 brightness 这个属性就行了,只要这一点不变,上面那段代码就一直成立,不管以后买了什么奇奇怪怪的灯,给“灯”类扩展了多少子类,都不影响上面那段代码。多么优雅而又方便!

小练习

1. 以下选项中不属于面向对象要素的是(　　)。

A. 对象　　B. 类　　C. 过程　　D. 继承

2. 以下关于对象属性和方法的叙述中,正确的是(　　)。

A. 属性是描写静态特性的数据元素,方法是描写动态特性的一组操作

B. 属性是描写动态特性的一组操作,方法是描写静态特性的数据元素

C. 属性是描写内在静态特性的数据元素,方法是描写外在静态特性的数据元素

D. 属性是描写自身动态特性的一组操作,方法是描写作用于外界的动态特性的一组操作

3. 关于类继承的叙述中，错误的是(　　)。

A. 一个基类可以有多个子类，一个子类可以有多个基类

B. 继承描述类的层次关系，子类可以具有与基类相同的属性和方法

C. 一个子类可以作为其子类的基类

D. 子类继承了父类的特性，故子类不是新类

4. 面向对象方法中，用________表示事物的性质，用方法表示事物的行为。

5. ________是对现实世界中一组具有共同特征的事物的抽象描述，即一组具有相同数据结构和相同操作的客观实体的集合。

6. 类的具体化就是________。

7. 面向对象的三大特性是：封装、________和多态。

8. 面向对象的继承性和________相结合，可使开发的软件系统具有更广泛的重用性和可扩充性。

7.2　Python 中的类和对象

Python 中的类和对象

7.2.1　类和对象的创建

在 7.1 节中讲解了面向对象程序设计的基本思想，本节将通过具体的 Python 实例学习如何编写基于面向对象程序设计的代码。

1. 类的定义

在 Python 语言中，类用 class 关键字定义。基本格式如下：

```
class 类名:                     #定义类
    [类变量名 = 初始值]          #定义类变量
    [def 方法名(self，参数)      #定义类方法
       方法体]
```

说明：

(1)关键字 class 后接类名，随后是定义类的类体代码，通常由各种各样的定义和声明组成；

(2)类属性用类中的数据成员(变量)描述；

(3)类中的方法类似函数，但类的方法定义中的第一个参数是一个强制性参数(按惯例命名为 self)，它在所有方法的声明中都存在，该参数代表实例(对象)本身，当用实例(对象)调用方法时，不需要将 self 传递进来，因为系统会自动将其传入。

2. 类的实例化

对象通过类的实例化获得，格式如下：

```
对象 = 类名([参数])
```

对象创建后，可获取其属性，格式如下：

```
对象.属性名
```

还可以应用对象的方法，格式如下：

```
对象.方法名([参数])
```

【例 7-2-1】 创建 Lamp 类并实例化。

在 7.1 节中提到了各种各样的灯，无论是 LED 灯，还是台灯、煤气灯，都可以抽象为“灯”类，接下来定义一个 Lamp 类，该类只有一个方法 open_switch()，然后实例化一个对象 lp，该对象调用方法 open_switch()。

```
class Lamp:
    def open_switch(self):
        print(f'The lamp is on.')

lp = Lamp()
lp.open_switch()
```

运行结果如下：

```
The lamp is on.
```

注意：上述类方法 open_switch()的定义中必须含有参数 self。对象 lp 被创建后，其调用 lp. open_switch()方法时不需要给予参数，因为系统自动将对象 lp 作为参数 self 传递给方法 open_switch()，即此时的 self 代表对象 lp 本身。

接下来看对象属性的使用。

【例 7-2-2】 在 Lamp 类中添加对象属性：名称和电压，并添加相关方法，以介绍灯对象。创建 Lamp 对象 lp，操作对象 lp 的属性和方法。

```
class Lamp:
    def open_switch(self, name):
        self.name = name
        print(f'The {self.name} is on.')
    def introduction(self, v):
        self.voltage = v
        print(f'This {self.name} need {self.voltage} voltage.')

lp = Lamp()
lp.open_switch("desk_lamp")
lp.introduction(220)
print(lp.name, lp.voltage)
lp.name = "kitchen_lamp"
lp.introduction(110)
print(lp.name, lp.voltage)
```

运行结果如下：

```
The desk_lamp is on.
This desk_lamp need 220 voltage.
desk_lamp 220
This kitchen_lamp need 110 voltage.
kitchen_lamp 110
```

说明：

(1)open_switch()方法的定义中增加了参数 name，当对象 lp 调用方法 open_switch()时，需要提供一个实际参数 desk_lamp，Python 解释器自动将对象 lp 的地址作为第一个参数传递给 self。introduction()方法也是如此。

(2)在类中以 self. 为前缀的变量称为对象的属性，self. name 和 self. voltage 是对象的属性，通过参数 name 和 v 获取值。值得注意的是，对象的属性的有效范围是所有对象的方法，所以 self. name 在 open_switch()方法中定义，它可以在 introduction()方法中使用，这是与局部变量的不同之处。

(3)可以通过类的实例化对象来访问对象的属性。lp. name 和 lp. volitage 对象可以理解为对象 lp 的属性 name 和 volitage，可以访问 lp 对象的属性，也可以通过赋值语句修改 lp 对象的属性。

小练习

1.【例 7-2-2】主要用于说明 Python 类的方法中参数的处理方式，若在求解实际问题时仍使用 open_switch(self, name)方法，有何不妥？你认为比较妥当的处理方式是什么？

2. 在 Python 语言中，定义类的关键字是________。

3. Python 类的普通方法中的第一个参数具有特定含义，代表的是________。

4. 对象方法和一般函数有何区别？

7.2.2 特殊的类方法和类属性

1. __init__()方法

在【例 7-2-2】中定义的 open_switch(self,name)方法中包含参数 name，每次调用该方法时都需要提供实参给 name，若多次使用则需要多次提供。一般情况下，对象的名称起好后不会改变，因此每次调用此 open_switch(self,name)方法都给予 name 的做法显得不太妥当。可以考虑在对象刚创建时为其设置名字，以后在需要时直接使用即可(假定在所讨论的问题中名字保持不变)。

可以在类定义中添加__init__()方法，该方法为构造方法，构造方法是一个特殊的方法，一般对象属性的赋值都是在这个方法中实现的，每当根据类实例化对象时，Python 解释器都会自动执行该方法。这个方法的名称__init__中，开头和末尾各有两个下画线，这是为了避免 Python 默认方法与普通方法发生名称冲突。

【例 7-2-3】 定义 Lamp 类，创建对象时直接给对象属性赋值。

```
class Lamp:
    def __init__(self,name, v = 220):
        self.name = name
        self.voltage = v
    def open_switch(self):
        print(f'The {self.name} is on.')
    def introduction(self):
        print(f'This {self.name} need {self.voltage} voltage.')


lp1 = Lamp("desk_lamp")
```

```
lp1.open_switch()
lp1.introduction()
lp2 = Lamp("kitchen_lamp", 110)
lp2.open_switch()
lp2.introduction()
```

运行结果如下：

```
The desk_lamp is on.
This desk_lamp need 220 voltage.
The kitchen_lamp is on.
This kitchen_lamp need 110 voltage.
```

说明：

(1)在 Lamp 类的定义中加入了__init__()方法，在该方法中创建了两个对象属性 name 和 voltage，该方法的第三个参数 v 使用默认参数。

(2)需要注意的是，执行语句 lp2=Lamp("kitchen_lamp",110)，即创建对象 lp2 时，系统自动调用__init__()方法，即该方法无须显式调用，这就是__init__()方法的特殊之处。由于第一个参数 self 不需要处理，因此只需要传递两个实际参数 kitchen_lamp 和 110 给对应的第二个和第三个形参即可。

(3)创建 lp1 对象时，没有给出电压的实参值，参数 v 采用默认值 220。

2. __str__()方法

__str()__方法也是类的一个特殊方法，用来输出对象的字符串表达形式。Python 语言输出基本数据类型实际上都是通过类的__str__()方法实现的。

【例 7-2-4】print()函数和__str__()方法。

定义一个整型变量 a，查看它的数据类型并通过 print()函数输出。

```
>>> a = 5
>>> print(type(a))
    <class 'int'>
>>> print(a)
    5
>>> print(a.__str__())
    5
```

可以看到，即使是整型变量，其底层实现也是 int 类型；从本例代码可以发现对象 a 的__str__()方法返回的是字符串类型的数据，通过 print()函数可以实现与输出__str__()方法的返回值一样的效果。

如果直接对自定义类的实例化对象使用 print()函数输出，默认会得到对象的内存地址，若要输出指定内容，可对__str__()方法进行改写。__str__()方法最终需要返回一个字符串类型的数据，使用 print(<对象变量>)时，直接输出该类__str__()方法中返回的字符串数据。

【例 7-2-5】自定义类的__str__()方法示例。

将【例 7-2-4】中 Lamp 类的 open_switch()方法改写为__str__()方法，返回一个字符串。

```
class Lamp:
    def __init__(self,name, v=220):
        self.name = name
        self.voltage = v
    def __str__(self):
        return f'The {self.name} is on.'
    def introduction(self):
        print(f'This {self.name} need {self.voltage} voltage.')
lp = Lamp("desk_lamp")
print(lp)
lp.introduction()
```

运行结果如下：

```
The desk_lamp is on.
This desk_lamp need 220 voltage.
```

注意：可以看到，改写__str__()方法，返回并输出一个字符串，通过 print()函数直接输出对象 lp，会输出指定的字符串数据。

3. 类变量

类定义中直接出现的变量称为类变量，这种变量是整个类共有的，所有该类的对象实例共享类变量，即一个类的变量一经定义后，在其生存期间，任何对象对其所做的修改都会保存并反映到所有对象上。

【例 7-2-6】类变量示例。

```
class Lamp:
    numbers = 0
    def __init__(self,name, v=220):
        self.name = name
        self.voltage = v
        Lamp.numbers += 1
    def __str__(self):
        return f'The {self.name} is on.\nNumbers = {Lamp.numbers}'

    def introduction(self):
        print(f'This {self.name} need {self.voltage} voltage.')

lp1 = Lamp("desk_lamp")
print(lp1)
lp2 = Lamp("kitchen_lamp", 110)
print(lp2)
print(lp1)
```

运行结果如下：

```
The desk_lamp is on.
Numbers = 1
The kitchen_lamp is on.
```

```
Numbers = 2
The desk_lamp is on.
Numbers = 2
```

说明：

(1)对象 lp1 的实例变量 name 为 lp1 所有，经初始化后其 name 值为 desk_lamp，对象 lp2 的实例变量 name 为 lp2 所有，经初始化后其 name 值为 kitchen_lamp，两者不相关。类变量 numbers 为 lp1 和 lp2 共享，lp1 和 lp2 生成后，类变量 numbers 为 2，此时无论是 lp1 还是 lp2，使用该 numbers 时其值均为 2。

(2)在使用类变量时，类变量名前应指明类名，如【例 7-2-6】的 Lamp. numbers。在主程序中，还可以使用实例化对象访问类变量。当然，不同实例化对象访问到的类变量的值是一样的，读者可以自行验证。

小练习

1. 当 Python 程序中的一个类定义了(　　)方法时，类实例化时会自动调用该方法。

A. auto()　　B. __auto__()　　C. init()　　D. __init__()

2. 当 Python 程序中的一个类定义了__str__()方法，这个方法的返回值是(　　)。

A. 整数　　B. 字符串　　C. 列表　　D. 没有返回值

3. Lamp 类中定义了类变量 numbers，lp1 和 lp2 是 Lamp 类的两个对象，以下调用类变量的方法错误的是(　　)。

A. lp1. numbers　　B. lp2. numbers　　C. Lamp. numbers　　D. self. numbers

4. Python 语言中的类变量与对象(实例)变量有何区别？类变量有何作用？

7.2.3 公有和私有

1. 公有属性和私有属性

Python 语言中默认的属性和方法，除了__init__()方法外，其余都是公有的。公有是指无论在类定义还是实例化对象中，都可以显式地调用。

在大型项目的开发过程中，一个类可能包含大量的属性和方法，对于实例化对象的使用者来说，一些属性和方法并不是他们要关心的，可以在类定义中定义私有的属性和方法，私有属性仅允许类定义时的方法使用。

定义私有属性或方法时，在名称前添加两个下画线即可。

【例 7-2-7】私有属性示例。

```
class People:
    def __init__(self, name, sex, age = 0, salary = 0):
        self.__name = name
        self.__sex = sex
        self.__age = age
        self.__salary = salary

    def income_evaluation(self):
```

```
            print(f"Your salary is {self.__salary}")
            if self.__salary < 2000:
                print('Low income.')
            else:
                print('Common income.')
tom = People('Tom', 'M', 20, 1000)
tom.income_evaluation()
print(tom.__salary)
```

运行结果如下：

```
Your salary is 1000
Low income.
Traceback (most recent call last):
  File "C:/sample /FL7-2-7 私有属性示例.py", line 16, in <module>
    print(tom.__salary)
AttributeError: 'People' object has no attribute '__salary'
```

说明：

（1）People 类的 4 个属性都设置为私有属性（属性名以双下画线开始），私有属性仍然可以在 People 类的所有方法中使用，income_evaluation()方法访问了 self.__salary 属性，完成薪水评估的功能。

（2）实例化对象不能直接调用私有属性，当 tom 对象直接访问__salary 属性时，Python 会抛出异常。

可以看到，公有属性可以在类外部进行任意修改，而访问私有属性会抛出异常，这样可以对私有数据进行保护，让类更容易维护。

2. 访问器和修改器

为什么要设置私有属性呢？例如，People 类的 age 属性和 name 属性，如果是公有属性，实例化对象可以通过赋值语句随意修改，出现一些不希望看到的结果：

```
tom.name = "Tim"
tom.age = -10
```

但设置了私有属性，再添加可以调用的方法，可以更合理、更安全地操作属性。将 name 和 age 定义为私有属性，就可以设置一些控制规则，例如，提供修改年龄的方法，在方法中对修改的年龄值做合法性检查，姓名在初始化的时候生成，只能访问不能修改等。

正规的软件开发过程中，类的属性都应该是私有的，如果需要访问或修改对象的属性，可以在类中编写访问器和修改器。一般访问器的方法名为<get_属性名>，内部实现为直接返回相应私有属性的值；修改器的方法名为<set_属性名>，方法需要修改属性值的参数，内部实现为将形参的值赋给相应的私有属性。

【例 7-2-8】访问器和修改器（矩形类）。

```
class Rectangle:
    def __init__(self, width, height):
        self.__width = width
        self.__height = height
```

```
    def get_width(self):
        return self.__width
    def get_height(self):
        return self.__height
    def set_width(self, width):
        self.__width = width
    def set_height(self, height):
        self.__height = height
    def area(self):
        return self.__width * self.__height


rect_1 = Rectangle(5, 6)
print('Rectangle 1 Height: {}'.format(rect_1.get_height()))
print('Rectangle 1 Area: {}'.format(rect_1.area()))

rect_1.set_height(7)
print('Rectangle 1 Height: {}'.format(rect_1.get_height()))
print('Rectangle 1 Area: {}'.format(rect_1.area()))
```

运行结果如下：

```
Rectangle 1 Height: 6
Rectangle 1 Area: 30
Rectangle 1 Height: 7
Rectangle 1 Area: 35
```

3. 私有方法

了解了类的私有属性，那么就很好理解类的私有方法了。当一些方法只需要被类的方法调用，不公开给实例化对象时，可以把这些方法的函数名前加两个下画线，设置为私有。

【例 7-2-9】私有方法示例。

```
class Test:
    def test(self):
        print("公有方法 test")
        print("调用私有方法:")
        self.__test() #调用私有方法
    def _test(self):
        print("公有方法_test")
    def __test(self):
        print("私有方法__test")
t = Test()
t._test()
t.test()
t.__test()#错误调用私有方法
```

说明：

(1)Test 类中定义了两个公有方法 test()和_test()，一个私有方法__test()。只有用两个下画线开始的函数名才是私有方法。

(2)在类方法中调用私有方法__test()的格式为 self.__test()。

(3)Test 对象 t 不能调用私有方法。

小练习

1. 公有属性和私有属性有什么区别？

2. 修改 People 类，为私有属性添加合适的访问器和修改器，满足下面的要求，设计并测试实例化对象是否正确使用访问器和修改器。

(1)People 类的对象第一次创建时，必须提供姓名和性别。

(2)对象创建后，姓名和性别只能访问，不能修改。

(3)对象创建后，可以通过修改器修改年龄，年龄的合法范围为 0～120。

(4)对象创建后，可以通过修改器修改薪水，薪水大于 0。

7.2.4 类模块

一般来说，大型程序由多个类及其实例化对象的行为构成，并且每个类按惯例存放在每个. py 文件中，在单独一个. py 文件中引入多个类，并实例化对象实现需求。Python 语言按模块组织程序，一个. py 文件称为一个模块，一个类文件也称为类模块，文件名就是模块名。

例如，实现一个几何图形相关计算，需要创建矩形、正方形、三角形、圆形等类，然后在单独的文件中引入相关类，并实例化对象进行后续操作。

在代码中引入其他文件的类或函数的语法格式如下。

方式一：

```
import 文件名
```

方式二：

```
import 文件名.类名或函数名
```

方式三：

```
from 文件名 import 类名或函数名
```

若使用方式一或方式二，在引用类或函数时需要通过文件名.类名或函数名访问；若使用方式三，可以直接使用类名或函数名访问。

【例 7-2-10】 类的引入。

Polygon. py 文件的代码如下：

```
import math
class Rectangle:
    def __init__(self, width, height):
        self.__width = width
        self.__height = height
    def area(self):
        return self.__width * self.__height

class Square:
    def __init__(self, side):
```

```
        self.__side = side

    def area(self):
        return self.__side ** 2


class Triangle:
    def __init__(self, side_a, side_b, side_c):
        self.__side_a = side_a
        self.__side_b = side_b
        self.__side_c = side_c

    def area(self):
        s = (self.__side_a + self.__side_b + self.__side_c) / 2
        a = math.sqrt(s * (s - self.__side_a) * (s - self.__side_b) * (s - self.__side_c))
        return a
```

Circle.py 文件的代码如下：

```
import math

class Circle:
    def __init__(self,radius):
        self.__radius = radius

    def area(self):
        return math.pi * self.__radius ** 2
```

主程序文件的代码如下：

```
from Polygon import *
import Circle

tri = Triangle(3, 4, 5)
rect = Rectangle(6, 7)
s = Square(5)
c = Circle.Circle(3)

print(f'Triangle Area: {tri.area()}')
print(f'Rectangle Area: {rect.area()}')
print(f'Square Area: {s.area()}')
print(f'Circle Area: {c.area():.2f}')
```

运行结果如下：

```
Triangle Area: 6.0
Rectangle Area: 42
Square Area: 25
Circle Area: 28.27
```

说明: 在上述 3 个代码文件中，Polygon.py 和 Circle.py 文件中定义了相关的图形类，主程序文件中导入两个文件中的类并实例化对象。主程序文件中代码的第 2 行使用了方式一的导入方式，在调用 Circle 类时通过“文件名.类名”的方式实例化对象；第 1 行使用了方式三的方式，其中 * 代表导入文件中所有的类和函数，调用时可直接使用类名或函数名。

导入过程相当于执行相应的代码文件，所以在类定义的代码文件中不要出现代码测试的语句，否则在导入过程中会自动执行，可在类功能测试后将测试代码注释后保留，或通过以下方式保留。

Circle.py 文件中的代码修改如下：

```
import math
class Circle:
    def __init__(self,radius):
        self.__radius = radius

    def area(self):
        return math.pi * self.__radius ** 2
if __name__ == '__main__':
    c = Circle(5)
    print(c.area())
```

习惯上，程序中通常定义一个包含程序主要功能的名为 main 的函数，程序从 main() 函数开始执行。main() 函数通常执行顶层 IPO 算法，即输入、处理、输出。每个 Python 模块都包含内置的变量__name__，当运行模块被执行的时候，__name__等于文件名(包含后缀.py)；如果引入到其他模块中，则__name__等于模块名称(不包含后缀.py)。而__main__等于当前执行文件的名称(包含后缀.py)。因而当模块被直接执行时，__name__ = '__main__'结果为真，if __name__ == '__main__'之下的代码块将被执行；当.py 文件以模块形式被导入时，if __name__ == '__main__'之下的代码块将不被执行。

这样在可以单独调试 Circle.py 文件的情况下，不影响其他代码文件的导入，否则在导入的时候会执行最后两行命令。

小练习

导入其他文件的类或函数的方式有哪些?

7.3 Python 语言实现继承和多态

面向对象程序设计的主要目的之一是提供可重用的代码，尤其是大型项目，重用经过测试的代码比重新编写代码要好得多。这种重用代码的工作称作类继承，在实际应用中可通过继承来实现代码的重用。

假设有一个 People 类完全符合某系统的要求，并已在相关应用场合工作正常。该类的定义如下：

```
class People:
    def __init__(self,xm,gj):
        self.name = xm
        self.Nationality = gj
    def sayHello(self) :
        print (f"你好! 我是{self.name}! 我来自{self. Nationality }!")
```

现在情况发生了变化,有学生加入了系统,因而,需要建立一个 Student 类。那么,该 Student 类是否需要将其所有的类方法和属性完整地重新定义一遍呢?考虑到系统的可扩展性,若每当系统增加新类时,每个新类都要全部重新定义的话,那么整个系统的代码将会变得极其复杂和庞大,并且极有可能出现不相容的情况。在面向对象方法中,可以通过继承来解决这个问题。

继承是一种强大的功能,通过声明子类(派生类)和已经建立的父类(基类)之间的上下层关系来建立新类,子类继承父类的特性,并加入自己的新特性。在实际使用中,可通过继承来实现代码的重用。事实上,大多数的类都是从其他类继承过来的,并根据需要增添自己特有的类方法和类属性。

继承的优点如下。

(1)代码复用:可直接使用基类代码,避免了重复劳动。

(2)统一共同属性和行为:基类下的子类都具有基类的属性和行为。

(3)程序更简洁、更易扩展:保证了软件模块的可重用性和独立性,使软件易于扩展和维护。

Python 语言中的继承分为单继承和多继承。

7.3.1 单继承

如果子类(派生类)只继承自一个父类(基类),这表示单继承。例如,已经定义了父类 People,就可通过继承的方式分别生成 Student、Teacher、Manager 等子类,子类拥有父类的属性和方法,如图 7-3-1 所示。

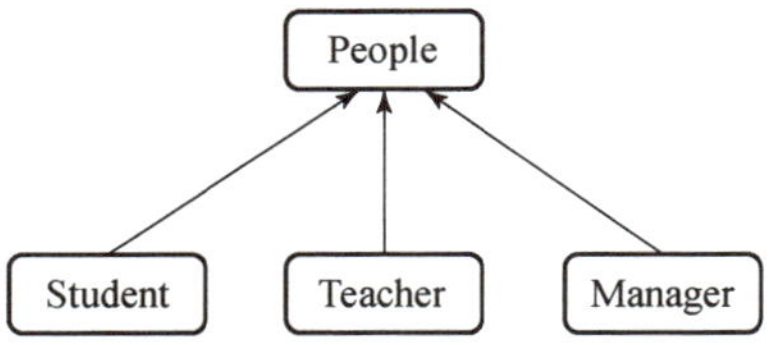

图 7-3-1 单继承

1. 单继承的定义

在 Python 语言中,类的基类(父类)只是简单地列在子类(派生类)名后面的小括号里。单继承的语法格式如下:

```
class 子类名(基类名):
    定义子类的新特性
```

定义子类的新特性包括:重写基类构造方法、重写基类的方法、重写子类的方法。通常重写基类的构造方法是为了定义子类的新属性。定义子类时,必须在括号内指定父类的名称。在 Python 3 中,若创建类时不指明父类,则默认继承 Object 类(最顶层的类)。子类对象可调用基类的方法,也可以调用子类定义的独有的方法。

【例 7-3-1】 利用已定义的 People 类,定义一个 Student 类,并创建一个学生对象,该对象调用相关特性。

学生可以看作“特殊”的人,在 People 类已有方法的基础上,增加一个 study()方法,然后由 Student 类实例化一个对象。

```
class People:
    def __init__(self,xm,gj):
        self.name = xm
        self.Nationality = gj
    def sayHello(self) :
        print (f"你好! 我是{self.name}! 我来自{self.Nationality}!")

class Student(People):
    def study(self, subject):
        print("我学习" + subject + '。')

stu = Student("李四","新加坡")
stu.sayHello()
stu.study("社会科学")
```

运行结果如下：

```
你好！我是李四！我来自新加坡！
我学习社会科学。
```

说明：可以看到，Student 子类继承自 People 类，拥有父类的所有属性和方法，子类的实例化对象可以直接调用 People 类的__init__()函数，设置属性，调用 People 类的 sayHello()方法；子类也可拥有属于自己的方法 study()并通过实例化对象调用。

2. 继承中的__init__()方法

创建子类对象时，Python 程序首先需要完成的任务是给基类的所有属性赋值，所以需要基类的构造方法“帮忙”。

若子类的初始化与基类完全相同，则子类无须重复定义构造方法。在创建子类的实例化对象时，系统会自动调用基类的构造方法，如【例 7-3-1】。

若子类要增加新的属性，就需要定义自己的构造方法，并在构造方法中调用基类的构造方法。子类调用基类的构造方法时的语法格式如下：

```
super().__init__(<基类构造方法参数表>)
```

或

```
父类名.__init__(self, <基类构造方法参数表>)
```

在子类的__init__()方法中，一方面显式调用基类的__init__()方法，对基类的属性赋值；另一方面，定义子类新属性的赋值操作，创建子类的新属性。

【例 7-3-2】重写 Student 类的构造方法。

```
class People:
    def __init__(self,xm,gj):
        self.name = xm
        self.Nationality = gj
```

```
    def sayHello(self) :
        print (f"你好！ 我是{self.name}！ 我来自{self.Nationality}!")

class Student(People):
    def __init__(self, name, gj, school):
        super().__init__(name, gj)#显式调用基类的__init__方法
        self.school = school      #增加新属性

    def study(self, subject):
        print(f"我在{self.school}学习" + subject + '。')

stu = Student("李四","新加坡", '华东师范大学')
stu.sayHello()
stu.study("社会科学")
```

运行结果如下：

```
你好！我是李四！我来自新加坡！
我在华东师范大学学习社会科学。
```

说明：在【例 7-3-2】中，子类 Student 在基类 People 的基础上增加了新属性“就读学校”school，在子类的构造方法中首先调用父类的构造方法，然后新建属性并赋值。调用父类的构造方法可以使用如下语句：

```
super().__init__(name, gj)
```

或者

```
Peolple.__init__(self,name,gj)
```

7.3.2 多继承

当单继承满足不了需求时，可以考虑使用多继承(一个子类继承自多个父类)。

Python 语言支持多继承，在子类名后面的小括号内可列出多个基类名，基类名之间以逗号分隔。

基本格式如下：

```
class 子类名(基类名 1,基类名 2,…):
        定义子类新特性
```

若父类(基类)中有相同的方法(属性)名，而在对当前类(子类)使用时未指定，在方法调用时就需要对当前类(子类)和基类进行搜索，以确定方法所在的位置，搜索顺序就是所谓的方法解析顺序(method resolution order，MRO)。

在 Python 3 中，类被创建时会自动创建方法解析顺序，采用广度优先算法搜索，即先从当前类找起，若当前类中没有，则在其继承的父类中按从左至右顺序搜索，若找不到，再到父类的父类(祖辈类)中从左至右搜索……，直至搜索至 Object 类为止。

【例 7-3-3】 先定义一个最简单的 Animal 类，然后定义 Lion 类和 Tiger 类，这两类均继承

Animal类，再定义 LionTiger（狮虎兽）类，其继承 Lion 类和 Tiger 类，之后创建一狮虎兽对象，应用其具有的方法。

```
#定义基类 Animal
class Animal:
    def eat(self):
        print ("I am eating.")

#定义类 Lion
class Lion(Animal):   #继承 Animal 类
    def show(self):
        print("Lion!")

#定义类 Tiger
#继承 Animal 类
class Tiger(Animal):
    def show(self):
        print ("Tiger!")

#定义 LionTiger(狮虎兽)类
class LionTiger(Lion,Tiger):      #继承 Lion 类和 Tiger 类
    def illustrate(self):
        Lion.show(self)
        Tiger.show(self)

#创建狮虎兽对象 lntgr1
lntgr1 = LionTiger()
lntgr1.illustrate()
lntgr1.show()
lntgr1.eat()
```

运行结果如下：

```
Lion!
Tiger!
Lion!
I am eating.
```

说明：

(1)lntgr1.illustrate()语句中的方法在当前类(LionTiger 类)中存在，因此直接调用，其中 Lion.show()和 Tiger.show()的运行结果分别为 Lion! 和 Tiger!。

(2)lntgr1.show()语句中的 show()方法在当前类中不存在，则到其父类中搜索，先搜索最左面的父类 Lion 类，找到后运行该 show()方法，结果为 Lion!。

(3)lntgr1.eat()语句中的 eat()方法在当前类、父类(Lion 类和 Tiger 类)中均不存在，在父类的父类(Animal 类)中搜索到，运行结果为 I am eating.。

可通过调用类的 mro()方法查看继承关系。

在【例 7-3-3】中,若执行语句 print(LionTiger. mro()),则运行结果如下:

```
[<class '__main__.LionTiger'>, <class '__main__.Lion'>, <class '__main__.Tiger'>,
<class '__main__.Animal'>, <class 'object'>]
```

表明类继承的搜索顺序为 LionTiger(当前类)→Lion(父类左)→Tiger(父类右)→Animal(祖辈类)→Object(最顶层类)。

小练习

1. 继承有单继承和多继承,________指的是子类(派生类)只有一个父类(基类),而________则是子类(派生类)有多个父类(基类)。

2. 在 Python 3 中,类在多继承的情况下,类方法解析顺序采用________优先算法搜索。

7.3.3 多态

在面向对象程序设计中,多态是一个重要的概念,它允许不同类的对象对相同的方法或操作做出不同的响应。

多态性的关键思想是,不同的对象可以对相同的方法名做出不同的响应,这使得代码更加灵活,代码可扩展,同时提高代码的可维护性。

在子类中重写基类的方法,也就是在子类中定义一个与基类同名的方法,对象实例会根据所属类自动判别,调用对应的方法。

【例 7-3-4】在子类 Student 中重写基类 People 的 sayHello()方法。分别定义 People 对象和 Student 对象,观察对象对 sayHello()方法的使用模式。

```
class People:
    def __init__(self,xm,gj):
        self.name = xm
        self.Nationality = gj
    def sayHello(self) :
        print (f"你好! 我是{self.name}! 我来自{self.Nationality}!")

class Student(People):
    def __init__(self, xm, gj, school):
        super().__init__(xm, gj)#显式调用基类的__init__方法
        self.school = school    #增加新属性
    def sayHello(self) :
        print (f"你好! 我是{self.school}的学生{self.name}!")

class Teacher(People):
    def __init__(self, xm, gj, major):
        super().__init__(xm, gj)#显式调用基类的__init__方法
        self.major = major     #增加新属性
    def sayHello(self) :
```

```
        print(f"你好！我是研究{self.major}领域的老师{self.name}!")

def hello(people):
    people.sayHello()

stu = Student("李四","中国",'华东师范大学')
hello(stu)
tech = Teacher("王五","中国","计算机视觉")
hello(tech)
```

运行结果如下：

```
你好！我是华东师范大学的学生李四！
你好！我是研究计算机视觉领域的老师王五！
```

hello()函数接收 people 对象作为参数，然后调用对象的 sayHello()方法，尽管参数属于 People 类，但实际上可以传递 Student 类或 Teacher 类的实例，因为 Student 类和 Teacher 类都是 People 的子类。

这就是多态性的体现，同一个方法名在不同的子类中表现出不同的行为。

小练习

1. 关于 Python 语言中多态性的说法，正确的是(　　)。

A. 多态性是 Python 语言的一种内置函数，可以直接调用

B. 多态性只能通过函数的重载来实现

C. 多态性允许不同类的对象对相同的方法或操作给出不同的响应

D. 多态性只能在 Python 语言中使用，其他程序设计语言不支持

2. 创建一个基类 Shape，具有一个 area()方法来计算形状的面积。然后创建两个子类 Rectangle 和 Circle，分别表示矩形和圆形。在子类中覆盖 area()方法，以计算各自的面积。编写一个函数，接收一个 Shape 类的对象作为参数，并输出其面积。

7.4 程序练习题

1. 定义一个矩形类及该类的对象

编写程序，实现功能：定义一个矩形类，要求其有计算周长、面积以及显示矩形等方法(功能)，并依据该类创建对象，进行简单测试。

要求如下：

(1)此处讨论的矩形为非倾斜矩形，即矩形的四边都是在水平或垂直方向上，因而只要确定其左上角和右下角的 x(水平)、y(垂直)坐标即可，故该矩形类包含 4 个数据成员(属性)：left，top(左上角坐标)，right，bottom(右下角坐标)，考虑采用__init__()方法对数据成员赋值。

(2)定义方法 getPerimeter()和 getArea()，分别实现计算周长、面积和显示矩形等功能。

(3)定义方法 draw()，尝试采用 print 语句“画出”矩形的大致图形。

(4)在主程序创建矩形对象，数据自拟，输出矩形的周长、面积，画出矩形的大致图形。

2. Point(点)类的设计

定义一个简单的 Point 类,点的位置由屏幕水平坐标 x 和垂直坐标 y 表示,要求用合适的方法初始化点的起始位置,然后定义一个方法 move()实现点的移动,再定义一个方法 show()显示当前点的坐标。创建一个对象,验证该方法的正确性。

在下面程序的画线处填入代码,完成题目要求。

```
#定义 Point 类
class Point:
    def __init__(self,x1,y1):          #初始化点的起始位置
        self.x = ___(1)___
        self.y = ___(2)___
    def move(self,dx,dy):        #在水平方向上移动 dx,在垂直方向上移动 dy
        ___(3)___ = dx
        ___(4)___ = dy
    def show(self):
        print ("现在点的位置为:(%d,%d)" %(self.x,self.y))
#创建对象并测试
p1 = ____(5)____        #创建一个 Point 对象 p1,起始位置为(2,3)
p1.show()
____(6)____             #对象 p1 在水平方向上移动 5,在垂直方向上移动 6
print ("移动后情况")
p1.show()
```

3. Car(汽车)类的设计

创建一个简单的 Car 类,用变量 id 和 curSpeed 分别表示车牌号和当前车速,用方法 changeSpeed()表示改变汽车的速度,用方法 stop()表示停车。创建一个汽车对象,并简单地测试它。

在下面程序的画线处填入代码,完成题目要求。

```
#定义 Car 类
class Car:
    def __init__(self,num,speed = 0):
        self.id = num
        self.curSpeed = speed
    # getID()方法获取车牌号
    def getID(self):
        return ___(1)___
    # getCurSpeed ()方法获取当前车速
    def getCurSpeed(self):
        return ___(2)___
    def changeSpeed(___(3)___, ___(4)___):
        self.curSpeed = newSpeed
    def stop(self):
        self.curSpeed = 0
```

```
#创建对象并测试
c1 = Car("沪 A1567")
print ("车牌号为" + c1.getID() + "的车的起始车速是:",c1.getCurSpeed())
c1.changeSpeed(80)
print (c1.getID() + "变速后,当前车速是:", ______(5)______)
c1.stop()
print (c1.getID() + "停车后,当前车速是:",c1.getCurSpeed())
c2 = Car("沪 B6567",20)
print ("车牌号为" + c2.getID() + "的车的起始车速是:",c1.getCurSpeed())
```

4. Account(账户)类的设计

设计一个可实现基本银行存储业务的 Account 类,包括的变量有账号(id)和账户余额(balance),包括的方法有存款(deposit)、取款(withdraw)、显示余额(display)。

要求定义 Account 类,创建该类的对象,完成对象的初始化(赋予账号和初始存款),并利用该对象进行存款、取款和显示账户余额等操作。

5. 员工月薪计算

假设某一小公司打算采用现代信息手段进行人员管理。该公司现有人员为经理(manager)、技术人员(technician)和销售人员(salesman)。试用类的继承和相关机制实现下述功能。

(1)人员基本信息的显示。

(2)计算并显示员工月薪(月薪计算办法:经理拿保底月薪 10 000 元,技术人员按 50 元/h 领取月薪;销售人员的月薪按当月销售额的 8%提成)。

提示:设计一个 Employee 类作为基类,用来描述所有员工的共同属性,该类应有姓名、性别、职位、薪水等基本信息,并应提供一个显示员工基本信息的方法 showInfo()。经理、技术人员和销售人员对应的类都继承 Employee 类,并添加各自的属性(经理增加"保底月薪"属性,技术人员增加"月工作时间"属性,销售人员增加"月销售额"属性),根据月薪计算办法,实现各自月薪的处理方法 calcSalary()。

6. 出租车费计算

定义 Taxi(出租汽车)类,并创建一对象 tx1,该对象根据乘客所乘的车程收取出租车费。编写代码并实现此功能。

提示: Taxi 类可从第 3 题的 Car 类继承而来,并成为 Car 类的子类,然后添加 Taxi 类自身的方法 setUnitPrice()(定义每千米单价)和 charge()(收取出租车费)。setUnitPrice()方法接收传入的参数 dj(单价)并将其赋值给对象属性 unitprice(出租车费单价),charge()方法接收乘客所乘的车程参数 distance,经处理后(处理方式自拟),要求乘客付费。为配合模拟场景,在 Taxi 类中添加 getOn()方法,该方法的内容为 print("乘客上车!")。

模拟场景:对象 tx1 载乘客上车,tx1 起动,过了一段时间到达目的地,tx1 刹车,然后 tx1 调用 charge()方法,收取乘客的出租车费。

类和对象实例

本章范例与参考答案